全国高等职业技术院校楼宇智能化专业教材

建筑设备自动化基础

人力资源和社会保障部教材办公室组织编写

中国劳动社会保障出版社

图书在版编目(CIP)数据

建筑设备自动化基础/人力资源和社会保障部教材办公室组织编写. —北京：中国劳动社会保障出版社，2013

全国高等职业技术院校楼宇智能化专业教材

ISBN 978-7-5167-0367-0

Ⅰ.①建… Ⅱ.①人… Ⅲ.①房屋建筑设备-自动化系统-高等职业教育-教材 Ⅳ.①TU855

中国版本图书馆 CIP 数据核字(2013)第 135777 号

中国劳动社会保障出版社出版发行

（北京市惠新东街 1 号　邮政编码：100029）

*

北京谊兴印刷有限公司印刷装订　新华书店经销

787 毫米×1092 毫米　16 开本　15 印张　319 千字

2013 年 10 月第 1 版　　2013 年 10 月第 1 次印刷

定价：29.00 元

读者服务部电话：（010）64929211/64921644/84643933

发行部电话：（010）64961894

出版社网址：http://www.class.com.cn

目　录

第一章 绪 论

第一节 建筑设备自动化系统的概念和组成

一、建筑设备自动化系统的概念

建筑设备自动化系统也称楼宇自动化系统（Building Automation System，BAS），基本用途是监控建筑物内各类设备运行，调节运行参数，使建筑物内部环境达到并维持设定要求，同时实现高效、节能。监控就是将建筑设备的运行状态用数据表达出来，以便管理人员知道设备的运行情况。调节就是按照有关设备运行的要求，根据控制原理和控制工程的知识，对设备运行参数进行调节，使设备运行在设定的状态。

建筑设备自动化系统通过网络将分布在各监控现场的系统控制器连接起来，实现集中操作、管理和分散控制。它的监控范围通常包括冷热源系统、空调系统、送排风系统、给排水系统、变配电系统、照明系统和电梯系统等。

二、建筑设备自动化系统的组成

建筑设备自动化系统和一般的自动化系统一样，主要由三个部分组成，即测量机构、控制器、执行机构，如图 1—1 所示。

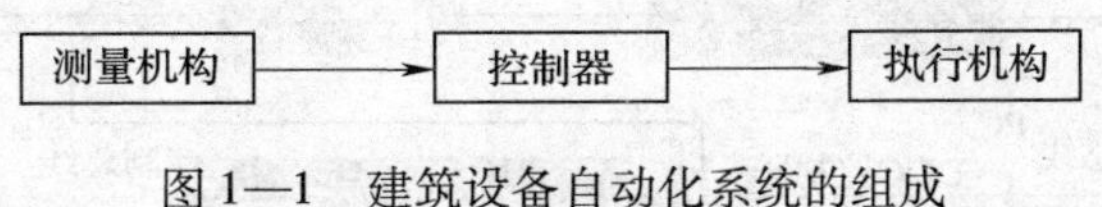

图 1—1 建筑设备自动化系统的组成

1. 测量机构

人们常称其为传感器或者测量变送器。传感器的作用就是把一些非电信号物理量转换为电信号。如压力、流量、成分、温度和 pH 值等。当然，也可以是电流、电压和功率等。一些物质和器件可以完成这个功能，如压力的测量常利用压敏或者变电容原理（见图 1—2），把液体或者气体的压力用导管引入测压室内，随着压力的变化，测压室中间的不锈钢薄壁被挤压变形，使得两个金属室壁之间的电容发生变化。可以用很多方法测量这个变化的电容，如振荡电路的频率变化，全臂电桥的输出电压变化。这样就建立了一个关联变化。

图 1—2 变电容原理进行压力测量

随着技术的进步，现在的测量技术又加入了总线技术。最常见的就是一个简单的单片机，加上一些元器件，可以感应一个房间的温湿度值，然后通过两条线，以 RS485 总线方式传给上级计算机系统，或者通过传统的方式把 0～10 mA 的信号传给控制器。如果采用 RS485 的总线方式，那么两条电线上可以串联几十个这样的智能传感器。

2. 控制器

控制器的作用是对测量信号进行策略运算、逻辑运算，结合内部的时序，对设备进行控制。进行策略控制的时候，控制器获得测量机构的趋势信号，结合工艺流程设计参数的要求，实时地得到给定值与测量值的趋势偏差，进行算法运算，计算出一个数值。这个数值将发送给执行机构调节阀门之类的设备的动作；进行逻辑控制的时候，控制器依据一些开关量输入信号和内部的时序，对设备进行开关控制。当然这两者也可以混合进行。作为控制系统一部分的上位机，将通过人机界面，用图像、曲线、动画、数字等方式，把各种数据显示给操作人员，并将它们保存在数据库中。

控制器可以单个使用，比如智能仪表、专用控制仪表、可编程逻辑控制器（PLC）等，也可以通过网络把这些控制器组成一个系统。目前楼宇控制常用的控制系统，往往由一些直接数字控制器（DDC）控制器作为下位机，由值班室服务器作为上位机，构成一个控制系统。下位机主要承担实时控制，上位机承担中央管理功能。

一个常见的建筑设备自动化系统示意图如图 1—3 所示。

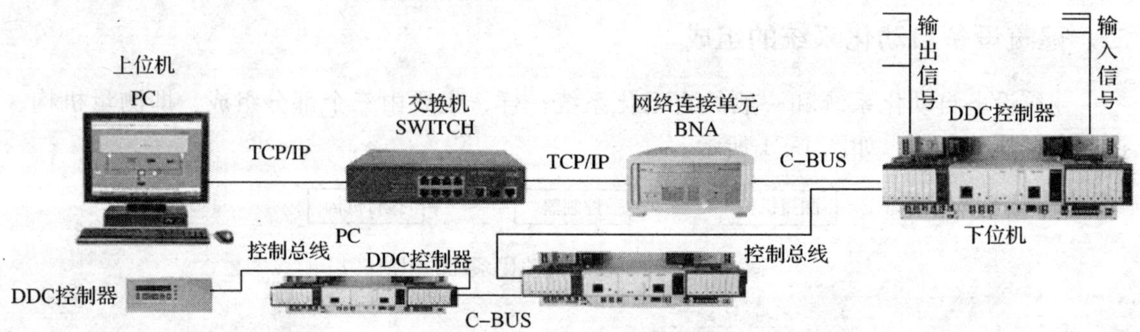

图 1—3　建筑设备自动化系统示意图

3. 执行机构

控制系统接受了传感器的信号后，使用强大的运算功能对数据进行处理，最后对调节系统发出指令，对被控参数进行调节，执行这个调节任务的就是执行机构。执行机构是五花八门的，如调节加热功率的调功器、调整阀门开度的阀门执行器和调节风机转速的变频器等。执行机构按照控制器的要求，使相关调节通道的设备运动到要求的位置，如晶闸管的导通角、阀门的开度、风机的转速。比如，给阀门执行机构一个 5 V 的信号，那么阀门执行机构就会动作，带动阀门改变开度。同时，一个铁心也被同步带动，改变了线圈的不平衡电压。一旦不平衡电压也达到 5 V，那么电动机就停止动作，也就意味着阀门目前已经到达 5 V 信号所对应的位置。

第二节 建筑设备自动化控制系统的演化

楼宇设备自动化系统到目前为止已经历了四代产品。

第一代：中央主机系统（20 世纪 70 年代的产品）。

这一代的 BAS 从仪表系统发展成计算机系统。散设于建筑物各处的信息采集站 DGP（连接着传感器和执行器等设备）通过总线与中央站连接组成中央监控型自动化系统。DGP 分站的功能只是上传现场设备信息，下达中央站的控制命令。一台中央计算机操纵着整个系统的工作。中央站采集各分站信息，作出决策，完成全部设备的控制，中央站根据采集的信息和能量计测数据，完成节能控制和调节。这个时期产品的缺点是实用性很差，不适合恶劣环境。

第二代：集散控制系统（20 世纪 80 年代的产品）。

随着微处理机技术的发展和成本的降低，DGP 分站安装了中央处理器（CPU），发展成直接数字控制器。配有微处理机芯片的 DDC 分站，可以独立完成所有控制工作，具有完善的控制、显示功能，可进行节能管理，可以连接打印机和安装人机接口等。BAS 由 4 级组成，分别是现场、分站、中央站和管理系统。集散系统的主要特点是：只有中央站和分站两类节点。中央站完成监视，分站完成控制，保证了系统的可靠性。DCS 比较笨重，造价也相对高，性能比较强大。

第三代：开放式集散系统（20 世纪 90 年代的产品）。

随着现场总线技术的发展，DDC 分站连接传感器、执行器的输入 / 输出模块，应用各种现场总线，形成分布式输入 / 输出现场网络层，从而使系统的配置更加灵活。由于 LonWorks、CAN 等总线技术的开放性，所以使分站具有了一定程度的开放规模。BAS 控制网络形成了 3 层结构，分别是管理网络层、控制网络层和现场网络层。

第四代：网络集成系统（21 世纪的产品）。

随着企业网 Intranet 的建立，建筑设备自动化系统广泛采用 Web 技术，如浙大中控、HONEYWELL 等企业都已经推出产品并实际使用。Web 技术目前在控制领域占据重要位置，BAS 中央站嵌入 Web 服务器，融合 Web 功能，以网页形式为工作模式，使 BAS 与 Intranet 成为一体系统。

网络集成系统广泛采用 Web 技术，常常包含保安系统、机电设备系统和防火系统等。

集成系统从不同层次的需要出发提供各种完善的开放技术，实现各个层次的集成，从现场层、自动化层到管理层。Web 集成系统完成了管理系统和控制系统的一体化。

第二章 建筑设备自动化控制系统

第一节 建筑设备自动化控制系统的典型构架

建筑设备自动化控制系统按控制方式分类，目前主要有分散控制系统和现场总线控制系统两种形式。

一、分散控制系统

20 世纪 70 年代问世的分散控制系统用于生产过程的自动控制，已有 20 余年的历程。分散控制系统的基本思路是：分散控制、集中操作、分级管理、配置灵活、组态方便。分散是指工艺设备地理位置分散，控制设备相应分散，危险也随之分散。

分散控制系统一般分为三级。第一级为现场控制级，它承担分散控制任务并与过程及操作站联系；第二级为监控级，包括控制信息的集中管理；第三级为企业管理级，它把建筑设备自动化系统与企业管理信息系统有机地结合起来，其结构如图 2—1 所示。

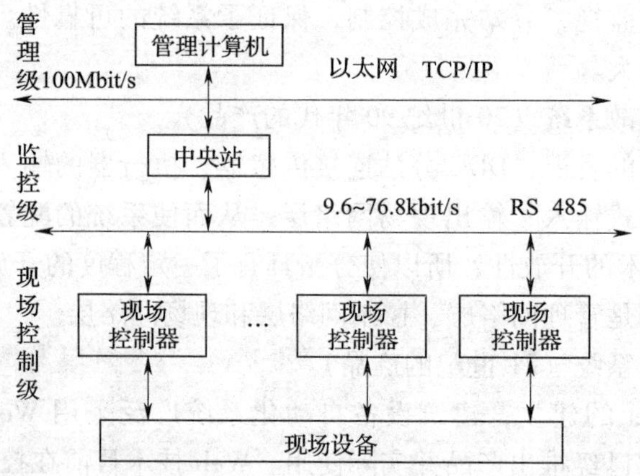

图 2—1 分散控制系统结构

由图 2—1 可知，分散控制系统将复杂对象分解为几个子对象，由现场控制级进行局部控制。中控室负责整个系统的数据存储和调用，向下连接现场控制器，向上提供历史和趋势数据。

中控室对整个工艺过程进行集中监视、操作、管理，通过控制站对工艺过程的各部分进行分散控制，既不同于常规仪表控制系统，又不同于集中式的计算机控制系统，而是集中了两者的优点，克服了它们各自的不足。分站能独立控制，保证了系统的可靠性。分站与中央站连接在同一条总线上，保证了数据的一致性，进一步提高了系统的可靠性、实时性和准确性。数据的一致性对网络性能的影响至关重要。

分散控制具有高度集中的显示操作功能，操作灵活、方便可靠；具有完善的控制功能，可实现多种多样的高级控制方案。

分散控制系统采用数据通信技术构成局域网，传输现场实时控制信息，并进行信息综合管理。

二、现场总线控制系统

1. 现场总线的含义

根据国际电工委员会标准的定义，现场总线是连接智能现场设备和自动化系统的数字式、双向传输、多分支结构的通信网络。

现场总线的含义表现在以下五个方面。

（1）现场通信网络。分散型控制系统的通信网络截止于控制器或现场控制单元，现场仪表仍然是一对一的模拟信号传输，如图 2—2 所示。现场总线是用于过程自动化和制造自动化的现场设备或现场仪表互联的现场通信网络，它把通信线一直延伸到现场的智能 I/O 模块，甚至智能传感器或者智能执行机构，如图 2—3 所示。图中的现场设备或现场仪表是指传感器、变送器或执行器等。这些设备通过一对传输线互联，传输线可以使用双绞线、同轴电缆和光缆等。由于其具有 CPU 芯片，所以称为智能仪表。

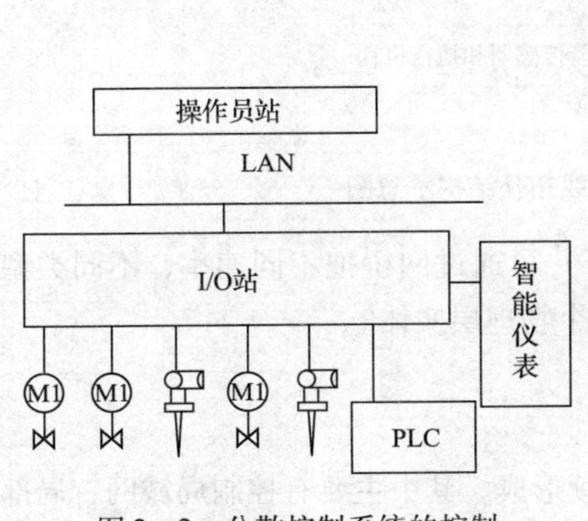

图 2—2　分散控制系统的控制

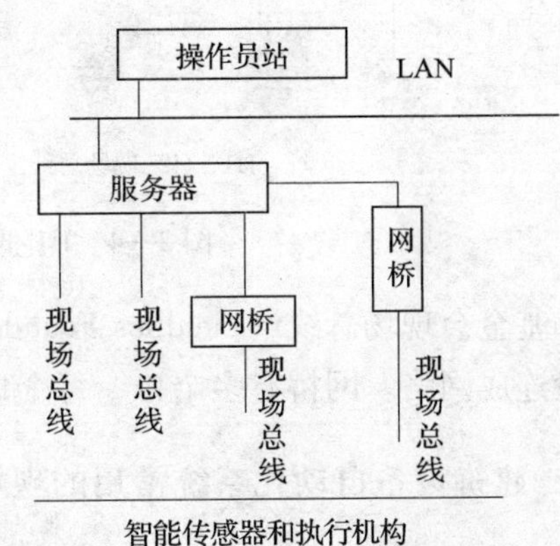

图 2—3　现场总线的控制层

（2）互操作性。互操作性的含义来自不同制造厂的现场设备，不仅可以相互通信，而且可以统一组态，构成所需的控制回路，共同实现控制策略。也就是说，用户选用各种品牌的现场设备集成在一起，实现“即接即用”。现场设备互联是基本要求，只有实现互操作性，用户才能自由地集成现场总线控制系统（FCS）。

（3）分散功能块。FCS 废弃了 DCS 的庞大机柜和杂乱的模板，把 DCS 控制器的功能块分散给现场仪表，从而构成虚拟控制站。

（4）通信线供电。现场总线的常用传输线是双绞线，通信线供电方式允许现场仪表直接从通信线上获得能量，这种低功耗现场仪表可以用于本质安全环境，与其配套的还有安全栅。有的企业生产现场有可燃性物质，所有现场设备必须严格遵循安全防爆标准，现场总线设备也不例外。

（5）开放式互联网络。现场总线为开放式互联网络，既可与同类网络互联，也可与不同类网络互联。开放式互联网络还体现在网络数据库共享方面，通过网络对现场设备和功能块的统一组态，把不同厂商的网络及设备融为一体，构成统一的现场总线控制系统。

2. 网络拓扑结构

网络拓扑目前都是自由拓扑结构，常见的就是手拉手的连接。图 2—4 所示为 H1 低速现场总线拓扑结构示意图。

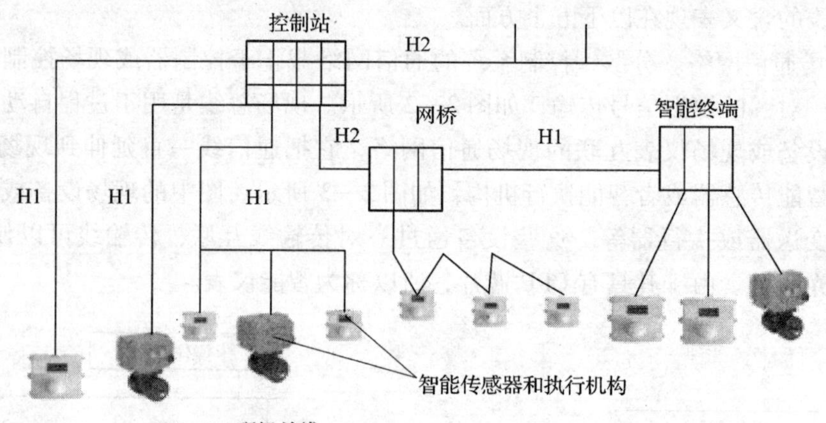

图 2—4　H1 低速现场总线拓扑结构示意图

如基金会现场总线（Fieldbus Foundation，FF）可通过网桥把不同速率，不同类型媒体的网段连成网络。网桥有多个口，每个口都有一个物理层实体。

3. 建筑设备自动化系统常用的现场总线

20 世纪 80 年代以来，各种现场总线标准陆续形成。其中主要有控制局域网、局部操作网、过程现场总线和可寻址远程传感器数据通信协议等。

建筑设备自动化系统常用的现场总线有 LonWorks 总线、CAN 总线和 EIB 总线等。

（1）LonWorks 总线。美国 Echelon 公司 1991 年推出的 LonWorks 现场总线又称局域操作网。为支持 LON，该公司开发了 LonWorks 技术。它采用了 OSI 参考模型全部的七层协议结构。LonWorks 技术的核心是具备通信和控制功能为一体的神经元芯片。该芯片固化有全部七层协议，能实现完整的 LonWorks 的 LonTalk 通信协议。其上集成有三个 8 位 CPU：第一个 CPU 完成 OSI 模型第一层和第二层的功能，称为介质访问处理器；第二个 CPU 是应用处理器，运行操作系统与用户代码；第三个 CPU 为网络处理器，它作为前两者的中介，进行网络变量寻址、更新、路径选择和网络通信管理等。由神经元芯片构成的节点之间可以

进行对等通信。按照 LonWorks 标准网络变量来定义数据结构，可以解决和不同厂家产品的互操作性问题。LonWorks 通信速率从 300 bit/s 至 1.5 Mbit/s 不等，直接通信距离可达 2.7 km（78 kbit/s，双绞线）；支持多种物理介质并支持多种拓扑结构，组网方式灵活。LonWorks 应用范围主要包括建筑设备自动化和工业控制等，在组建分布式监控网络方面有较优越的性能。

（2）CAN 总线。最早由德国 Bosch 公司推出的对等式 CAN（Controller Area Network）总线，又称为控制局域网，主要应用于汽车内部强干扰环境下电器之间的数据通信。它也基于 OSI 参考模型，采用了其中的物理层、数据链路层、应用层，提高了实时性。数据链路层与以太网相似，采用载波监听多路访问/冲突检测机制，最多可连接 110 个节点。其节点有优先级设定，支持点对点、一点对多点、广播模式通信。各节点可随时发送消息。传输介质为双绞线、同轴电缆或光纤，通信速率与总线长度有关。直接传输距离最远可达 10 km，通信速率最高可达 1 Mbit/s。CAN 总线采用短消息报文，每一帧有效字节数为 8 个；当节点出错时，可自动关闭，抗干扰能力强，可靠性高。这种总线规范已被国际标准化组织制定为国际标准，在建筑设备自动化及工业现场测控中得到推广应用。

（3）EIB 总线。EIB（European Installation Bus）总线即欧洲安装总线，在亚洲称为电气安装总线（Electrical Installation Bus），是电气布线领域使用范围最广的行业规范和产品标准，现已成为国际标准 ISO/IEC 14543－3，并于 2007 年正式成为中国的 GB/Z 20965—2007。EIB 标准的制定，不仅提高了人们的生活水准，更标志着多家产品的兼容性和新旧产品的兼容性，使用户在使用时更加方便。

EIB 最大的特点是通过单一多芯电缆替代了传统分离的控制电缆和电力电缆，并确保各开关可以互传控制指令，因此总线电缆可以以线形、树形或星形铺设，方便扩容与改装。元件的智能化使其可以通过编程来改变功能，既可独立完成诸如开关、控制和监视等工作，也可根据要求进行不同的组合。与传统安装方式比较，EIB 不增加元件数量而实现了功能倍增，从而具有了高度的灵活性。它的开放性使得不同公司基于 EIB 协议开发的电气设备可以完全兼容，并为后续公司进入 EIB 市场提供可能。

三、现场总线分散控制系统

在建筑设备自动化系统中（特别是企业级的建筑设备自动化系统），传感器、执行器数以千计，特别需要减少其中的总线数量，最好是能够统一为一种总线或网络。这样有利于简化布线，既节省了空间，又降低了成本，而且在系统维护方面也大为方便。

近几年，一些国际知名公司都先后推出了这种开放性、全集成的控制系统。系统一般在中央站采用 Web 技术，使建筑设备自动化系统连续获得建筑物内温度、湿度、空气洁净度、给排水和照明等信息，并将这些信息送往企业内部网。所有这些信息可以远程查询调用。例如，查看建筑物内某层的空调机组界面，即可了解该机组的所有动态参数及工作状况，并可完成参数设定，从而实现远程操作。这种建立在企业网 Intranet 中的建筑设备自动化系统，可以称为企业建筑物集成系统，其网络结构如图 2—5 所示。

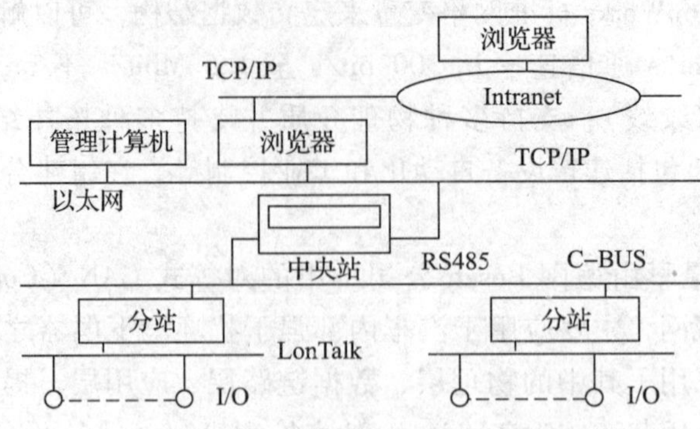

图 2—5 企业建筑物集成网络结构

第二节 建筑设备自动化控制系统的通信协议

通信协议如同人们的语言，由文字和语法组成。当然，一个通信协议还无法具备日常语言那样确切明细的表达能力，只能按照人们的需求尽力满足节点设备之间的信号传输。语法层次越高，传达的信息越明确，但是也更加死板；语法越初级，表达的意思越不确定，但是协议相应地也越简单，发挥的余地也越大。

楼宇设备自动化控制协议，最著名的是 BACnet，ASHRAE 制定，提供任意功能的计算机设备都可以相互交换信息的机制，甚至计算机设备执行特殊楼宇服务。这样，BACnet 协议在过程控制计算机、通用数字控制器、单一用途控制器中都可以使用。

BACnet 能实现楼宇业主和操作者对系统互操作性的要求，能够集成多方设备进入相关的自动化控制系统，提高系统的竞争能力。

一、BACnet 折叠式结构

BACnet 是基于四层折叠式结构的，结构中的四层对应于 OSI 模型的物理层、数据链路层、网络层和应用层。应用层和网络层在 BACnet 标准中被定义。BACnet 对应于 OSI 的数据链路层和物理层提供了五种选择：选择 1 是由 ISO 88023 Type 1 定义的逻辑连接控制协议，与 ISO 88023 媒体访问控制 MAC 和物理层协议组合在一起。ISO 88023 Type 1 只提供未知的无连接服务，ISO 88023 是熟知的 Ethernet 协议的国际标准版本。选择 2 是 ISO 88023 Type 1 协议与 ARCNET（ATA/ANSI878. 1）的组合。选择 3 是专为楼宇设备自动化控制设备设计的 MS/TP 协议，是 BACnet 标准的一部分。MS/TP 协议向网络层提供一个接口。从结构看，MS/TP 协议像 ISO 88023 Type 1 协议，控制访问 EIA485 物理层。选择 4 是点对点协议，它为硬件或者拨号串行、异步通信提供机制。选择 5 是 LonTalk 协议。这五种选择提供了主从 MAC、令牌通道 MAC、高速连接 MAC、拨号访问、星形总线拓扑和物理媒体的选择，物理媒体有双绞线、同轴电缆和光缆等。

对 BAC 网络的一些特点和要求包括协议成本范围运行认真考虑后选定四层折叠式结

构。选定物理层、数据链路层、网络层和应用层。这四层包括在 BACNnet 结构中的原因在下面会讨论。

BAC 网络是一个局域网络，即使在一些应用中，BAC 网络也必须与相距很远的楼宇中的设备交换信息。远距离通信可以通过电话网络进行，通过电话系统进行路由、中继信息以及保证命令的传输，也可以考虑 BAC 以外的网络。BAC 设备是静态的，它们的位置不变，要求它们执行的功能也不变，因为一个正在生产的设备今天可能是这种作用，明天可能是另一种作用。这些是 BAC 网络的特点，可以用来评价 OSI 模型层的适当性。

物理层提供一个连接设备和传送传输数据的电信号的手段。在 BAC 协议中物理层是必需的。

数据链路层组织数据成数据框和数据包，控制访问媒体，提供寻址、差错恢复和流量控制。所有这些功能在 BAC 协议中都是需要的，因此，BAC 协议需要数据链路层。

网络层所提供的功能包括把全局地址翻译成本地地址，路由信息穿过一个或多个网络，调节网络、排序、流量控制、差错恢复和复用所允许的网络类型和最大信息量，这样就不需要可选择的路径路由算法了。一个网络由一个或者多个带一个单本地址空格的中继器或桥连接的物理段组成。在一个单网络中，大部分网络层的功能都不需要，或者大部分网络层的功能与数据链路层的功能重复。但对于一些 BACnet 系统，网络层是需要的，这是在 BACnet 互联网中两个或多个网络使用不同的 MAC 层选择的情况。当这种情况发生时，需要识别本地地址和全局地址并且将地址信息发布给相应网络。BACnet 通过定义包含寻址和控制信息的网络层首地址提供有限的网络层能力。

运输层负责保证信息端对端的传送、分段、排序控制、流量控制和差错恢复。虽然它们的服务范围不同，但大部分运输层的功能与数据链路层的功能相似。运输层的服务范围是端对端的，而数据链路层的服务范围是点对点的。由于 BACnet 支持多网络配置，协议必须提供运输层的端对端服务，以保证在应用层中通过信息再试和时间超时容量提供端对端信息传送和差错恢复。对于缓冲器和处理器的资源管理，要求信息分段和端对端流量控制，这是因为有大量的信息返回，甚至有大量的单 BACnet 要求。这些功能在 BACnet 应用层提供。最后，为了正确地重新集合已分段的信息，需要排序控制。排序控制在分段过程中由 BACnet 应用层提供。由于 BACnet 基于无连接通信模型，所以 BACnet 需要的服务范围很少，足以在高层实现这些服务，这样可省掉运输层的费用。

对话层用来建立和管理通信伙伴之间的长对话。对话层的功能包括建立同步检测点并在出现错误情况时重新设置以前的检测点以避免重启动开头的交换。在 BACnet 网络中，大部分通信很简短，如读写一个或几个值，通知设备告警或事件，或者改变一个设置点等。偶尔也会发生长交换，如安装或拆卸一个设备。当对话层有帮助时，把附加费用强加在交互的头上是不合理的，因为这些交换很简单、不需要。

表示层是通信伙伴协商将被用来通信的传送语法。传送语法是把应用层上的抽象用户图像数据翻译成系列低层八位位组数据。如果只允许一个传送语法，则表示层功能为了表示应用层数据，就简化成一个编码表。BACnet 把这样一个固定的编码表加以定义并把它包含在应用层内，这样就不需要显示表示层了。

BACnet 协议的应用层在监控和控制 HVAC&R 及其他楼宇系统时提供执行应用功能所要求的通信服务。在本协议中应用层是必需的。

通过以上的介绍，可以对 BACnet 有一个全面的认识：

（1）实现全 OSI 七层结构的资源和费用对于当前楼宇自动化设备是困难的。

（2）按照现行采用的计算机网络技术，继 OSI 模型之后的结构模型提供了许多优点，这将造成成本降低与其和计算机的集成更容易。

（3）楼宇设备自动化系统的应用环境和对于楼宇设备自动化系统的希望，允许通过减少某些层的功能来简化 OSI 结构模型。

（4）由物理层、数据链路层、网络层和应用层组成的折叠式结构是当前楼宇设备自动化系统的最佳选择方案。

二、BACnet 网络拓扑

为了在应用方面具有灵活性，BACnet 协议没有严格地定义网络拓扑。更确切地说，BACnet 设备是通过物理连接到四种局域网中的一种网络上，或者经过专用拨号串行、异步通信线连接到局域网上。这些网络可以由路由器进一步互联。

按照 LAN 拓扑，每一个 BACnet 设备都连接到电气媒体或者物理段上。一个 BACnet 段由一个或者多个在物理层上由路由器连接的物理段构成。一个 BACnet 网络由一个或多个由桥互联的段构成，桥连接物理层和数据链路层上的段并且过滤 MAC 地址上的信息；一个网络形成一个单 MAC 地址域。采用不同的 LAN 技术的多网络可以通过 BACnet 路由器互联形成一个 BACnet 互联网络。在 BACnet 互联网络中，任何两个节点之间只有一条信息路径。

第三节　建筑设备自动化控制系统的典型产品

一、HONEYWELL 的 Excel 5000

HONEYWELL 公司通过研发和并购，目前已经拥有多个知名楼控品牌。其中，Excel 5000 是一个在工程中使用了 20 年的产品。即使各家公司包括 HONEYWELL 本身推出了更加先进的产品，Excel 5000 仍然是一种很好的选择。每个 Excel 5000 控制器可以用于单独、不联网的就地控制，也可以作为整个控制系统有机的一部分。Excel 5000 系统常常集成在同一个网络上，规模可以满足目前最大型的建筑群，而国内最大的建筑群很多也选择了 Excel 5000。Excel 5000 有很多控制器，包括 Excel 10、Excel 20、Excel 50、Excel 500 和 Excel 600。这里着重介绍 Excel 50。Excel 50 控制器专门用于冷热系统，区域供暖系统，小型的餐厅、小型商店、办事处、银行分支，连锁商店及小型城镇住宅的小型空调控制系统。

Excel 50 内含通信模块，可自由编程控制，编程非常简便。

EPROM 中，EPROM/Flash - EPROM 被设置在应用模块中，一个独立的模块插在控制器壳体内，每组应用程序放在独立应用模块中，每组程序具有一个代码，它是通过 PC 中应用程序软件包 LIZARD 中产生应用代码并通过 MINI 接口输入指令代码的。可变通信口及选择开关设在控制器后盖，无须打开箱壳。

二、浙大中控的 OptiSYS

OptiSYS 系列分布式可编程序控制系统主要面向以分散型数据采集与控制为主的公用工程自动化项目，能够实现逻辑控制、顺序控制、过程控制和数据采集等功能，可广泛应用于工厂自动化、楼宇设备自动化、智能交通、给排水工程和环境保护等领域。OptiSYS 系统的典型应用方式如图 2—6 所示。

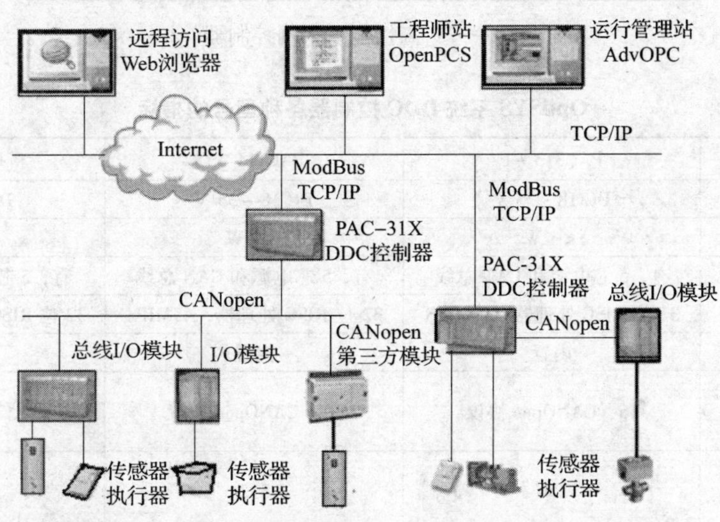

图 2—6　OptiSYS 系统的典型应用

1. 高性能以太网控制器

OptiSYS 系统中的 DDC 控制器为高性能以太网控制器，具有很强的扩展能力和计算能力（见图 2—7）。其技术特点与优势如下：

（1）32 位 RISC 处理器，大容量 SRAM 及 FLASH 存储器。

（2）兼具 10/100M 以太网和 CAN 总线，简化建筑智能化布线。

（3）符合 IEC 61131 - 3 标准的 5 种编程语言和图形化编程软件，通过以太网编程和调试。

（4）采用 EPA、Modbus RTU/UDP/TCP 开放通信协议。

（5）具有可编程串口、可编程 TCP/IP 通信，方便集成其他设备或系统。

可供选择的具体型号与指标见表 2—1。

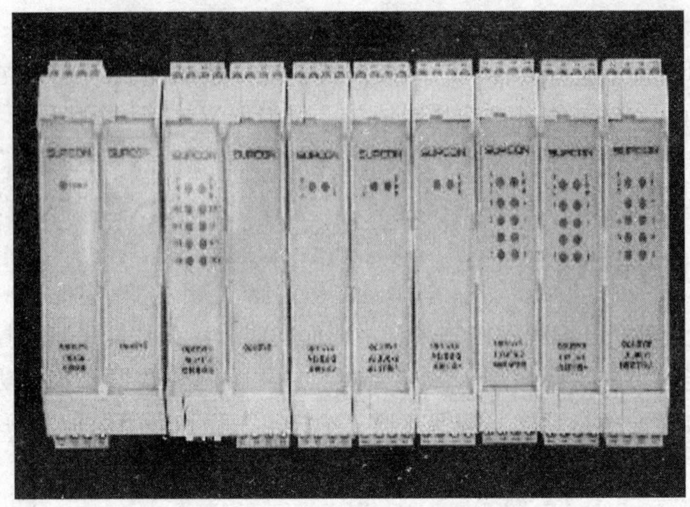

图 2—7　高性能以太网控制器

表 2—1　　　　　　　　　　**OptiSYS 系统 DDC 控制器各种型号的指标**

PAC31X 控制器	PAC313 - 1	PAC314 - 1	PAC316 - 1
电源	DC 18 ~ 35 V	DC 18 ~ 35 V	DC 18 ~ 35 V
功耗	<4 W	<4 W	<4 W
背部总线	有，5 芯电源和 CAN 总线	有，5 芯电源和 CAN 总线	有，5 芯电源和 CAN 总线
处理器	32 位 RISC 处理器，45MIPS	32 位 RISC 处理器，45MIPS	32 位 RISC 处理器，200MIPS
实时时钟	内置	内置	内置
可连接的总线 I/O 模块，最大	16，CANOpen 协议	32，CANOpen 协议	32，CANOpen 协议
最大可扩展的数字量输入/输出范围	256	512	512
最大可扩展的模拟量输入/输出范围	128	256	256
用户程序区	64 KB	128 KB	1 MB，可通过 USB 存储方式扩展
数据存储区	4 KB	8 KB	16 KB
数据掉电保存区	2 KB	2 KB	16 KB
数据掉电保存时间	>10 年，Flash 存储	>10 年，Flash 存储	>10 年，Flash 存储
编程软件	OpenPCS V5. 12 符合 IEC 61131 - 3 标准 中文图形化编程 指令表（IL） 梯形图（LD） 结构化文本（ST） 功能块图（FBD/CFC） 顺序功能块图（SFC）	OpenPCS V5. 12 符合 IEC 61131 - 3 标准 中文图形化编程 指令表（IL） 梯形图（LD） 结构化文本（ST） 功能块图（FBD/CFC） 顺序功能块图（SFC）	OpenPCS V5. 12 符合 IEC 61131 - 3 标准 中文图形化编程 指令表（IL） 梯形图（LD） 结构化文本（ST） 功能块图（FBD/CFC） 顺序功能块图（SFC）

续表

PAC31X 控制器	PAC313－1	PAC314－1	PAC316－1
编程调试口	10/100 M 以太网	10/100 M 以太网	10/100 M 以太网
每 1000 条指令执行时间	<8 ms	<8 ms	<2 ms
通信接口	1 个以太网 （10/100 Mbit）/s 自适应 1 个 CAN 最大 1 Mbit/s 1 个 RS485 最大 115.2 kbit/s 1 个 RS232 最大 115.2 kbit/s	1 个以太网 （10/100 Mbit）/s 自适应 1 个 CAN 最大 1 Mbit/s 1 个 RS485 最大 115.2 kbit/s 1 个 RS232 最大 115.2 kbit/s	1 个以太网 （10/100 Mbit）/s 自适应 1 个 CAN 最大 1 Mbit/s 2 个 USB2.0 480 Mbit/s 1 个 RS485 最大 115.2 kbit/s 1 个 RS232 最大 115.2 kbit/s
支持的通信协议	CANOpen 总线通信 Modbus UDP/TCP Modbus RTU SUPCON FCU 通信 可编程串口通信	CANOpen 总线通信 Modbus UDP/TCP Modbus RTU SUPCON FCU 通信 可编程串口通信	CANOpen 总线通信 Modbus UDP/TCP Modbus RTU SUPCON FCU 通信 可编程串口通信

2. 智能总线 I/O 模块

OptiSYS 系统中所有智能总线 I/O 模块均采用模块化、标准化设计，满足以下通用技术特征（外观如图 2—8 所示）。

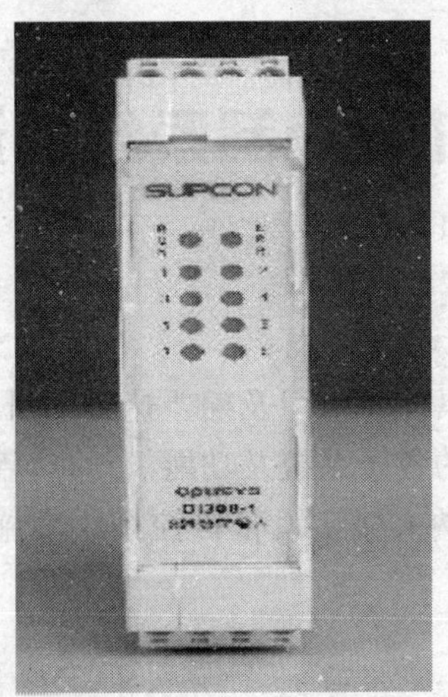

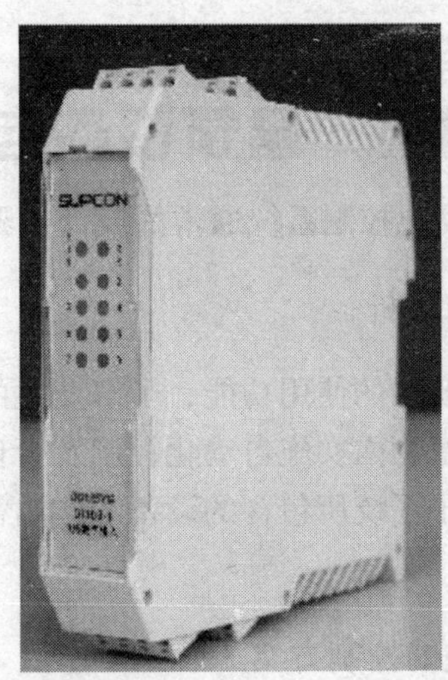

图 2—8　智能总线 I/O 模块

（1）电源。DC 18～35 V。

（2）内置处理器。4 MIPS。

（3）背部总线。5 芯，电源、保护地、CAN 总线。

（4）CAN 总线。10 kbit/s ~ 1 Mbit/s，8 种速率可选。

（5）符合 CANOpen DS401 标准的通信协议。

（6）保护。电源反接保护、防浪涌保护、总线短路保护。

（7）每通道均配置 2 个接线端子，无须外部配线。

智能总线 I/O 模块系列见表 2—2。

表 2—2　　智能总线 I/O 模块系列表

分类	模块型号	功能描述
数字量输入模块	DI308 - 1	8 点有源、无源开关量输入
	DI316 - 1	16 点有源、无源开关量输入
数字量输出模块	DO308 - 2	8 点继电器输出，AC 220 V，2 A；DC 24 V，2 A
	DO316 - 2	16 点继电器输出，AC 220 V，2 A；DC 24 V，2 A
	DO312 - 4	12 路继电器输出（10 路常开，2 路常闭），AC 220 V，2 A，RF 遥控
模拟量输入模块	AI304 - 1	4 点通用输入，0 ~ 20 mA，0 ~ 10 V，热电阻（Pt100/Pt1000），16 位，0.5% 精度
	AI304 - 2	4 点常规模拟量输入，0 ~ 20 mA，0 ~ 10 V，16 位，0.5% 精度，带光隔离
	AI308 - 2	8 点常规模拟量输入，0 ~ 20 mA，0 ~ 10 V，16 位，0.5% 精度
	AI308 - 3	8 点热电阻输入，热电阻（Pt100/Pt1000），16 位，0.5% 精度
	AI304 - 4	4 点热敏电阻输入，NTC（10K），16 位，0.5% 精度
模拟量输出模块	AO304 - 1	4 点电压输出，8 位，0.5% 精度，0 ~ 10 V
	AO304 - 3	4 点电压/电流输出，8 位，0.5% 精度，0 ~ 10 V，0 ~ 20 mA

第四节　建筑设备自动化控制系统的选型

楼宇设备自动化控制系统通常的设计步骤如下：

1. 工程需求分析

（1）研究建筑物的使用功能，了解业主的具体需求以及期望达到的目标。

（2）确定建筑物内实施自动化控制及管理的各子系统及功能。

（3）根据各子系统所包含的设备制作出需纳入楼宇设备自控系统实施监控管理的被控设备一览表。

2. 确定系统的控制方案

（1）对于需进行自动化控制的子系统，给出详细的控制功能说明，并说明每一个系统的控制方案及达到的控制目的，以指导工程设备的安装、调试、测试及工程验收。

（2）根据系统大致规模及以后的发展，确定监控中心位置和使用面积，并预留接口，

与智能化系统设计形成和谐的统一体。

3. 确定系统监控点

在确定被控设备的数量及相应的控制方案后，确定每一被控设备的监控点数及监控点的性质，核定对指定监控点实施监控的技术可行性，绘制监控点一览表。

4. 系统及设备选型

系统选型应综合技术、经济各项指标，进行全面、客观的分析比较并实地考察，选取合适的产品。

设备选型结合各设备工种平面图，进行监控点划分（监控点应留有20%的余量）；根据该监控范围确定系统的网络结构和系统软件。

根据各设备的控制要求选用相应的传感器、阀门及执行机构，并配出满足要求的楼宇控制器。

5. 绘制BAS总控制网络图

根据选定的系统结构和现场楼宇设备的具体布置，画出BAS总控制网络图。

6. 画出各子系统被控设备的系统图、控制原理图和接线图

7. 绘制整个楼宇自控系统平面图

8. 监控中心设计及平面布置

9. 提供设计施工说明、列出材料表

第三章　典型智能建筑设备工艺与自动化控制原理

控制理论的研究内容包括两方面：第一是研究对象的特性；第二是设计合适的控制方式。自动控制系统就是利用控制设备或装置来控制对象的运行，使运行参数处在合适的数值。自控系统的设计者首先要了解被控对象，了解控制对象适合使用的控制方式。所以，了解建筑物中工艺设备的特性和控制要点是非常重要的。

第一节　冷水机组的工作原理与监控要点

一、冷水机组的概念

冷水机组的作用就是提供冷源，让空调系统的循环水（或称冷媒水、冷冻水）在冷水机组得到冷却。冷媒水是连接冷水机组和空调系统的介质，它从冷水机组获得冷量后降低了温度，然后到空调机组为空气提供冷源。除了少量应用溴化锂的制冷机组，大部分建筑物使用压缩式制冷机组。常见的有活塞式、螺杆式、离心式和涡旋式等。活塞式的能量调节常常采用减少压缩机缸数或者压缩机头数的方式。当然，也可以采用调速的方式。螺杆式常常采用能量滑块来调节能量。离心式则用特有的进气叶片来调节能量。对建筑设备自动化系统的设计者来说，机组本身的运行控制无需考虑，需要考虑的是机组的起停和管道中水的温度和输送。图 3—1 所示是压缩式制冷系统的实物和结构图。

a)

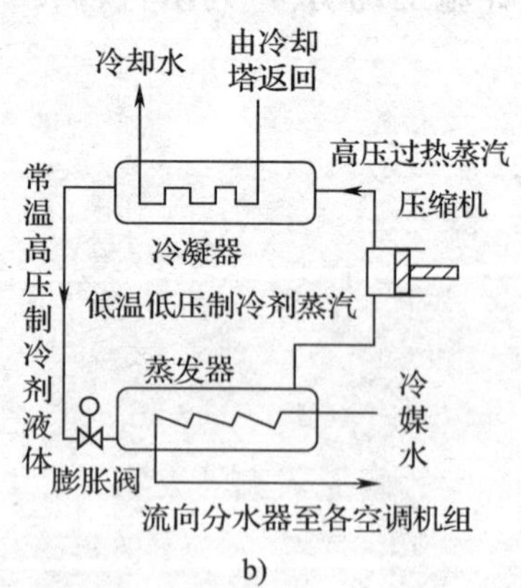

b)

图 3—1　压缩式制冷系统的实物和结构图
a）实物图　b）结构图

降低能耗是对现代冷水机组的重要要求。降低能耗的一个主要途径就是控制好制冷机组的状态点。图 3—2 所示是热力学分析示意图，制冷剂是 R407C。

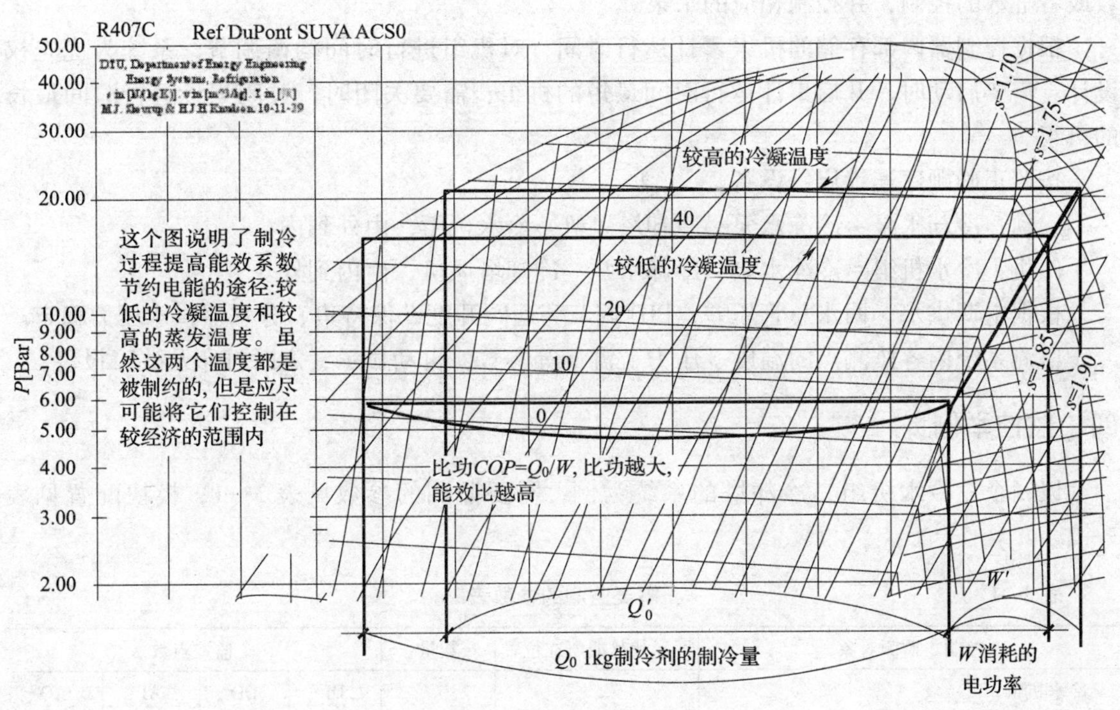

图 3—2　热力学分析示意图

从图 3—2 中可发现，当冷凝温度提高时，单位质量制冷剂消耗的电功率提高，而制冷量反而降低。同样的结果也出现在蒸发温度降低时。所以，一方面为了提高冷媒水携带的冷量，希望它的温度比较低；另一方面为了提高能效比，希望提高蒸发温度，也就是适当提高冷媒水的出水温度。

二、监测监视内容

1. 机组手动/自动状态、运行状态和故障状态。
2. 机组累计运行时间，发出定时检修提示。
3. 冷冻水泵/冷却水泵的手动/自动状态、运行状态和故障状态。
4. 冷冻水泵/冷却水泵累计运行时间，发出定时检修提示。
5. 冷冻水总管（冷冻水/空调热水）供水、回水温度、压力和回水流量。
6. 分水器、集水器压差。
7. 冷却塔风机的运行状态、故障报警、手动/自动状态。
8. 机组防冻控制。

三、控制内容

定时控制要按照预先编排的时间程序控制系统的启停。

根据冷冻水总管供水、回水温度和回水流量，计算大楼实际冷、热负荷，进行机组台数或者缸数的控制，并控制相应的水泵。

根据控制器内部存储的机组累计运行时间，对机组进行时间均衡调节，系统为优先权设计：需要启动时，开启累计运行时间最短的机组；需要关闭时，关闭累计运行时间最长的机组。

按照正确顺序连锁启停设备。

启动：冷却水泵→冷冻水泵→冷却塔风机→冷水机组，由外到内。

停机：冷水机组→冷冻水泵→冷却水泵→冷却塔风机，由内到外。

根据空调供水、回水总管压差，PID 调节旁通阀开度，保持集、分水器供水压力稳定。

监测系统内各监测点的温度、压力、流量等参数，自动显示，定时打印及故障报警。

四、监控举例

以一个三冷水机组三冷却塔的系统为例，需要监测的参数见表 3—1，模块配置见表 3—2。

表 3—1　　需要监测的参数表

控制、监测对象	图示代号或所在位置	数量	监控点数			
冷水机组			DI	DO	AI	AO
膨胀水箱低液位报警器	LT - 101	1	1			
膨胀水箱阀门开关	LV - 101	1		1		
膨胀水箱阀门开关状态反馈	LV - 101	1	1			
分水器压力	PT - 101	1			1	
集水器压力	PT - 102	1			1	
水阀开关	PdV - 101	1				1
分水器管道温度	TE - 101	1			1	
集水器管道温度	TE - 102	1			1	
流量计	FT - 101	1			1	
冷冻泵 1 - 3 启停开关	配电箱 1	3		3		
冷冻泵 1 - 3 开关状态反馈	配电箱 1	3	3			
冷冻泵 1 - 3 故障报警	配电箱 1	3	3			
冷冻泵 1 - 3 手动/自动状态	配电箱 1	3	3			
冷却泵 1 - 3 开关状态反馈	配电箱 5	3	3			
冷却泵 1 - 3 故障报警	配电箱 5	3	3			
冷却泵 1 - 3 手动/自动状态	配电箱 5	3	3			
冷水机组电动蝶阀开关	FV101 - FV302	6		12		
冷水机组电动蝶阀状态信号	FV101 - FV302	6	6			
冷水机组电动蝶阀故障报警	FV101 - FV302	6	6			
冷水机组电动蝶阀手动/自动状态	FV101 - FV302	6	6			

续表

控制、监测对象	图示代号或所在位置	数量	监控点数			
水流开关 1-6 状态反馈	FS101-FS302	6	6			
冷水机组 1-3 启停开关	配电箱 3	3		3		
冷水机组 1-3 开关状态信号	配电箱 3	3	3			
冷水机组 1-3 故障报警	配电箱 3	3	3			
冷水机组 1-3 手动/自动状态	配电箱 3	3	3			
冷却水循环管道温度	TE201-TE202	2			2	
冷却塔电动蝶阀开关	FV103-FV304	6		6		
冷却塔电动蝶阀状态信号	配电箱 6	6	6			
冷却塔电动蝶阀开关故障报警	配电箱 6	6	6			
冷却塔电动蝶阀手动/自动状态	配电箱 6	6	6			
冷却塔风扇开关 1-3	配电箱 7	3		3		
冷却塔风扇状态信号	配电箱 7	3	3			
冷却塔风扇故障报警	配电箱 7	3	3			
冷却塔风扇手动/自动状态	配电箱 7	3	3			
合计			80	28	7	1

表 3—2　　　　　　　　　　　模块配置

模块名称	型号	单位	数量	主要技术参数
电源模块	PS320	块	1	DC 24 V，20 W
CPU 模块	PAC313-1	块	1	32 位 RISC 处理器，45 MIPS，32 KB 用户程序空间，8 KB 数据存储空间，1 个以太网，1 个 CAN，1 个 RS485，1 个 RS232
数字量输入	DI316-1	块	5	16 点有源、无源开关量输入
数字量输入	DI308-1	块	1	8 点有源、无源开关量输入
数字量输出	DO316-2	块	2	16 点继电器输出，AC 220 V/2 A，DC 24 V/2 A
模拟量输入	AI308-2	块	1	8 点常规模拟量输入，电流、电压，16 位，0.5%精度
模拟量输出	AO304-1	块	1	4 点电压输出，8 位，0.5%精度

下面介绍 I/O 点和 DDC 的接线问题。传感器和机电设备控制端都会把连线接入电气控制箱内，强弱电最好能分置在两个控制箱。控制箱一般由专业厂家制造，控制箱下边设置接线端子排。工程技术人员将现场的线缆拉入控制箱的开孔，接入端子排上（见图 3—3）。弱电导线（截面面积 1 mm^2 线）往往用插接的方式，而大电流的动力线往往直接压接或者

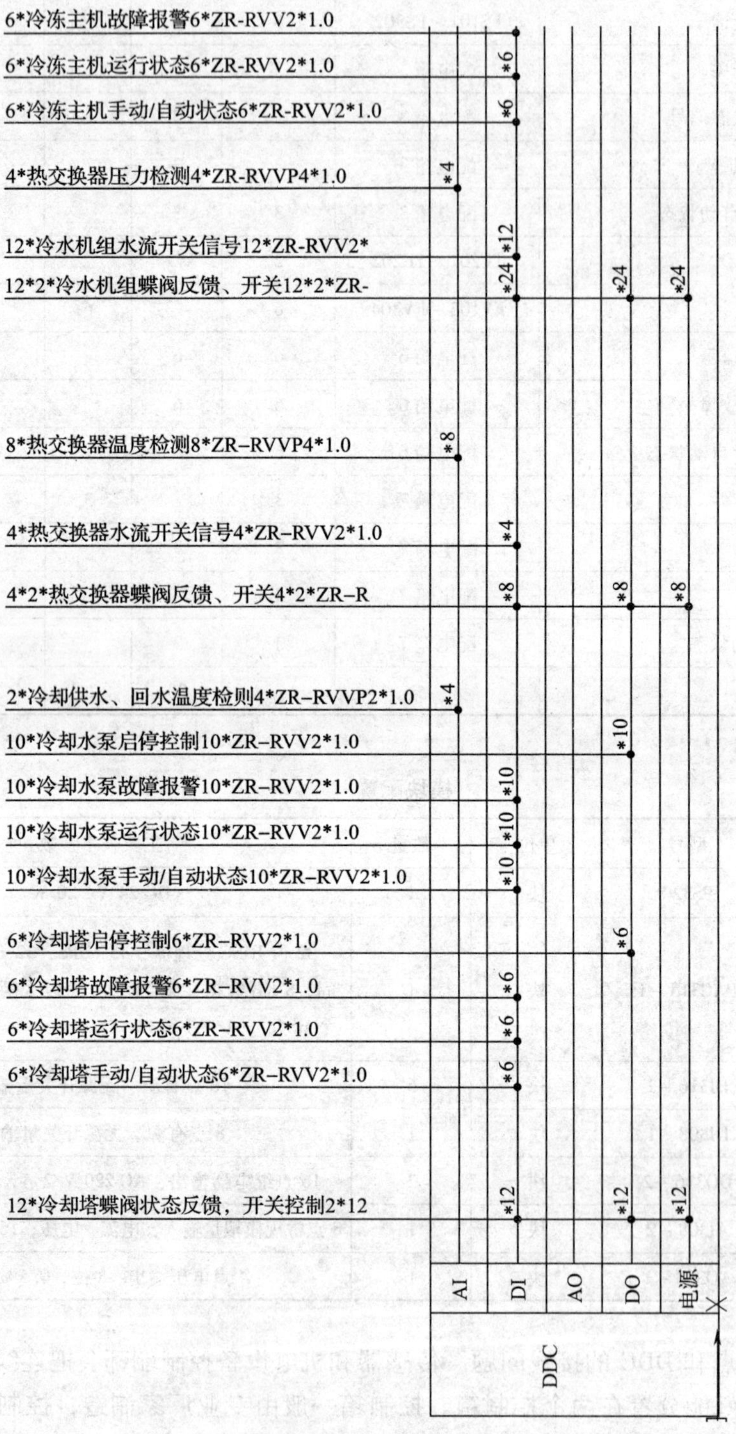

图 3—3 冷水机组监控原理图（局部）

采用铜鼻子连接。接线一定要细心，多股线的毛刺要处理好。如果开关量输出驱动电动机，往往需要用中间继电器来带动交流接触器。

第二节　热交换器的工作原理与监控要点

一般城市都在周边建设了热电厂，部分新型城市在小区内建立以天然气为能源的热电冷三联产站，以减少热水和冷媒水集中供应产生的管道开挖问题，同时大大降低生活成本。目前已经很少在城市中看到附设在建筑物中的锅炉房了，冬季的热水和暖气一般集中提供。相应地，建筑物内则需要设置热交换器，以便取得需要的生活热水和取暖空调用热水。一些大楼则采用溴化锂制冷机组，但也需要城市热力管网提供的高温热水，这些城市集中供热的热水通过热交换器，把热量传递给内部的热水管网。

一、监控内容

1. 现场控制柜监控

通过现场控制柜，控制器对循环泵进行启停控制，读取开关状态、故障报警和主备泵的切换等；读取一次、二次管路上传感器采集的水温和水压力等参数；控制器按时间自动启停循环泵。

2. 自动水温调节

控制器根据测量二次管路上的水温与设定值的偏差，以 PID（比例积分微分）方式调节一次水进口调节阀的开度，使二次水温度保持在设定范围内。

当二次管路水温高于设定值时，减小一次进水口调节阀开度，以减少热交换，从而降低水温。当二次管路水温低于设定值时，增大调节阀开度，增加热交换，从而提高二次水水温。

自动调节使调节阀开度达到一个稳定值，减少水阀频繁开关所带来的电能损耗与阀门执行器的损耗。

根据温差的大小控制循环泵开启的数量。

3. 设备连锁控制

调节阀与循环泵连锁，当循环泵开启时调节阀自动启动 PID 调节，当循环泵停止时调节阀自动关闭。

4. 维修指示

现场监控器记录设备的运行参数和累计运行时间，平衡设备使用率，提醒管理人员定期检修。

5. 报警及数据记录

监控中心显示各个监控点回检状态。

监控中心及时显示报警信息，包括时间。

故障报警包括循环泵故障报警和补水箱高、低液位报警。

6. 监测监视内容

循环泵手动/自动状态、运行状态，换热器一次侧热水供回水温度、供水压力，换热器二次侧热水供回水温度、供水压力。

二、监控举例

系统模块配置见表 3—3，各模块具体配置见表 3—4。从表 3—4 中可以了解热交换系统的控制设备组成。热交换系统原理及监控如图 3—4 所示。

表 3—3　系统模块配置

控制、监测对象	图示代号所在位置	数量	监控点数			
热交换系统			DI	DO	AI	AO
管道温度 1－6	TE－01～TE－06	6			6	
管道流量	FT01	1			1	
阀门开度	TV－01、TV－02	2				2
循环泵开关	配电箱	2		2		
循环泵运行状态信号	配电箱	2	2			
循环泵手动/自动状态	配电箱	2	2			
循环泵运行故障报警	配电箱	2	2			
合计			6	2	7	2

表 3—4　各模块具体配置

模块名称	型号	单位	数量	主要技术参数
电源模块	PS320	块	1	DC 24 V，20 W
CPU 模块	PAC313－1	块	1	同上
数字量输入	DI308－1	块	1	8 点有源、无源开关量输入
数字量输出	DO308－2	块	1	8 点继电器输出，AC 220 V/2 A，DC 24 V/2 A
模拟量输入	AI308－2	块	1	8 点常规模拟量输入，电流、电压，16 位，0.5% 精度
模拟量输出	AO304－1	块	1	4 点电压输出，8 位，0.5% 精度

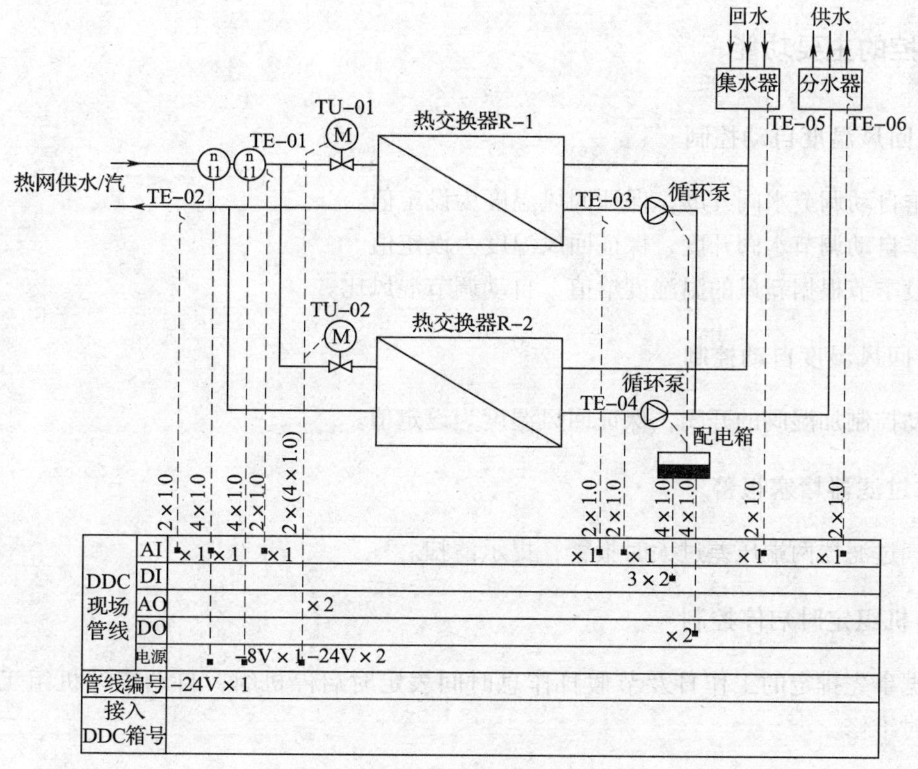

图 3—4　热交换系统原理及监控

第三节　空气调节机组的工作原理与监控要点

空气调节机组是将媒水带来的热或者冷传递给建筑物内空气的设备。原理就是让空气以合适的速度通过表冷器来达到加温加湿或者降温除湿的效果。空调机组往往在一个建筑群里数量较多，它们的节能控制直接影响到建筑物节能的效果。特别是变风量技术，改变了传统定风量系统所带来的风机电能消耗较大的问题，而且采用该技术后，过渡性季节空调系统的运行也更加舒适节能，降低了噪声。所以，空调机组的节能控制非常重要。由于目前还采用了末端风量调节装置进行区域的温度控制，使得整个空气调节系统的控制显得比较棘手，最难办的就是各个末端箱独立控制带来的整个系统的耦合问题。所以，空调机组控制还有很多需要改进的地方，这也给参与空调机组的节能控制改造带来一个很大的机会。变风量控制简称 VAV，核心是将一个空间划分为一些区域，由一台空调机组对这几个区域进行温度调节。其优点是每个区域的温度都能调节到位，避免了较大空间温度分布不均匀的问题。VAV 系统需要增加一些末端箱，称为 TERMINAL BOX 或 VAV BOX，这些末端箱都有出风量控制功能，所以需要增加工程成本。机组通过检测远端的风管压力来控制送风量，一旦末端需要的空调负荷降低，风机转速随之降低，从理论上讲，转速降到 1/2，风机功率降到 1/8。

一、监控的主要功能

1. 回风温度自动控制

冬季自动调节水阀开度，保证回风温度为设定值。
夏季自动调节水阀开度，保证回风温度为设定值。
过渡季节根据新风的温湿度焓值，自动调节混风比。

2. 回风湿度自动控制

自动控制加湿阀的开闭，保证回风湿度为设定值。

3. 过滤器堵塞报警

空气过滤器两端压差过大时报警，提示清扫。

4. 机组定时启停控制

根据事先排定的工作日及节假日作息时间表定时启停机组，自动统计机组工作时间，提示定时维修。

5. 连锁保护控制

（1）连锁。风机停止后，新回风排风门、电动调节阀、电磁阀自动关闭。
（2）保护。风机启动后，其前后压差过低时故障报警，并连锁停机。
（3）防冻保护。当温度过低时，开启热水阀，关新风门，停风机，报警。

6. 重要场所的环境控制

在重要场所设温湿度测点，根据其温湿度直接调节空调机组的冷热水阀，确保重要场所的温湿度为设定值。

在重要场所设二氧化碳测点，根据其浓度调节新风比。

二、监控举例

下面列出的是一个四管制恒风变水量控温控湿全空气调节机组的监控设计，包含了控制的内容和控制系统的配置。需要注意的是，空调机组的排风、新风、回风三者之间是相关的，常常通过巧妙的机械设计用一个执行机构来完成三者的调节控制。

1. 四管制恒风变水量控温控湿全空气调节机组监控点表及模块配置（见表 3—5）
2. 四管制恒风变水量控温控湿全空气调节机组模块配置（见表 3—6）
3. 四管制恒风变水量控温控湿全空气调节机组监控图以及接线图

监控图如图 3—5 所示，接线图如图 3—6 所示。

表 3—5　监控点表及模块配置

控制、监测对象	图示代号	数量	监控点数			
空调机组			DI	DO	AI	AO
排风风阀调节	M1	1				1
回风风阀调节	M2	1				1
新风风阀调节	M3	1				1
新风温度检测	T2	1			1	
新风湿度检测	H2	1			1	
回风温度检测	T1	1			1	
回风湿度检测	H1	1			1	
回风机运行状态		1	1			
回风机故障报警		1	1			
回风机手动/自动状态		1	1			
回风机压差检测	DP1	1	1			
回风机启停控制		1		1		
过滤器压差检测	DP2	1	1			
加热器水阀调节	M4	1				1
防冻保护	TA1	1	1			
表冷器水阀调节	M5	1				1
加湿阀开闭	M6	1		1		
送风机运行状态		1	1			
送风机故障报警		1	1			
送风机手动/自动状态		1	1			
送风机压差检测	DP3	1	1			
送风机启停控制		1		1		
送风温度检测	T3	1			1	
送风湿度检测	H3	1			1	
空调区域温度检测	T4	1			1	
空调区域湿度检测	H4	1			1	
CO_2 浓度检测	CO2	1			1	
合计			10	3	9	5

表 3—6　模块配置

模块名称	型号	单位	数量	主要技术参数
电源模块	PS320	块	2	DC 24 V，20 W
CPU 模块	PAC313－1	块	1	同上
数字量输入	DI316－1	块	1	16 点有源、无源开关量输入
数字量输出	DO308－2	块	1	8 点继电器输出，AC 220 V/2 A，DC 24 V/2 A
模拟量输入	AI308－2	块	1	8 点常规模拟量输入，电流、电压，16 位，0.5% 精度
模拟量输入	AI304－1	块	1	4 点万能输入，Pt100、Pt1000、电流、电压，16 位，0.5% 精度
模拟量输出	AO308－1	块	1	8 点电压输出，8 位，0.5% 精度

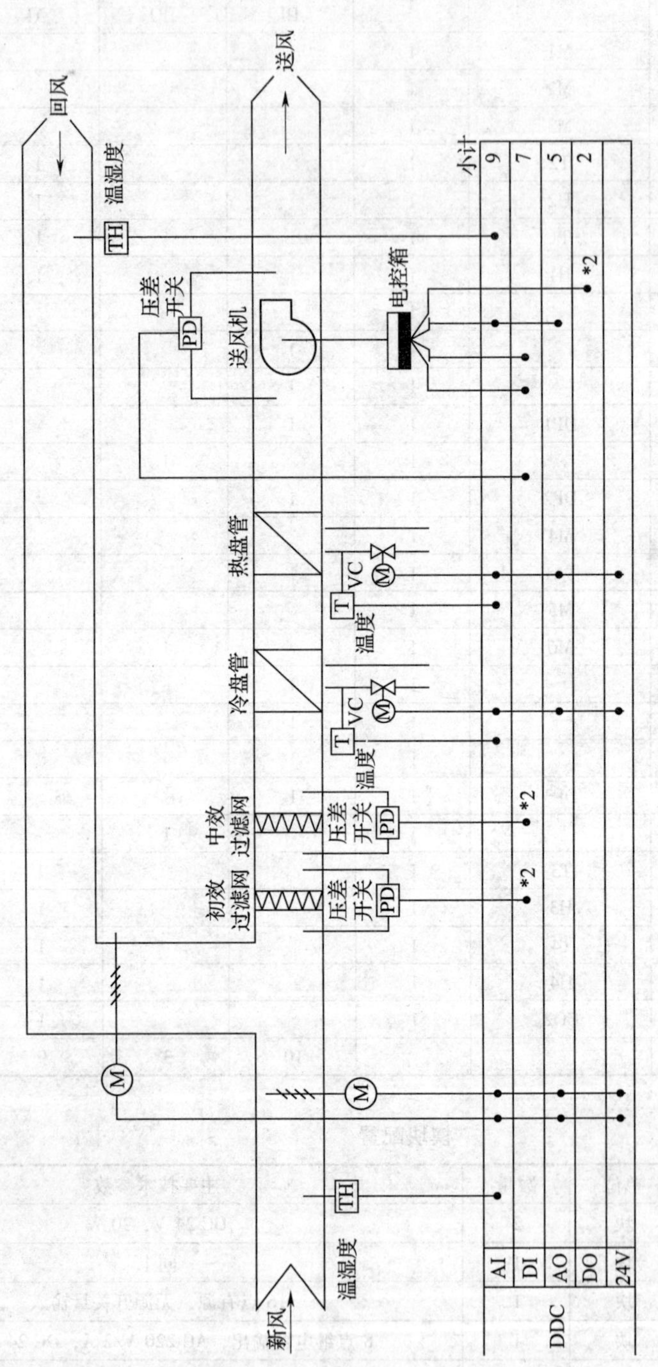

图 3—5 回风系统监控与变风量系统原理图

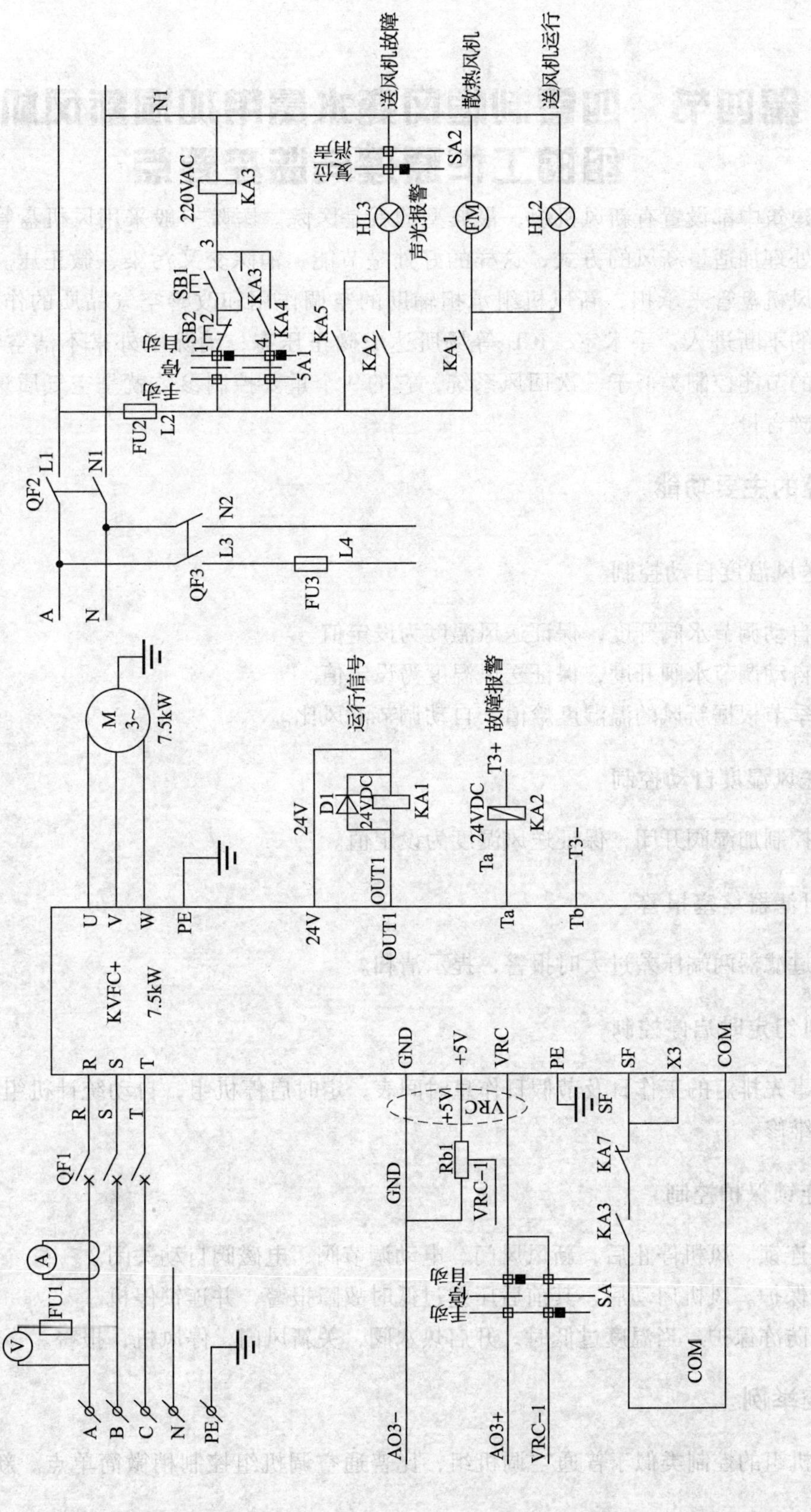

图 3—6　带变频控制空调机组控制系统接线图

第四节　四管制恒风变水量带加湿新风机组的工作原理与监控要点

很多建筑中都设置有新风机组，最典型的就是医院。医院一般采用风机盘管产生内部空气循环处理加适量新风的方式，这样的好处是节能、消除交叉污染、微正压。主要的空调负荷由风机盘管来承担，新风机组承担辅助的空调作用和改善空气品质的作用。同时，由于新风的不断进入，手术室、ICU 等场所达成微正压态，消除了外来不洁空气的侵入。新风机组的节能控制类似于一次回风系统，它的一个重要控制参数就是空气质量，或者空气二氧化碳含量。

一、监控的主要功能

1. 送风温度自动控制

冬季自动调节水阀开度，保证送风温度为设定值。

夏季自动调节水阀开度，保证送风温度为设定值。

过渡季节根据新风的温湿度焓值，自动调节混风比。

2. 送风湿度自动控制

自动控制加湿阀开闭，保证送风湿度为设定值。

3. 过滤器堵塞报警

空气过滤器两端压差过大时报警，提示清扫。

4. 机组定时启停控制

根据事先排定的工作日及节假日作息时间表，定时启停机组，自动统计机组工作时间，提示定时维修。

5. 连锁保护控制

（1）连锁。风机停止后，新风风门、电动调节阀、电磁阀自动关闭。

（2）保护。风机启动后，其前后压差过低时故障报警，并连锁停机。

（3）防冻保护。当温度过低时，开启热水阀，关新风门，停风机，报警。

二、监控举例

新风机组的控制类似于普通空调机组，比普通空调机组控制稍微简单点。新风机组常

在空调系统内承担主要的新鲜空气补充任务，而不是作为主要空调负荷的承担者。新风机组的监控如图 3—7 所示。

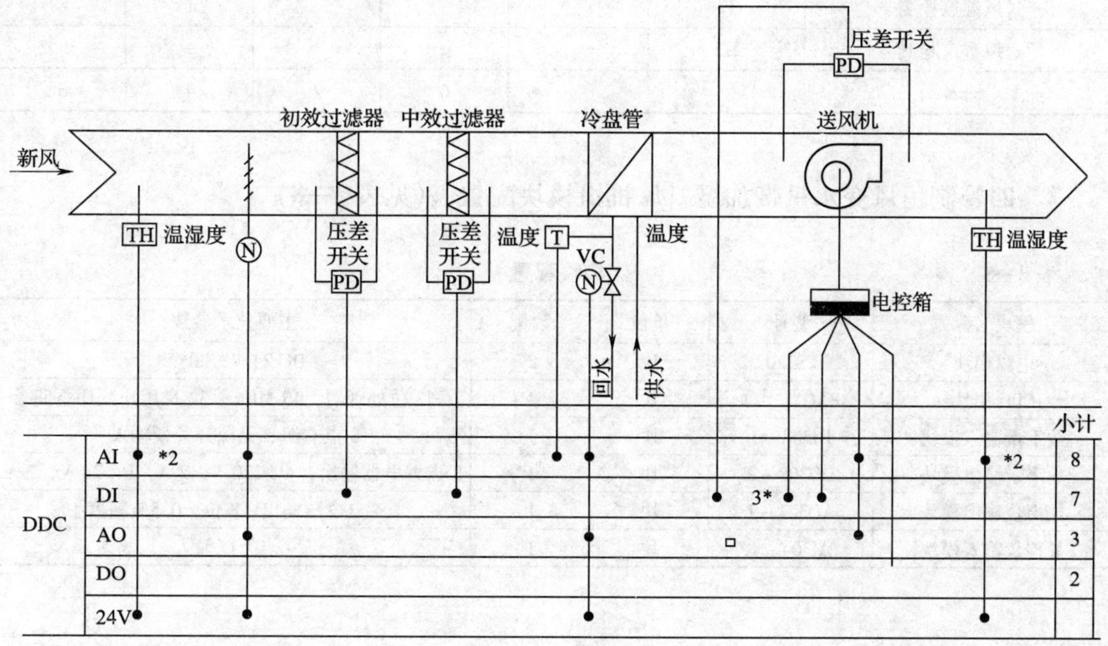

图 3—7　新风机组的监控

1. 四管制恒风变水量带加湿新风机组的监控点数及模块配置 （见表 3—7）

表 3—7　　监控点数及模块配置

控制、监测对象	图示代号	数量	监控点数			
空调机组		1	DI	DO	AI	AO
新风风阀调节	M1					1
新风温度检测	T1				1	
新风湿度检测	H1				1	
过滤器压差检测	DP1		1			
加热器水阀调节	M2					1
防冻保护	TA1		1			
表冷器水阀调节	M3					1
加湿阀开闭	M4			1		
送风机压差检测	DP2		1			
送风机运行状态			1			
送风机故障报警			1			
送风机手动/自动状态			1			
送风机启停控制				1		

续表

控制、监测对象	图示代号	数量	监控点数			
送风温度检测	T2				1	
送风湿度检测	H2				1	
合计			6	2	4	3

2. 四管制恒风变水量带加湿新风机组模块配置 （见表3—8）

表3—8　　模块配置

模块名称	型号	单位	数量	主要技术参数
电源模块	PS320	块	2	DC 24 V，20 W
CPU 模块	PAC313－1	块	1	32 位处理器，45 MIPS，32 K 用户程序空间
数字量输入模块	DI308－1	块	1	8 点有源、无源开关量输入
数字量输出模块	DO308－2	块	1	8 点继电器输出，AC 220 V，2 A，DC 24 V，2 A
模拟量输出模块	AO304－1	块	1	4 点电压输出，8 位，0.5% 精度
模拟量输入模块	AI304－1	块	1	4 点万能输入

第五节　照明系统的工作原理与监控要点

照明系统大约消耗建筑物30%的电能，故目前照明系统的节能控制非常流行。照明控制主要有两个好处：第一是节能，第二是方便。比如，人感知传感器可以用来探测区域是否有人，一旦无人，则该区域灯会被熄灭。而总线式的控制系统，使得人们可以就近用一个控制器来设置照明模式，如会议模式、贵宾模式或者休闲模式。同时，照明模块普遍可以延长灯具使用寿命。

一、监测监视内容

监测监视内容包括时间控制、照明亮度自动调节控制、场景控制、自动开关控制、应急照明控制、手动遥控器控制。

二、控制方法

通过软件设置，实现对各区域内正常工作状态下的照明灯具在时间上的不同控制。

通过调光模块和照度动态检测器等电气设备，实现在正常状态下对各区域内正常工作状态下的照明灯具的自动调光控制，使该区域内的照度不会随日照等外界因素的变化而改变，始终维持在照度预设值左右。

通过调光模块和控制面板等电气设备，对各区域内正常工作状态下的照明区域进行场景切换控制。

通过调光模块和动静探测器等电气设备，实现对各区域内正常工作状态下的照明灯具的自动开关控制。

通过智能照明控制系统对特殊区域内的应急照明执行控制。

在正常状态下通过红外线遥控器，实现对各区域内照明灯具的手动控制和区域场景控制。

智能照明控制系统如图 3—8 所示。

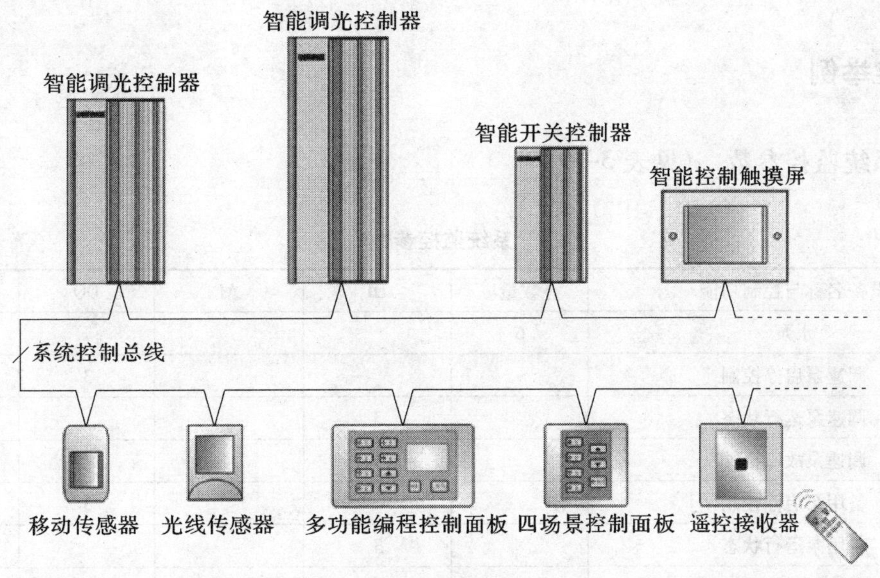

图 3—8　智能照明控制系统

第六节　生活给水系统的工作原理与监控要点

高层建筑物的高度较高，一般城市管网中的供水压力不能满足其用水要求，除了最下层的可由城市管网供水外，其余部分均需加压供水。根据建筑物的给水要求、高度和分区压力等情况，进行合理分区，然后布置给水系统。给水系统的形式多种多样，各有特点，但基本上可分为两大类，即高水位水箱给水系统和气压给水系统（或水泵直接给水系统）。现在城市中大都选用水泵直接给水系统，下面以该系统为例进行介绍。

一、监控内容

1. 水泵直接给水系统的监控原理

水泵直接供水时，较节能的方法是采用调速水泵供水系统，即根据水泵的输水量与转速成正比的特性，利用 DDC 对水泵电动机的自动调速控制，配合气罐使供水管的水压保持不变，从而实现恒压供水。同时备有一个固定转速的水泵，当可调速水泵故障时，备用水泵自动投入运行，保证小区的基本用水量，避免停水给居民带来的不便。1 ~ 5 层的低层用户可以利用城市供水管网直接供水。

2. 水泵直接给水系统的监控功能

水泵直接给水系统要监控各个小区供水泵的启停控制，同时还要监控水泵的运行状态，发现故障进行报警；根据供水水管压力的反馈值，CPU 利用 PID 调节自动控制调速电动机的转速。

二、监控举例

1. 系统监控参数 （见表 3—9）

表 3—9　　系统监控参数

设备名称与控制功能	数量	DI	AI	DO	AO
水泵	6				
调速泵启停控制				3	
调速泵运行状态		3			
调速泵故障报警		3			
备用泵启停控制				3	
备用泵运行状态		3			
备用泵故障报警		3			
转速输出					3
供水水压			3		
合计		12	3	6	3

2. 模块配置 （见表 3—10）

表 3—10　　模块配置

模块名称	型号	单位	数量	主要技术参数
电源模块	PS320	块	1	DC 24 V，20 W
CPU 模块	PAC313 - 1	块	1	32 位 RISC 处理器，45 MIPS，32 KB 用户程序空间，8 KB 数据存储空间
数字量输入	DI316 - 1	块	1	16 点有源、无源开关量输入
数字量输出	DO308 - 2	块	1	8 点继电器输出，AC 220 V/2 A，DC 24 V/2 A
模拟量输入	AI304 - 1	块	2	4 点万能输入，Pt100、Pt1 000、电流、电压，16 位，0.5% 精度
模拟量输出	AO304 - 3	块	1	4 点电压、电流输出，8 位，0.5% 精度

3．水泵直接给水系统原理（见图3—9）

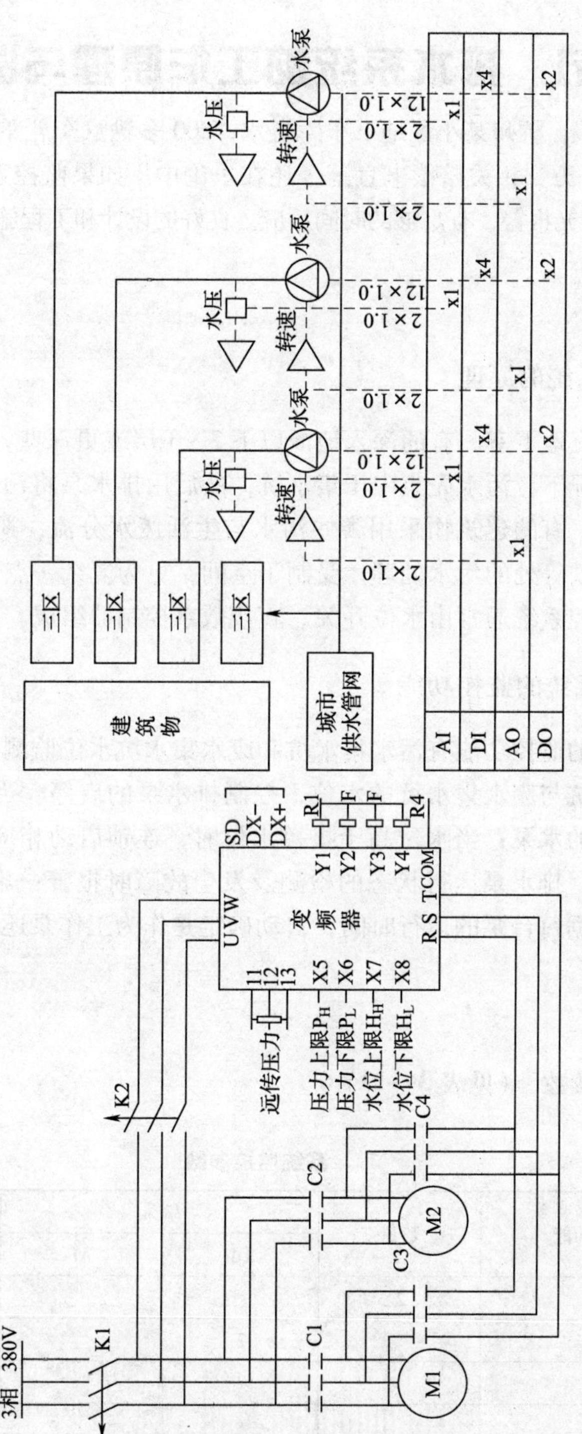

图3—9　水泵直接给水系统原理

第七节 排水系统的工作原理与监控要点

2010年5月凌晨，杭州某小区地下车库进水，200多辆汽车严重受损，包括大量豪华车。这次水淹损失超过千万，相关赔偿事宜至今还在争论中。如果监控系统正常，则排水系统自动启动，同时发出声光报警，有足够的时间反应。良好的设计和工程施工远比高技术重要。

一、监控内容

1. 排水监控系统的原理

建筑物一般都有地下室，有的深入地面以下2～3层或更深些，地下室的污水常不能以重力排除，在此情况下，污水先集中于集水坑，然后用排水泵将污水提升至室外排水管中。污水泵为自动控制。有的建筑物采用粪便污水与生活废水分流，避免水流干扰，以改善环境卫生条件。而地铁等处的污水处理，受制于空间，更为复杂一点。

建筑物排水监控系统通常由水位开关、直接数字控制器组成。

2. 排水监控系统的监控功能

排水监控系统的监控功能有污水集水坑和废水集水坑水位监测及超限报警。

根据污水集水坑与废水集水坑的水位，控制排水泵的启停。当集水坑的水位达到高位时，连锁启动相应的水泵；当水位高于报警水位时，连锁启动相应的备用泵，直到水位降至低限时连锁停泵；排水泵运行状态的检测及发生故障时报警；累计运行时间，为定时维修提供依据，并根据每台泵的运行时间，自动确定是作为工作泵还是备用泵。

二、监控举例

1. 系统监控参数（见表3—11）

表3—11　　系统监控参数

设备名称与控制功能	数量	输入		输出	
		DI	AI	DO	AO
排水泵	2				
排水泵运行状态		2			
排水泵故障报警		2			
排水泵启停控制				2	
污水泵	2				
污水泵运行状态		2			

续表

设备名称与控制功能	数量	输入		输出	
		DI	AI	DO	AO
污水泵故障报警		2			
污水泵启停控制				2	
报警水位		2			
启泵水位		2			
停泵水位		2			
合计		14	0	4	0

2. 模块配置　（见表 3—12）

表 3—12　　模块配置

模块名称	型号	单位	数量	主要技术参数
电源模块	PS320	块	1	DC 24 V，20 W
CPU 模块	PAC313 - 1	块	1	同上
数字量输入	DI316 - 1	块	1	16 点有源、无源开关量输入
数字量输出	DO308 - 2	块	1	8 点继电器输出，AC 220 V/2 A，DC 24 V/2 A

3. 生活排水监控系统原理　（见图 3—10）

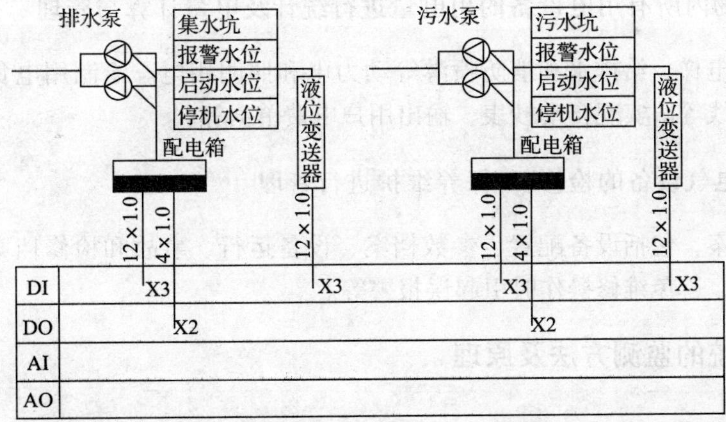

图 3—10　生活排水监控系统原理

第八节　供配电系统的工作原理与监控要点

供配电系统是为建筑物提供能源的主要途径之一。一般的建筑物供配电系统是由市电引入 10 kV 的电源。常用的变压器有油浸式（湿式）和环氧树脂浇铸式（干式）。油浸式变压器一般容易散热，所以可以达到上万千伏安的容量，缺点是需要定期检修更换变压器油，维护较复杂。干式变压器维护简单，箱式变电站常常选用干式变压器，缺点是散热困难，限制了单机容量，一般不大于2 000 kV · A，变压比一般是10 kV/0. 4 kV。变压器低压出线一般用母排连接到低压柜的顶端，再用母排连接到低压断路器。低压配电柜除了出线柜外，还常常有进线柜、联络柜、电容柜、直流电源柜和计量柜等。为了保证供电的可靠性，对一级负荷都设两路独立电源，互为备用，重要场合装设应急备用发电机组，以便保证事故照明、重要负荷，如消防用电等。变电所本身都设计有自动化控制装置，楼宇设备自动化系统（BA 系统）一般只对运行参数进行检测，而不进行分断操作。

一、供配电系统的监控内容

1. 检测运行参数

检测电压、电流、功率和变压器的温度等运行参数，为正常运行时的计量管理、事故发生时的故障原因分析提供数据。

2. 监视电气设备的运行状态

监视高低压进线断路器、主线联络断路器等各种类型开关的当前分、合状态，以及电气主接线图开关状态画面。发现故障，自动报警，并显示故障位置、相关电压和电流数值等。

3. 对建筑物内所有用电设备的用电量进行统计及电量计算与管理

管理空调、电梯、给排水和消防喷淋等动力电和照明用电。绘制用电负荷曲线，如日负荷和年负荷曲线等。实现自动抄表、输出用户电费单据等。

4. 对各种电气设备的检修、保养维护进行管理

建立设备档案，包括设备配置、参数档案、设备运行、事故和检修档案，生成定期维修操作单并存档，避免维修操作时引起误报警等。

二、供配电系统的监测方法及原理

1. 高压线路的电压及电流监测

10 kV 高压线路的电压及电流测量方法如图 3—11 所示。

2. 低压端的电压及电流监测

低压端（380/220 V）的电压及电流测量方法与高压端基本相同，只是电压和电流互感器的电压等级不同。低压配电系统监控原理如图 3—12 所示。

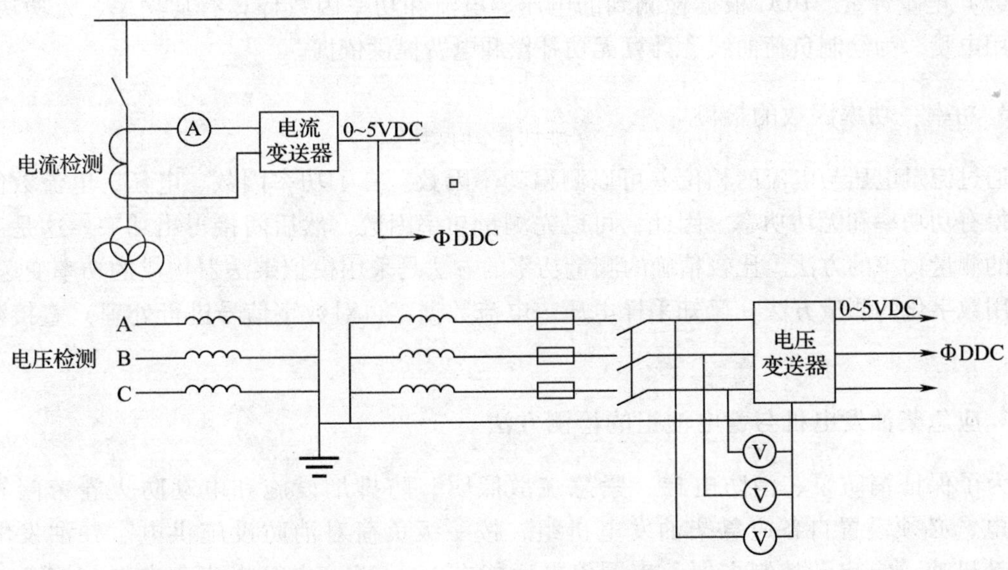

图 3—11 10 kV 高压线路的电压及电流测量方法

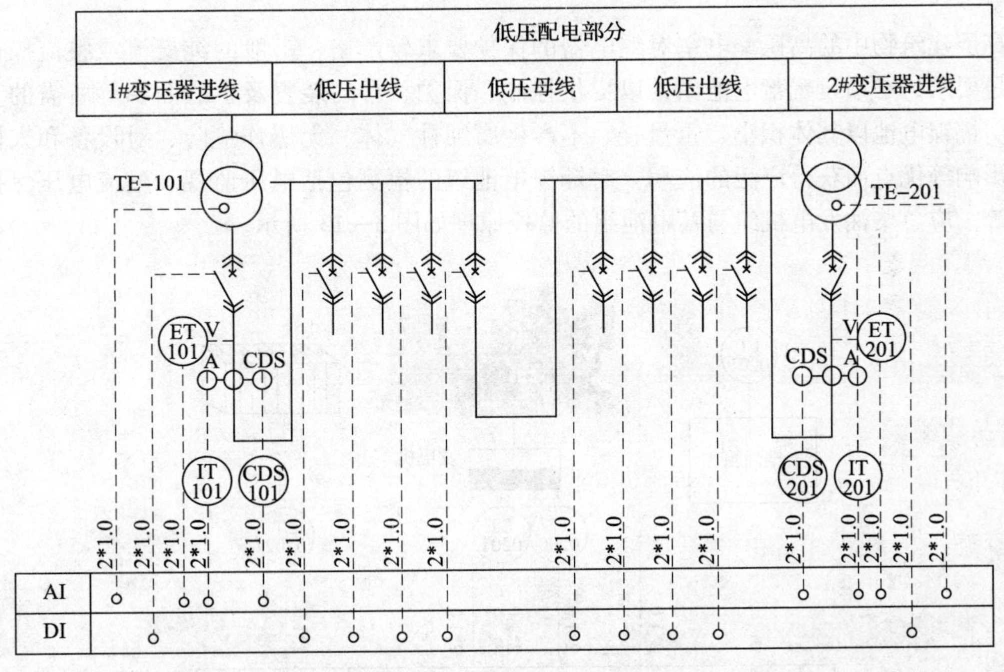

图 3—12 低压配电系统监控原理

（1）参数检测、设备状态监视与故障报警。DDC 通过温度传感器/变送器、电压变送器、电流变送器、功率因素变送器自动检测变压器线圈温度、电压、电流和功率因素等参数，再与额定数值比较，发现故障报警，显示相应的电压、电流数值和故障位置。经由数字量输入通道可以自动监视各个断路器、负荷开关和隔离开关等的当前分、合状态。

（2）电量计量。DDC 根据检测到的电压、电流和功率因数计算有功功率、无功功率，累计用电量。为绘制负荷曲线、计算无功补偿和电费提供依据。

3. 功率、功率因数的检测

通过流量电压与电流的相位差可以测得功率因数。有了功率因数、电压、电流数值即可求得有功功率和无功功率。因此，可以先测量功率因数，然后间接得出功率。这是一种间接的测量功率的方法。比较精确的测量功率的方法是采用模拟乘法器构成的功率变送器，或者用数字化的测量方法（已知采样电压、电流数据，再对数字信号进行处理）直接测量功率。

4. 应急柴油发电机与蓄电池组的检测方法

为了保证消防泵、消防电梯、紧急疏散照明、防排烟设施和电动防火卷帘门等消防用电，必须设置自备应急柴油发电机组，按一级负荷对消防设施供电。柴油发电机应启动迅速、自启动控制方便，市网停电后能在 10 ~ 15 s 内接入应急电源。应急柴油发电机组的电压、电流等参数，机组运行状态、故障报警和日用油箱液位等将被检测。

高层建筑物中的高压配电室对继电器的保护要求较严格，一般的纯交流或整流操作难以满足要求，必须设置蓄电池组，以提供控制、保护、自动装置及事故照明等所需的直流电源。镉镍电池以其体积小、重量轻、不产生腐蚀性气体、无爆炸危险、对设备和人体健康无影响等优点而获得广泛的应用。对镉镍电池组的检测包括电压监视、过流电压保护及报警等。应急柴油发电机组与蓄电池组的监控原理如图 3—13 所示。

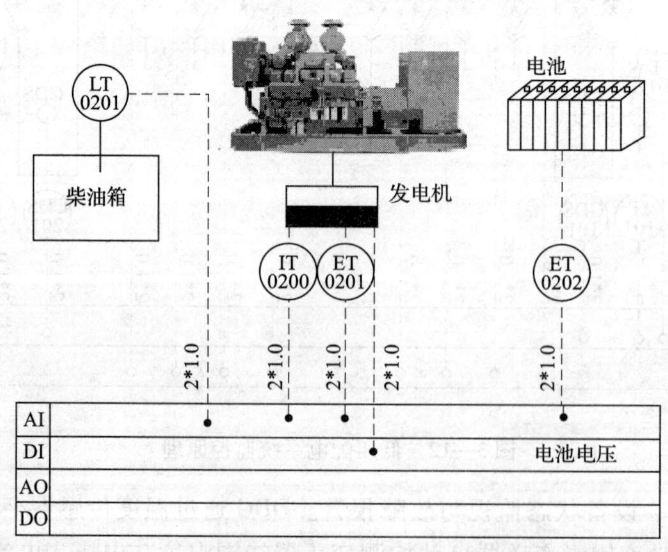

图 3—13　应急柴油发电机组与蓄电池组的监控原理

三、变配电系统的点位统计与模块配置实例

1. 系统监控参数及模块配置（见表 3—13）

表 3—13　　系统监控参数及模块配置

设备名称与控制功能	数量	输入		输出	
		DI	AI	DO	AO
变压器	2				
变压器温度			2		
变压器超温报警		2			
高压进线	2				
电压			2		
电流			2		
频率			2		
功率因数			2		
有功功率			2		
主开关状态		2			
主开关报警		2			
低压进线	2				
电压			2		
电流			2		
频率			2		
功率因数			2		
有功功率			2		
主开关状态		2			
主开关报警		2			
应急柴油发电机组	1				
电压			1		
电流			1		
油箱液位			1		
机组运行状态		1			
机组故障报警		1			
蓄电池组	1				

续表

设备名称与控制功能	数量	输入		输出	
		DI	AI	DO	AO
电池电压			1		
合计	8	12	26	0	0

2. 模块配置 （见表3—14）

表3—14 **模块配置**

模块名称	型号	单位	数量	主要技术参数
电源模块	PS320	块	1	DC 24 V，20 W
CPU 模块	PAC313－1	块	1	同上
数字量输入	DI316－1	块	1	16 点有源、无源开关量输入
模拟量输入	AI304－1	块	1	4 点万能输入
模拟量输入	AI308－2	块	3	8 点电压、电流输入，16 位

第九节　电动机的启停控制和变频调速

建筑设备自动化的一个主要内容就是水泵、风机、压缩机等的启停控制和变速控制。

启动较大的电动机，往往使用减压启动的方式，以便减小启动电流，对配电设备和继电保护的压力也比较小，电动机发热也少。常用的减压启动是 Y－△启动，其结构简单，设备价格低。自耦减压启动也是一种常用的方式。变频器除了具有调速的作用外，还具有优异的启动特性。下面给出了这三种常见的启停控制电路，如图 3—14 ~ 图 3—16 所示。

自耦减压启动的一次电路如图 3—14 所示。启动时，自耦线圈会降低启动电压，当延时结束后，切换到三角形联结。

图 3—15 所示为一个 Y－△启动电路，其中左边是主接线图，右边是二次接线图。利用电动机 6 个接线端子的组合变化，可实现减压启动。

图 3—16 所示为 Y－△启动接线图。启动时，首先是星形联结，这时每个线圈获得的是相电压。延时到了以后，转换成三角形联结，每个线圈获得的是线电压。启动后根据温湿度来控制风机的停开。

如果采用变频控制，则目前常用的 VVVF 技术是一种很理想的启动调速方式。图 3—17 所示为常见的变频控制电路图。

图 3—18 所示为最简单配置情况下的变频控制原理。

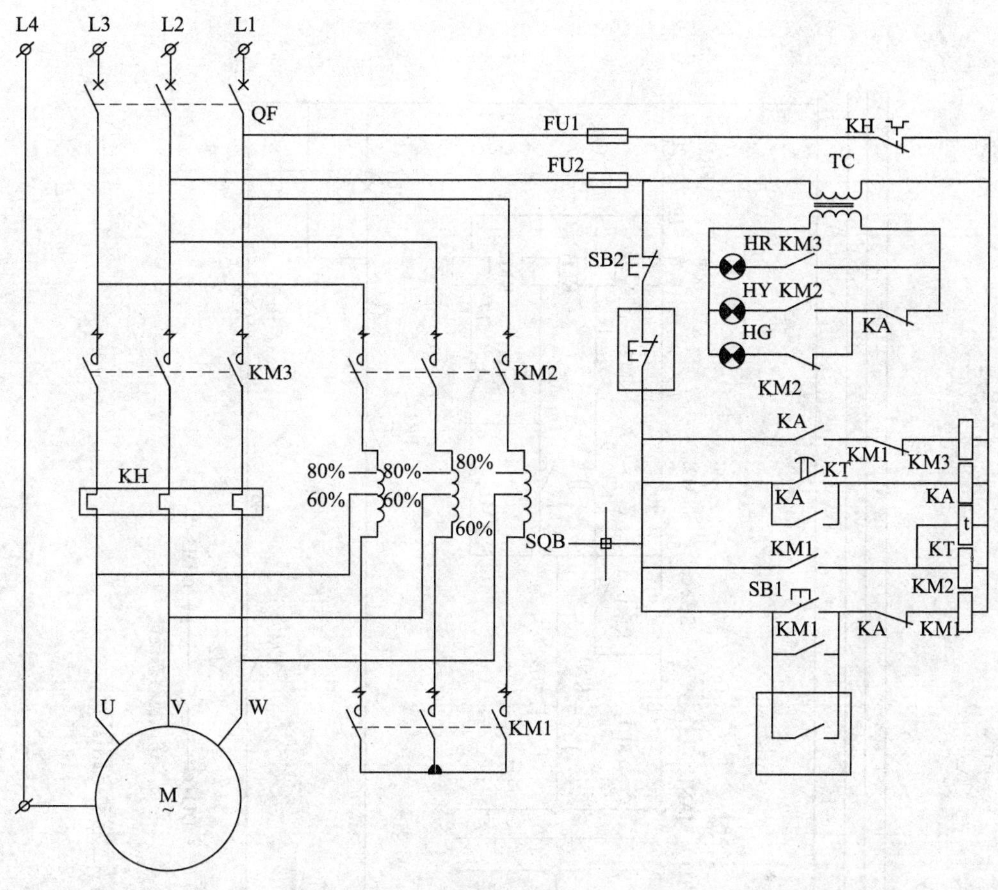

图 3—14　自耦减压启动的一次电路

图 3—18 所示是西门子变频控制设备 MM430 的电路图。变频控制的原理是对电源进行变频处理。为了在变频后，特别是在低频情况下电动机不致因为直流成分过大而显著发热，往往在变频的同时还要变压，使得电动机更加平稳。这是一个广泛应用在工程中的电路图。如果说电动机带动的是一个空调机组的风机，那么这个风机就受变频器的控制。变频器的 205/206 端一旦短接，则相当于电动机的开关合上了。在这个电路图上，205/206 受 KA 控制。KA 是一个中间继电器。KA 本身受启动电路控制。在外接紧急停机端子 9/10 端接的情况下有两种启动 KA 的方式，即自动和手动。自动和手动方式由转换开关选择。转换开关往往装在电控箱的面板上。手动时，按下启动按钮 START，则 KA 得电并自保，变频器接通主电路；自动时，7/8 这副 DDC 开关输出触点（DO）一旦接通，则 KA 接通，无须自保，同时变频器接通主电路。这是变频器的第一个作用，接通主电路。变频器的第二个作用是通过 3 种方式来进行频率控制。第一种方式是变频器自备旋钮，直接改变频率输出；第二种方式是通过外接电信号（毫安信号或者伏特信号）来控制频率，而 DDC 的模拟量输出端（AO）输出的是毫安信号或伏特信号；第三种方式是通信方式，相互通信的设备利用通信的方式将控制数值发送给变频器，由变频器来控制电动机的转速。

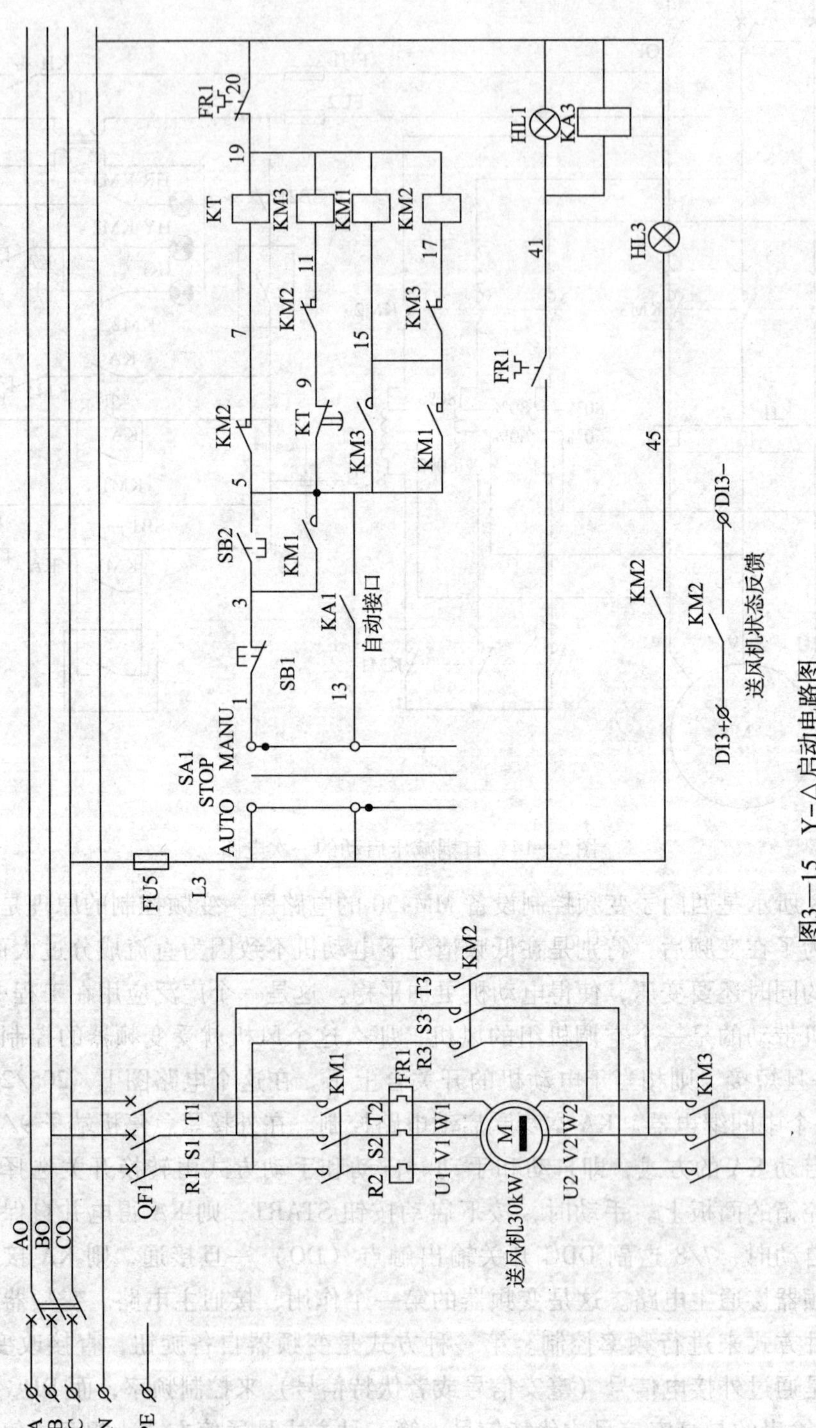

图3—15　Y-△启动电路图

主电源进
电动机U1-V1-W1
电动机U2-V2-W2
1
2
3
4
5
6
7
8
9
AO
BO
CO
U1
V1
W1
U2
V2
W2

T1+
温度
湿度
11
12
13
14
15
16
17
18
19
20
21
22
23
24
25
26
27
28
T1+
T1-
AI4+
AI4-
AI6+
AI6-
T1+
T1-
AO1+
AO1-
T1+
T1-
AO2+
AO2-

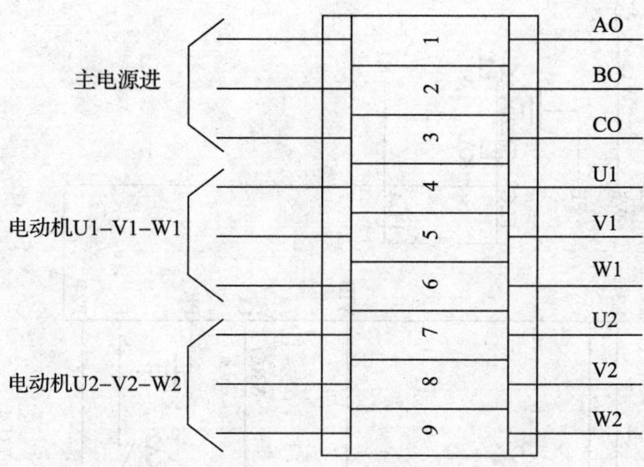

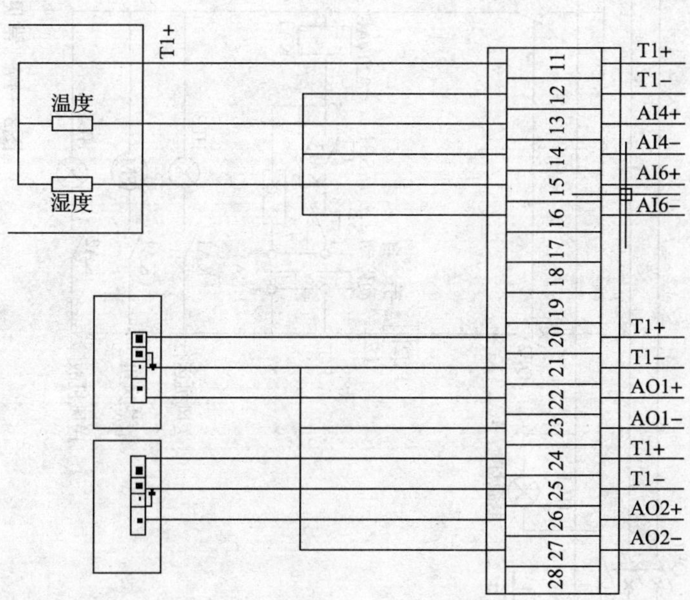

图3—16　Y－△启动接线图

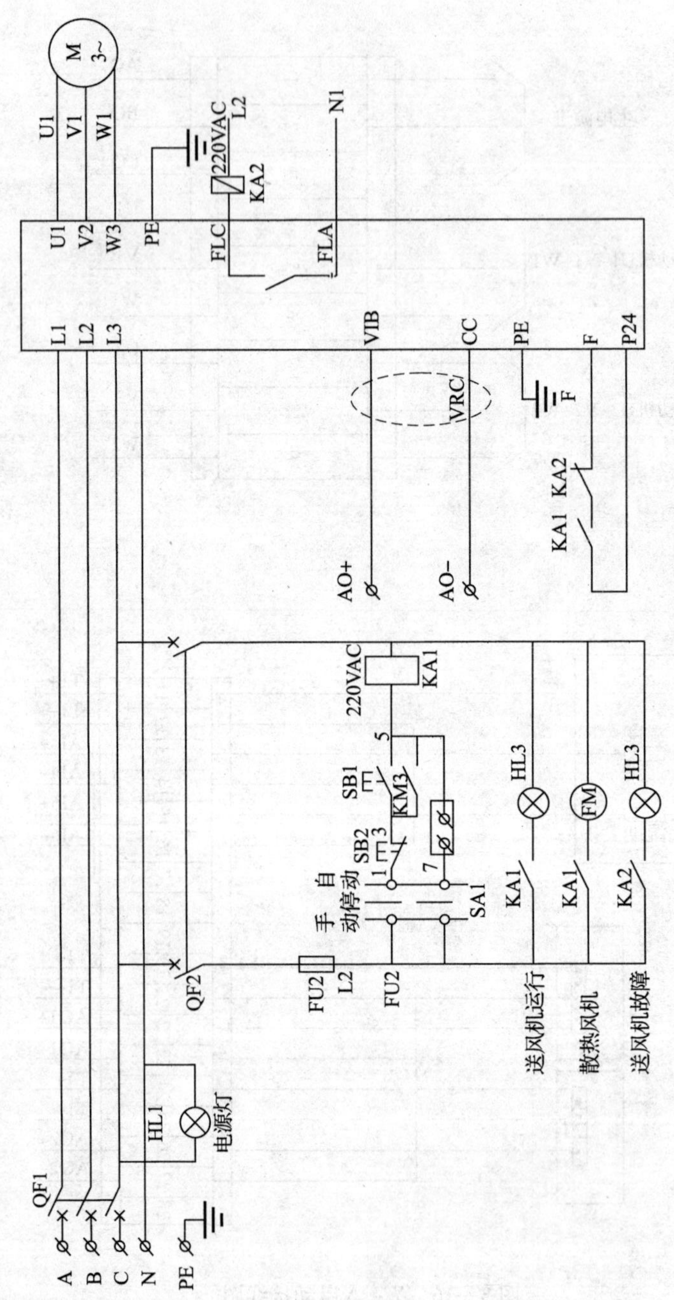

图3—17 常见的变频控制电路图

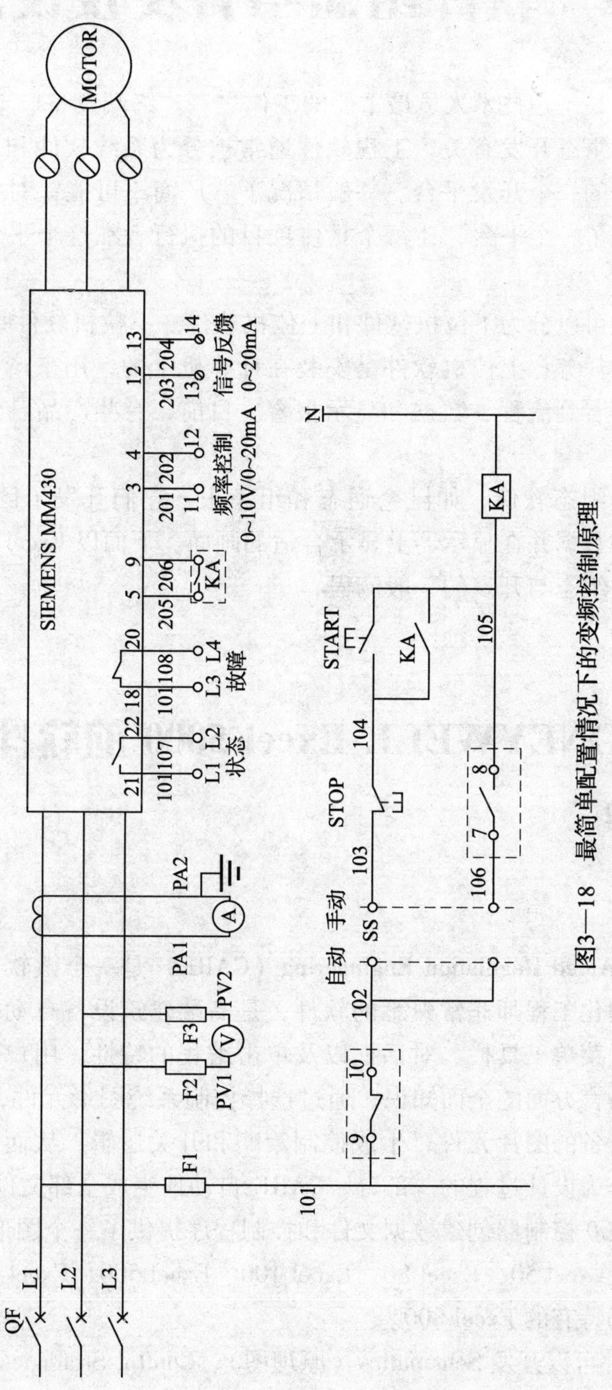

图3—18　最简单配置情况下的变频控制原理

第四章　软件组态与开发及设备调试

软件组态与开发是工程技术人员最重要的工作之一。终端设备、节点设备、网络连接、规范和标准都与软件组态开发有关。工程软件通常被分为系统软件和应用软件。系统软件是控制设备厂商提供的一个开发平台。一般情况下，厂商不可能针对每个工程开发应用软件，所以厂商就搭建了一个平台，让每个具体项目的执行者在这个平台上结合工程实际情况进行组态开发。

一般的系统软件可以分为下位机软件和上位机软件。下位机软件是发送给 DDC 控制器的，执行具体的控制任务；上位机软件是安装在计算机上的，用来产生一个人机界面，使人们可以在显示器上看到流程、数据和显示报警。目前，有些产品已经不细分上位机软件和下位机软件了。

还有一些是通用组态软件，如昆仑通态和组态王，它们开发了巨量的设备驱动程序，可以识读这些设备的数据并在显示器上显示合适的画面。下面以 Excel 5000 和 OptiSYS 两个产品为例，说明软件组态与开发的一般流程。

第一节　HONEYWELL Excel 5000 的软件组态与开发

一、CARE 与 EBI

1. CARE

Excel Computer Aided Regulation Engineering（CARE）是一个微软 Windows 风格的应用程序，也是设备自动化工程师非常熟悉的软件，是高端建筑设备自动化工程下位机软件的第一选择。它利用了菜单工具栏、对话框以及单击编程的特性。用户可以执行以上功能而不需要具备在编程语言方面的全面知识，通过选择控制系统图形元件，如照明系统、供暖、通风和空调等系统设备的图片元件，生成控制策略和开关逻辑，从而使编程工作快速而有效地完成；同时，作为设计过程的一部分，CARE 自动地生成全部文件和材料表格。

软件为 Excel 5000 控制器创建数据文件和控制程序提供了一个图形化的工具。此处 Excel 5000 控制器包括 Excel 50、Excel 80、Excel 100、Excel 500、Excel 600 和 Excel Smart 控制器，还有中国市场特有的 Excel 800。

利用 CARE 软件可以开发 Schematics（原理图）、Control Strategies（控制策略）、Switching Logic（开关逻辑）、Point Descriptors and Attributes（点描述和分配）、Point Mapping Files（点映像文件）、Time Programs（时间程序）、Job Documentation（工作文档）。

2. CARE 中涉及的几个重要概念

（1）Plants——设备。CARE 的所有功能都是基于设备的。

一个设备是一个被控系统。例如，一个设备可以是空气处理器（Air Handle）、锅炉（Boiler）或冷却设备（Chiller）。控制器（如 Excel 50、Excel 80、Excel 100、Excel 500、Excel 600 以及 Excel Smart）可容纳一个或多个设备，这取决于控制器内存以及点的容量。一个控制器可以包括多个设备，但不同的控制器不能包含相同的设备。

（2）Projects——工程。创建一个设备的第一步就是定义一个工程，工程往往是一个完整的项目。

图 4—1 所示为有 4 个设备和 3 个控制器的工程。

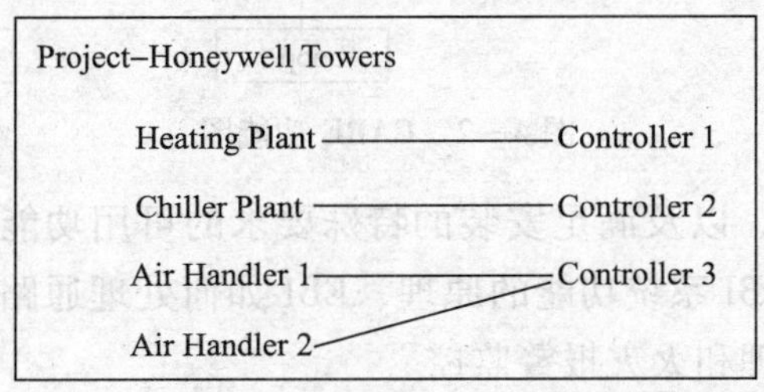

图 4—1　有 4 个设备和 3 个控制器的工程

（3）Plant Schematics——设备原理图。设计时要为每个设备创建一个原理图。

一个设备原理图是若干片段的组合，这些片段表示设备中各组件以及它们是如何安排的。片段是一个控制系统，如风机、表冷器以及其他设备的组成元件等。元件包括传感器、状态点和阀门等。CARE 提供了一个宏库，它有预定义的元件和设备。

（4）Control Strategy——控制策略。建立一个原理图后，就可以创建控制策略，使得控制器具有处理系统的智能。控制策略根据具体情况、数据计算和时间表来作出决策，控制可由控制器的模拟点、数字点或软件点完成。CARE 提供了标准控制算法，如 PID、最小值、最大值和平均值等几十种，也可以用 MAT 自编算法。

（5）Switching Logic——开关逻辑。除增加控制策略外，还能为原理图增加开关逻辑，用于数字量控制，如切换状态等。开关逻辑基于逻辑表，建立逻辑与、或、非等。例如，一个典型的开关逻辑顺序可能是：在送风机开启之后延迟 20 s 再启动回风机。开关逻辑同样可以用到模拟量，如低于 27℃ 打开回风机。

（6）Time Programs——时间程序。可以建立时间程序控制设备在一天内的开关次数。定义日程表和周程表。

（7）Linking to Controller——链接至控制器。完成一个设备后，可以使用 CARE 的其他功能编辑默认值，并把设备文件转换成控制器格式下载到控制器中，并测试控制器的操作。

图 4—2 总结了 CARE 的工程、设备以及功能结构。

3. EBI

EBI（或 Symmetr E）是一个上层管理软件。它提供企业建筑物集成系统的基本概念，

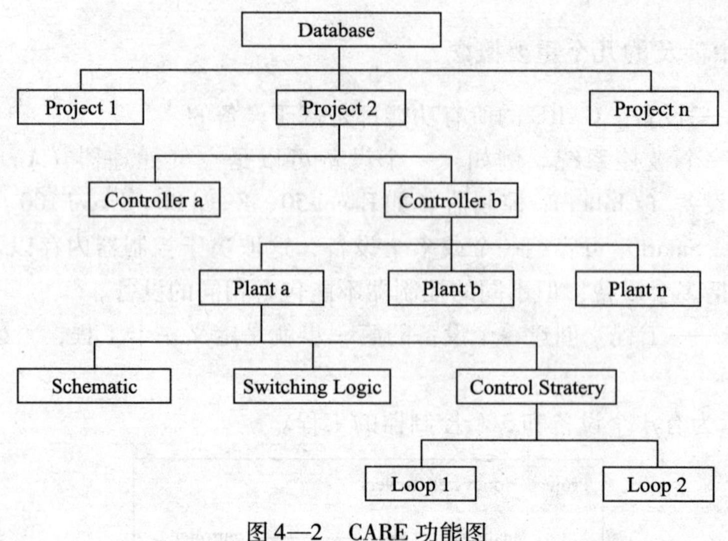

图 4—2　CARE 功能图

描述集成实现的后台概念，以及满足安装的特殊要求的可用功能并描述，包括：EBI 系统的元素、EBI 系统构架、EBI 系统功能的原理、EBI 如何处理通路控制和安全、EBI 如何管理建筑物的设备、安防管理和火灾报警监控。

同时，EBI 系统还提供了丰富的安全管理能力、建筑物管理能力、火灾监控能力，具有集成软件的功能。

二、安装软件

1. 楼宇自动化系统设备检测及调试步骤（STAM）概述

下面所述的检测与调试步骤是按照某系统设计要求编制的，可以让读者了解相关的知识：

（1）在实际调试工作开始之前准确制订调试计划，并使用户能够了解调试步骤。

（2）如何指导调试人员进行系统调试。

（3）如何按调试步骤制定及生成准确的调试记录和报告。

检测与调试的数据作为工程档案保存，工程档案表头见表 4—1。

表 4—1　　工程档案表头

编制：	
Date：	
Approved By：	
Date：	

2. Excel 50 DDC 加电检测与调试

（1）Excel 50 加电检测步骤

1）供电之前。对 DDC 盘内的所有电缆和端子排进行目视检查，以修正显性的损坏或

不正确安装。

确认安装按安装手册详细步骤实施完毕。

检查接线端子，以排除外来电压。

2）不正确现场接线的检查。控制盘安装完后，先不安装控制器，应使用万用表或数字电压表将量程设为高于220 V的交流电压挡位，检查接地脚与所有AI、AO、DI间的交流电压。测量所有AI、AO、DI信号线间的交流电压。若发现存在220 V交流电压，应查找根源，修正接线。注意：盘柜的所有内部线和外部线均要进行测试和检查，坚决杜绝强电串入弱电回路。

3）接地不良测试。将仪表量程设在0～20 kΩ电阻挡，测量接地脚与所有AI、AO、DI接线端间的电阻。

任何低于10 kΩ的测量都表明存在接地不良。检查敷线中是否有割、划破口，传感器是否同保护套管或安装支架发生短路。检查第三方设备是否通过接口提供了低阻抗负载到控制器的I/O端。为毫安输入信号安装500 Ω的电阻。

4）通电。将DDC盘内的电源开关置于“断开”位置。此时将主电源从机电配电盘送入DDC箱。

闭合DDC盘内的电源开关，检查供电电源的电压和各变压器的输出电压。

断开DDC盘内的电源开关，安装控制器模块。将DDC盘内的电源开关闭合，检查电源模块和CPU模块指示灯是否指示正常。

（2）Excel 50程序下载过程

1）控制程序的编译。在进行程序编译和下载之前，确保该控制器中所有PLANT的物理点、参数点，控制策略，控制逻辑和物理点端子排列等编程工作均已完成且完全符合实际情况。

从CARE的最上层菜单中选择“Database”的“Select”项，打开要下载的项目（Project）和控制器。

从最上层菜单中选择“Controller”的“Translate”。

完成编译后单击“确认”按钮。

2）控制器的设置。将串行通信线插入控制器模块的B－Port接口。然后在CARE程序界面上选择Upload/Download图标，CARE将模拟XI582的操作界面，如图4—3所示。

HONEYWELL XL50

图4—3　Excel 50控制器的设置步骤1

按Enter键，显示如图4—4所示。

上述显示中的“NEXT”应处于黑底白字的反转模式。这表明了光标的当前位置，使用向上箭头键移动光标至“CONTR. NR.：1”位置，此时数字“1”处于黑底白字的反转显

DATE : DD.MM.YYYY
TIME : HH:MM
CONTR. NR. : 1
BAUD RATE C–BUS : 9600 next

图 4—4 Excel 50 控制器的设置步骤 2

示模式。按 Enter 键，数字“1”由反转显示模式变为闪动模式。

使用〈+〉,〈-〉键选择所要求的控制器编码。按 Enter 键以确定所选择的编码。等待 5 ~ 10 s 后，新的控制器编码将退回闪动模式进入反转显示模式。这表明控制器编码修改已完成，如图 4—5 所示。

GENERATE DEFAULT DATA SELECT FIXED APPLICATION
REQUEST DOWNLOAD.

图 4—5 Excel 50 控制器完成编码修改

按照上面的操作完成 C - BUS 通信速率的设置和 MMI 的设置（若不用 MMI，MMI 的速率不用设置）。完成设置后，使用向下箭头将光标移至“NEXT”处按 Enter 键。

使用向下箭头键将光标移至“REQUEST DOWNLOAD”处，按“继续”键，显示如图 4—6 所示。

PLEASE EXECUTE DOWNLOAD

图 4—6 Excel 50 控制器程序下载步骤

至此已完成为程序下载而做的控制器设置。

3）程序下载。下面是下载/上载 Excel 50 DDC 应用程序的详细步骤：

在 Upload/Download 界面下完成控制器设置后，然后在顶层菜单中选择“Controller”中的“Open Fileset”（或直接单击“打开文件夹”按钮），选择该控制器对应的编译文件（＊. pra）。

在顶层菜单中选择“Controller”中的“Download”（或直接单击“下载”按钮）。

这样即可完成程序的下载。

当 DDC 控制器下载完毕后，签署调试报告（见表 4—2）。

表 4—2　　调试报告

Excel 50　DDC 测试报告

DDC 编号........................	备　注
A 项　加电之前	
所有设备已安装和接线	....
按安装手册正确安装	....
外来电压检查	....
不正确接线检查	....
接地不良测试	....
安装 250 Ω 或 500 Ω 的电阻	....
安装 Excel 50 控制器	....
B 项　供电	
机电配电盘供电	....
开关闭合，检查市电电压	....
开关闭合，检查变压器输出电压	....
检查电源和 CPU 模块的 LED 指示灯状态	....
设置控制器时间、日期和地址	....
设置控制器的 C－BUS 速率	....
C 项　下载程序	
DDC 数据编译	....
程序下载至 CPU	....
D 项　签署检查测试表	
DDC 程序下载完成后签署测试表	....

注释：

调试签字：..........................　　日期：..................

3．Excel 100 DDC 加电检测步骤

（1）供电之前

1）对 DDC 盘内的所有电缆和端子排进行目视检查，以修正显性的损坏或不正确安装。

确认安装按手册详细步骤实施完毕。

检查接线端子，以排除外来电压。

注意：在控制器逻辑模块安装之前完成底座安装和现场接线。确保控制器屏蔽接地连接的完整性。

2）不正确现场接线的检查。使用万用表或数字电压表将量程设为高于 220 V 的交流电压挡位，检查接地脚与所有 AI、AO、DI 间的交流电压。测量所有 AI、AO、DI 信号线间的交流电压。若发现存在 220 V 的交流电压，应查找根源，修正接线。

注意：盘柜的所有内部线和外部线均要进行测试和检查，坚决杜绝强电串入弱电回路。

3）接地不良测试。将仪表量程设在 0 ~ 20 kΩ 电阻挡。

测量接地脚与所有 AI、AO、DI 接线端间的电阻。

任何低于 10 kΩ 的测量都表明存在接地不良。检查敷线中是否有割、划破口，传感器是否同保护套管或安装支架发生短路。检查第三方设备是否通过接口提供了低阻抗负载到控制器的 I/O 端。

为毫安输入信号安装 500 Ω 的电阻。

（2）通电。将 DDC 盘内的电源开关置于“断开”位置。此时将主电源从机电配电盘送入 DDC 箱。

闭合 DDC 盘内的电源开关，检查供电电源的电压和各变压器的输出电压。

断开 DDC 盘内的电源开关，安装控制器模块。将 DDC 盘内的电源开关闭合，检查电源模块和 CPU 模块的指示灯是否指示正常。

（3）Excel 100 程序下载过程

1）控制程序的编译。在进行程序编译和下载之前，确保该控制器中所有 PLANT 的物理点、参数点，控制策略，控制逻辑和物理点端子排列等编程工作均已经完成且完全符合实际情况。

从 CARE 的最上层菜单中选择“Database”的“Select”项，打开要下载的项目（Project）和控制器。

从最上层菜单中选择“Controller”的“Translate”。

完成编译后单击“确认”按钮。

2）控制器的设置。将串行通信线插入控制器模块的 B－Port 接口。然后在 CARE 程序界面上选择 Upload/Download 图标，CARE 将模拟 XI582 的操作界面。

将 Excel 100 通电，单击 CPU 模块上的“复位”按钮将 CPU 复位。此时显示如图 4—7 所示。

HONEYWELL

XL100

图 4—7　Excel 100 控制器的设置步骤 1

按 Enter 键，显示如图 4—8 所示。

DATE : DD.MM.YYYY
TIME:HH : MM
CONTR. NR. : 1
BAUD RATE C-BUS : 9600　　CONTINUE

图 4—8　Excel 100 控制器的设置步骤 2

上述显示中的“CONTINUE”应处于黑底白字的反转模式。这表明了光标的当前位置，使用向上箭头键移动光标至“CONTR. NR.：1”位置，此时数字“1”处于黑底白字的反转显示模式。按 Enter 键，数字“1”由反转显示模式变为闪动模式。

使用〈+〉,〈-〉键选择所要求的控制器编码。按 Enter 键以确定所选择的编码。等待 5～10 s 后，新的控制器编码将退回闪动模式进入反转显示模式。这表明控制器编码修改已完成。

按这样的操作完成 C－BUS 通信速率的设置和 MMI 的设置（若不用 MMI，MMI 的速率不用设置）。完成设置后，使用向下箭头将光标移至“CONTINUE”处按 Enter 键，显示如图 4—9 所示。

```
GENERATE DEFAULT DATA
SELECT FIXED APPLICATION
REQUEST DOWNLOAD.
```

图 4—9 Excel 100 程序下载步骤 1

使用向下箭头键将光标移至“REQUEST DOWNLOAD”处，按“继续”键，显示如图 4—10 所示。

```
PLEASE EXECUTE DOWNLOAD
```

图 4—10 Excel 100 程序下载步骤 2

至此已完成为程序下载而做的控制器设置。

3）程序下载。下面是下载/上载 Excel 100 DDC 应用程序的详细步骤：

在 Upload/Download 界面下完成控制器设置后，在顶层菜单中选择“Controller”中的“Open Fileset”（或直接单击“打开文件夹”按钮），选择该控制器对应的编译文件（*.pra）。

在顶层菜单中选择“Controller”中的“Download”（或直接单击“下载”按钮）。这样即可完成程序的下载。

当 DDC 控制器下载完毕后，签署调试报告。调试报告见表 4—3。

表 4—3　　　　　　　　　　调试报告

Excel 100　DDC 测试报告	
DDC 编号…………………………	备　注
A 项　加电之前	
所有设备已安装和接线	…………………………
按安装手册正确安装	…………………………
不正确接线检查	…………………………
B 项　加电	
检查电源和 CPU 模块的 LED 指示灯状态	…………………………
设置控制器时间、日期和地址	…………………………
设置控制器的 C－BUS 速率	…………………………
C 项　下载程序	
DDC 数据编译	…………………………
程序下载至 CPU	…………………………
D 项　签署检查测试表	
DDC 程序下载完成后签署测试表	…………………………

三、CARE 开发

1. CARE 开发步骤

（1）启动 CARE。

（2）创建一个工程并且定义工程的一般信息。

（3）为该工程定义一个设备，选择设备类型。

（4）创建设备原理图，显示设备的元件和输入/输出。

（5）如果需要，为设备创建开关逻辑表。

（6）如果需要，为设备创建控制策略。

（7）定义一个控制器（DDC，直接数字控制器），将设备连接到控制器中。

（8）修改数据点信息，如额外的描述（报警）、工程单位和特性等。

（9）在每日和每周的基础上为设备操作创建时间程序。

（10）将设备信息翻译成适合下载到控制器的格式。

（11）打印文档。

（12）如果需要，备份文件。

（13）退出 CARE。

图 4—11 显示了使用 CARE 创建一个控制器文件所需的主要步骤。

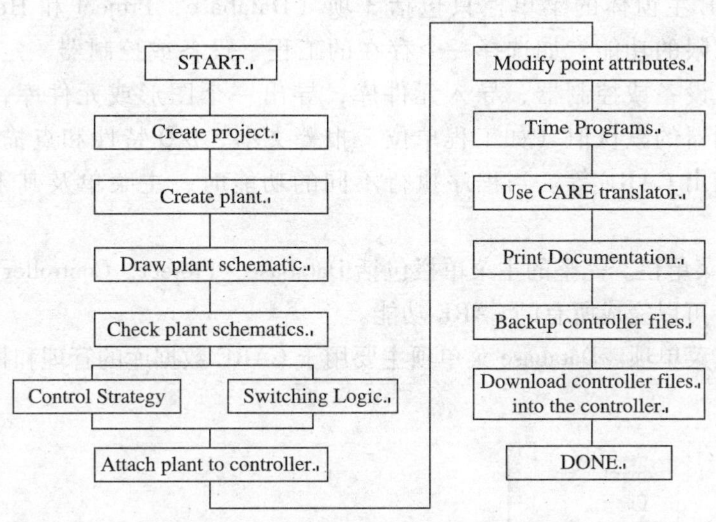

图 4—11　CARE 流程图

2. CARE 开发环境总览

CARE 是一个微软 Windows 风格的应用软件。作为一个图形开发工具，CARE 可以快速地生成控制程序。

如果在 Windows 操作系统上已经安装了 CARE，可以双击桌面上的 CARE 图标（如果存在），或者单击"开始"按钮，在"程序"组中选择"HONEYWELL XL5000"，在"CARE 2. 02. 00"项上双击，即可进入 CARE 集成环境，如图 4—12 所示。

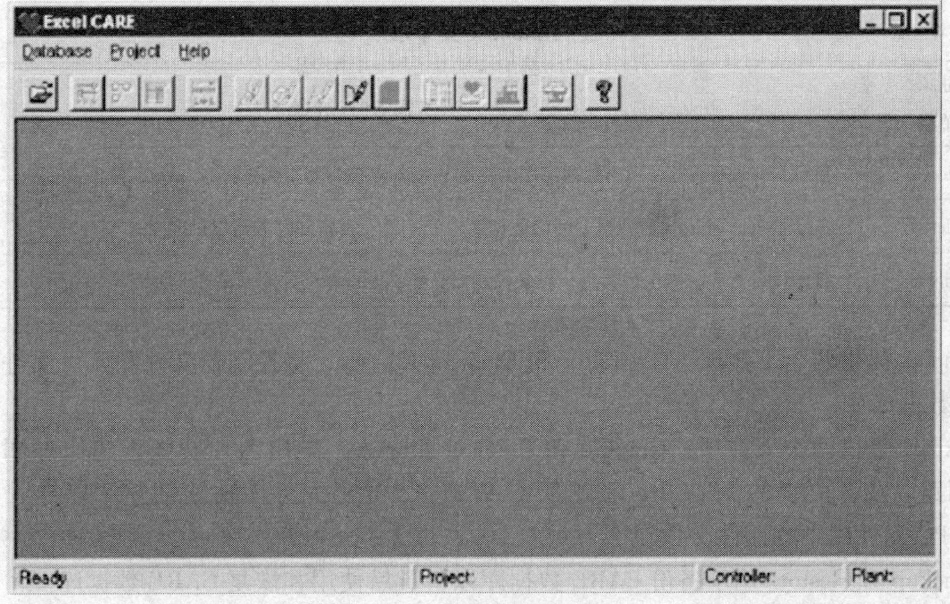

图 4—12　CARE 主窗体

此时，CARE 主窗体的菜单栏只包括 3 项（Database，Project 和 Help）。在这种情况下只能使用有限的功能，如选择一个存在的工程、设备或控制器，定义一个新工程，删除一个工程、设备或控制器，导入元件库，导出一个图形或元件库，备份或恢复数据库，编辑控制器的默认值（如工程单位、报警文本、I/O 特性和点描述等），显示在线帮助文件，退出 CARE 等。当程序执行不同的功能时，主菜单及其下面的子菜单会发生变化。

（1）CARE 菜单栏。完整的主菜单栏包括 Database，Project，Controller，Plant，Window 和 Help 菜单项，可以完成所有的 CARE 功能。

1）Database 菜单项。Database 菜单项主要用于 CARE 数据库的管理和控制，如图4—13 所示。

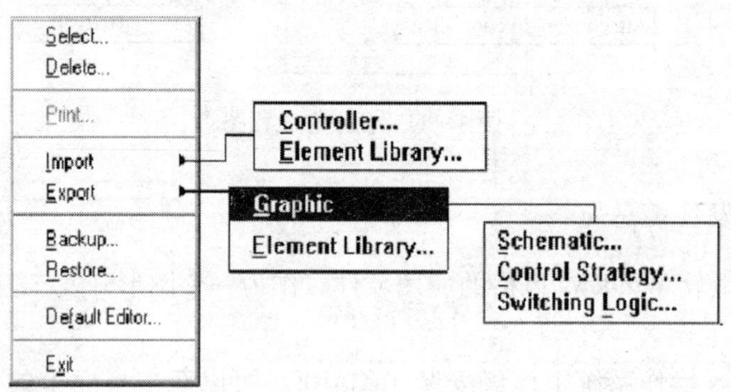

图 4—13 Database 菜单

Database 菜单项见表 4—4。

表 4—4 Database 菜单项

Database 菜单项	功能说明
Select	显示 Select 对话框，列出数据库中的工程、设备和控制器以供选择
Delete	显示 Delete Objects 对话框，列出数据库中的工程、设备和控制器以供删除
Print	打印设备报表，如工程信息、设备控制器分配、原理图、控制回路和开关表等

Import 提供两个下拉项：Controller 和 Element Library，将控制器文件和元件文件复制至 CARE 数据库中。

Export 提供两个下拉项：Graphic 和 Element Library。导出图片功能创建原理图、控制策略回路以及开关表的 Windows 元文件（. WMF）。导出元件库功能创建可以导入到其他 CARE PC 元件库中的元件文件。

Backup 和 Restore 用于备份 CARE 数据库以备日后使用和恢复 CARE 数据库。

Default Editor 用于自定义特定区域的默认值。

Exit 用于终止 CARE 程序。

2）Project 菜单项。Project 菜单项主要用于工程的管理和控制，如图 4—14 所示。

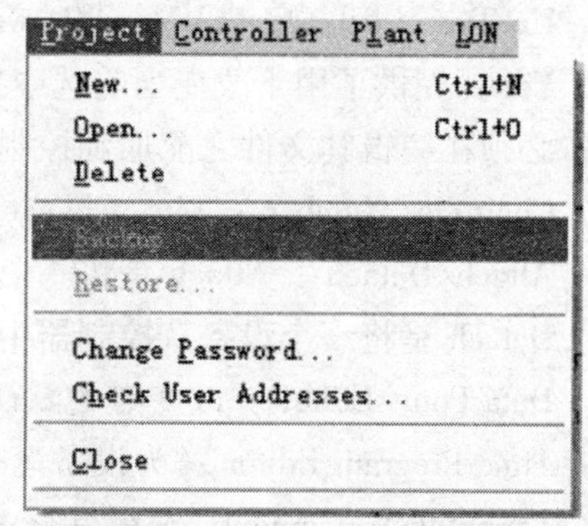

图 4—14　Project 菜单项

lNew：显示 New Project 对话框，定义一个新工程。

Open：显示 Open Project 对话框，打开一个工程。

Delete：显示 Delete Project 对话框，删除选中的工程。

Backup：备份工程。

Restore：恢复一个工程。

Change Password：修改工程密码。

Check User Addresses：查看变量地址或者名称。

Database 修改操作见表 4—5。

表 4—5　Database 修改操作

Database 修改操作	操作描述
Backup 和 Restore	备份选中的工程以备日后使用；恢复所选的工程
Change Password	重新定义选中工程的密码

3）Controller 菜单项。Controller 菜单项主要用于控制器的管理和控制，如图 4—15 所示。

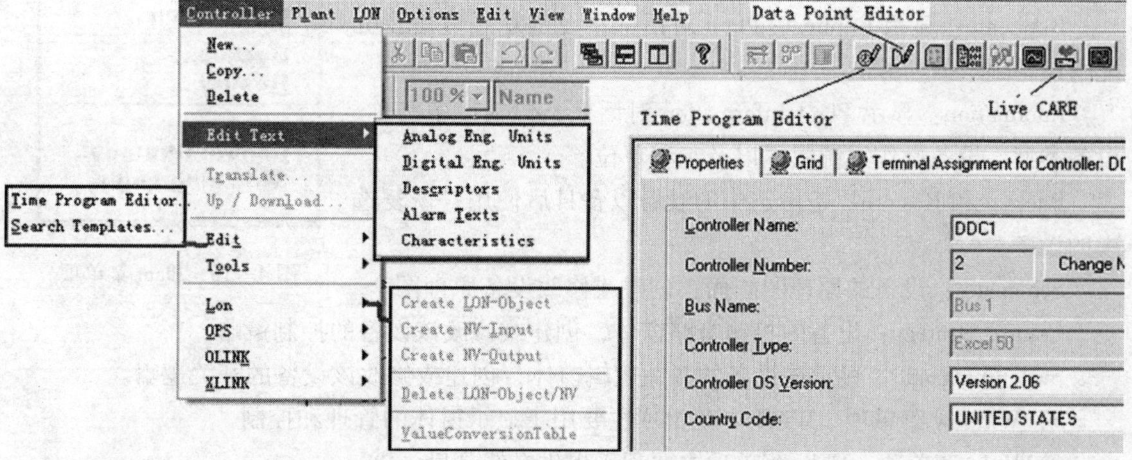

图 4—15　Controller 菜单项

New：显示 New Controller 对话框，定义一个新的控制器。

Copy：显示 Copy Controller 对话框，通过复制当前选中的控制器来创建一个新的控制器。

Translate：将设备信息转换成能被控制器使用的格式。通常设备编译要在“Edit”完成之后。

Up/Download：启动 Upload/Download 工具。

Edit：提供了用于改变当前选中控制器数据以及在控制器中附加或分离设备的下拉项。设备必须在编辑其文件之前加到控制器里。

Controller Number：显示 Change Controller Number 对话框，改变控制器编号。

Attach/Detach：Attach 是将一个设备附加到控制器中，并且分配其 I/O 终端。

Detach 是将一个设备从控制器中分离出来，并且取消所有的 I/O 终端的安置。

Data Point Editor：改变点的默认属性。

Time Program Editor：为设备运行设定时间表的编辑器。

Terminal Assignment：显示和修改控制器硬件配置的工具。

Search Templates：建立查询模板，在 XI581/XI582 操作员终端上寻找用户地址组。

Tools：提供了用于 CARE 其他功能的下拉项。

Live CARE：Live CARE 软件为 Excel 50、Excel 80、Excel 100、Excel 500、Excel 600 和 Excel Smart 控制器提供了仿真检验的功能，使其能完成正确的控制操作。

XI584：XI584 软件为控制器提供下载功能。

Program Eprom：固化控制器 EPROM 芯片。

4）Plant 菜单项。Plant 菜单项主要用于设备的管理和控制，如图 4—16 所示。

New：显示 New Plant 对话框，定义一个新设备。

Rename：显示 Rename Plant 对话框，改变当前选中设备的名称。

Copy：显示 Copy Plant 对话框，选中目标工程和新名称。

Replicate：显示 Replicate Plant 对话框，设定复制数量及分配给设备副本的名称。

Information：显示 Plant Information 对话框，包括设备名称、设备类型、设备操作系统版本以及工程单位。

Backup 和 Restore：备份选中的设备以备日后使用；恢复选中的设备。

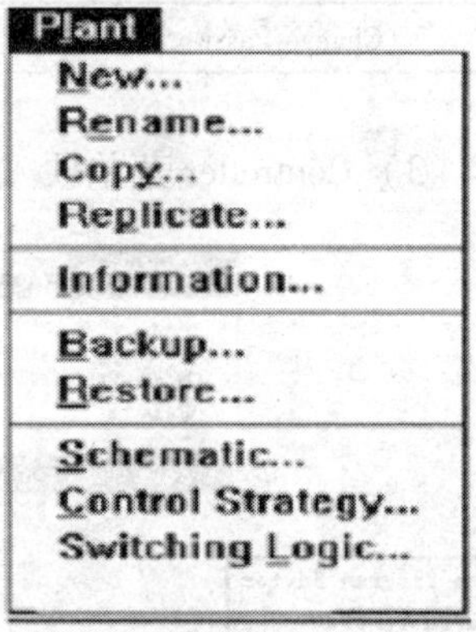

图 4—16　Plant 菜单项

Schematic：设备的原理图画面，创建或修改设备原理图。

Control Strategy：设备的控制策略窗体，创建或修改该设备的控制策略。

Switching Logic：显示该设备的开关逻辑窗体，创建或修改该设备的开关逻辑。

5）Window 菜单项。Window 菜单项主要用于显示窗体的管理和控制。

6）Help 菜单项。Help 菜单项主要用于提供在线帮助。

（2）CARE 工具栏。快捷工具栏位于 CARE 窗口菜单栏的下面。这些工具按钮提供了快速访问各种 CARE 功能的方法。

如果相关的选项没被选中，按钮是不被激活的。比如，如果没有选中当前设备，原理图、控制策略以及开关逻辑按钮都是灰色的，未激活。对于下拉菜单项也一样。因此，在制定控制策略和开关逻辑之前，必须创建一份原理图。

下面一个例子显示了一个打开的窗口，如图 4—17 所示。工程窗口显示了工程的相关信息。

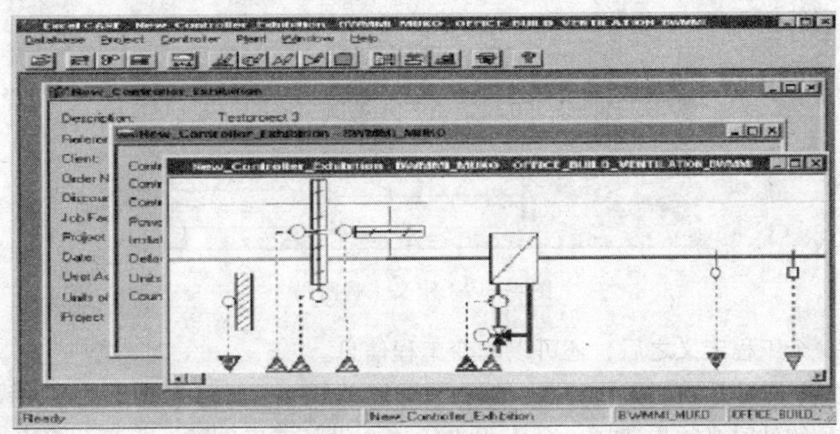

图 4—17　CARE 子窗体

控制器窗口显示了控制器信息，如名称和编号等。设备窗体显示了设备原理图。

3. 工程和设备

（1）工程。CARE 软件用工程来管理设备。当启动 CARE 软件后，第一步就是选择一个已有的工程或者定义一个新工程。每个工程都有自己的密码，如果要对工程进行显示或做任何修改，用户必须先输入密码。

1）创建新工程。单击 CARE 菜单栏中 Project 的下拉菜单项 New，进入 New Project 窗口，如图 4—18 所示。在此窗口下可以定义工程名称、密码以及一般信息，如参考编号和订单编号等。

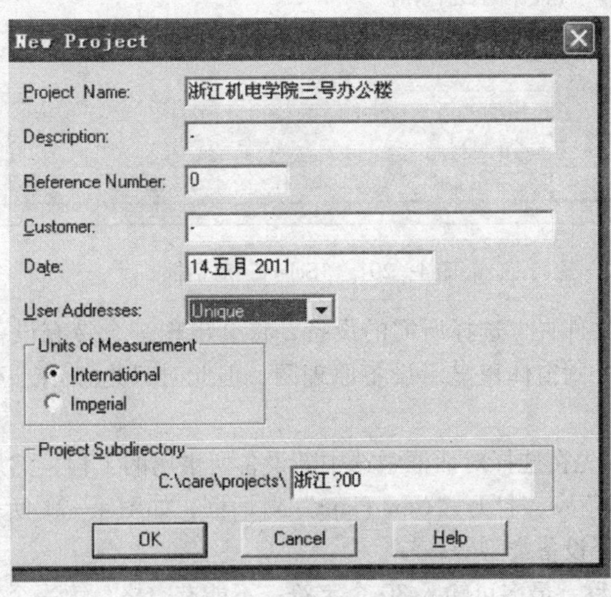

图 4—18　创建新工程窗口

2）修改工程密码。当填好所有的信息后，单击“OK”按钮，此时打开“Edit Project Password”对话框，如图4—19所示。由于每个工程都要有自己的密码，当建立好新工程后就需要定义密码。

图4—19　定义工程密码

在完成一个工程定义之后，还可以改变工程信息。

（2）设备。CARE功能如原理图、控制策略以及开关逻辑都隶属于特定的设备。因此，当启动CARE软件时必须先选择一个工程中的一个设备或者创建一个新设备。也可以复制已存在的设备然后修改其副本，这样可以更快地创建新的设备。

1）打开已有设备。选择一个设备，在其基础上创建或修改设备图、控制策略、开关逻辑以及其他的设备参数。单击CARE菜单栏中Database的下拉菜单项Select，或者单击工具栏上的选择对话框按钮，打开“Select”对话框，如图4—20所示。

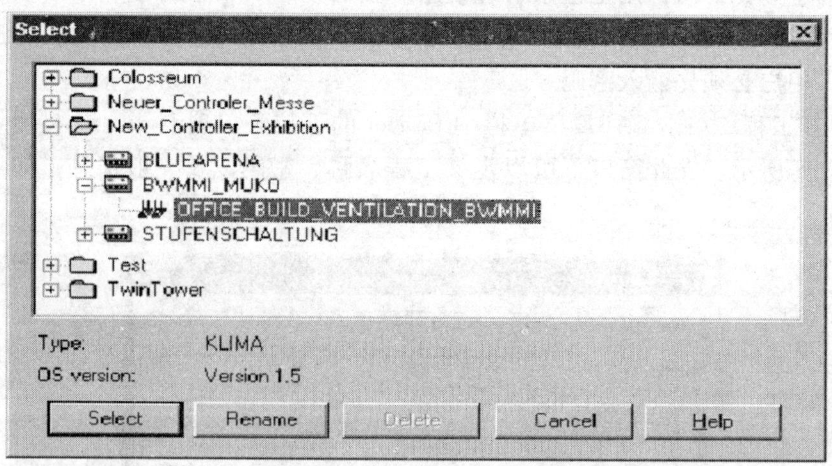

图4—20　“Select”对话框

展开相应的工程文件夹，选择所需的设备，将会出现一个带有设备名称的新窗口。如果该设备已有原理图，则窗体里显示设备原理图，但此时只是显示，不能对原理图做任何修改。

2）创建新设备。先在选择对话框中选中新设备所隶属的工程，然后单击CARE菜单栏中Plant的下拉菜单项New，打开“New Plant”对话框，如图4—21所示。在此对话框中可以定义设备名称和选择设备类型等。

Name：设备的名称。最多可输入30个字符，不能有空格，第一个字符不能为数字。

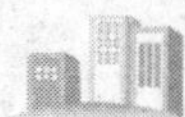

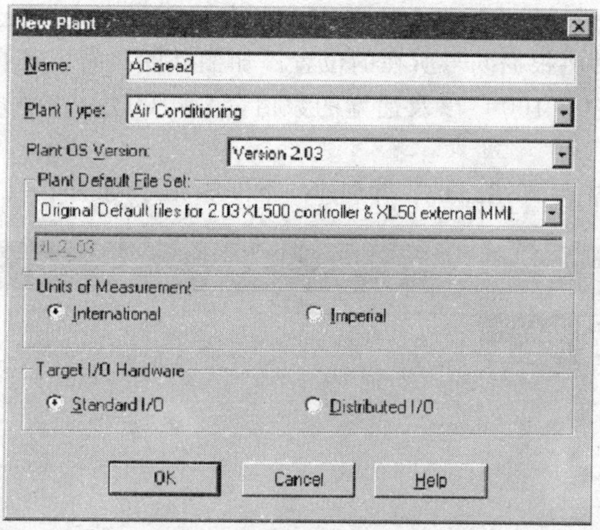

New Plant
Name:
ACarea2
Plant Type:
Air Conditioning
Plant OS Version:
Version 2.03
Plant Default File Set:
Original Default files for 2.03 XL500 controller & XL50 external MMI.
xl_2_03
Units of Measurement
International
Imperial
Target I/O Hardware
Standard I/O
Distributed I/O
OK
Cancel
Help

图 4—21 创建新设备窗口

Plant Type：设备类型。默认为空调系统。可以选择所需的设备类型，如空调、空气处理或者风机系统；冷却水、冷却塔、冷凝水泵以及冷却器系统；热水锅炉、转炉以及热水系统等。

Plant OS Version：设备所要下载的控制器操作系统的版本号，默认为 2.0 版本。

Plant Default File Set：设备默认文件格式。设备默认文件是用于默认文本编辑器中特定领域的定制默认文件。

Target I/O Hardware：I/O 硬件目标。

Standard I/O：标准 I/O，设备的硬件点安排在 IP 总线模块上。

Distributed I/O：分布式 I/O，设备的硬件点安排在 LON 总线模块上。

3）复制设备。创建设备及其信息的一个或多个副本作为其他设备的基础。这个功能可以减少在一个工程中建立类似的设备所花费的时间。选择一个设备作为母版，单击菜单栏中 Plant 的下拉菜单项 Replicate，打开“Replicate Plant”对话框，如图 4—22 所示。

Replicate Plant
Name:
Bldg1_??
Name Sections:
Bldg1
??
Times to Replicate:
5
Start:
5
Increment:
10
Replicate
Cancel
Help

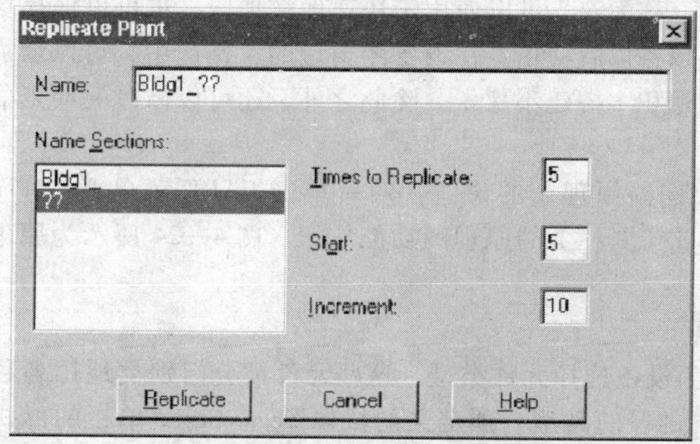

图 4—22 “Replicate Plant”对话框

为了使创建的设备副本有唯一的名字，可在母版设备名字上加一个或多个问号（通常在结尾）。软件将根据问号所在的位置添加额外的字符。还可以设定所需复制的次数、开始的数值（0~100）以及递增的数值（1~100），其中开始数和递增数默认为1。

举例：新建一个工程 AirHandle，并创建一个设备 Air，如图4—23 所示。

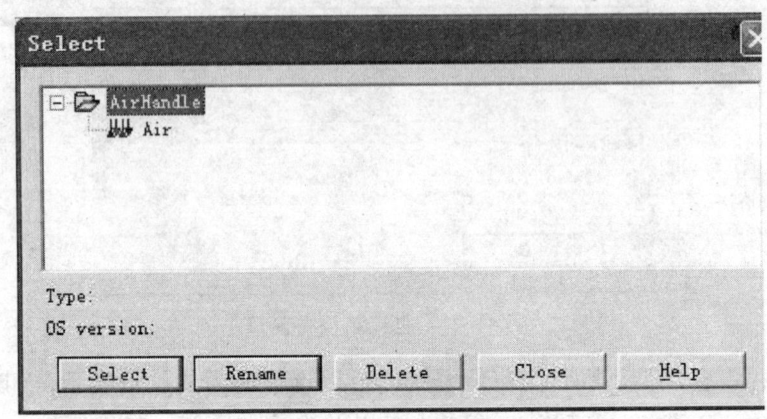

图4—23　工程和设备举例

4. 项目原理图步骤的介绍

在开发进行各种控制应用的直接数字控制（DDC）程序时，其合理的步骤是首先生成符合项目要求的系统原理图。CARE 可以使这一步很容易做到，它把每一种应用（HVAC，照明等）与原理图相似的图形显示出来。这种方式给用户提供了一个熟悉、舒适的平台进行程序的开发或修改。CARE 的每一份设备原理图都代表一个系统，如制冷、供暖或风机系统，定义了设备中的元件以及它们内部的连接关系。

（1）设备原理图窗口。一份设备原理图是若干段的组合，这些段包括传感器、状态点、阀门以及泵等元件。每个段都有用于较佳控制的最少数量的数据点。CARE 库包含了很多预定义的段，称为宏。可以使用宏快速地增加段，也可以保存自己创建的段作为一个宏，放入库中以备以后使用。在设备图窗口的工作区中，可以增加或插入段，也可以删除段，就像使用积木搭建小房子。除此之外，还可以修改一些点的默认信息，如类型和用户地址等。

首先选择需要建立原理图的设备，然后单击 CARE 菜单栏中 Plant 的下拉菜单项 Schematic，或者单击工具栏上的原理图功能按钮。图4—24 所示为原理图窗口中的设备原理图。

（2）相关知识

1）段。可以为设备选择元件类型，这些元件被分门别类地用各种段表示。不同的设备类型包含不同的段的类型。预定义的段以 Segments 菜单栏的形式出现在下拉式表格中。

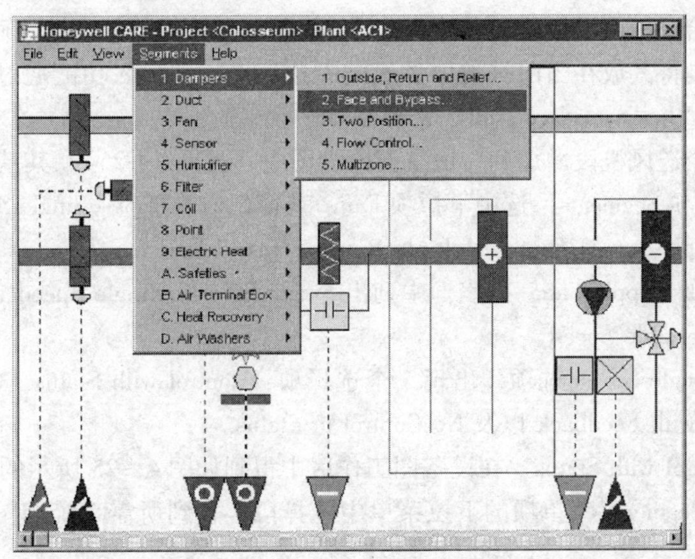

图 4—24　原理图窗口中的设备原理图

2）三角箭头。原理图底部的三角箭头表示点。它们是有颜色区别、有方向性的（箭头向下代表输入，向上代表输出），并且用一个符号表示额外的信息。原理图底部的三角箭头表示含义见表 4—6。

表 4—6　原理图底部的三角箭头表示含义

颜色	三角箭头方向	符号	点类型
绿色	向下	—	数字量输入
红色	向下	0	模拟量输入
蓝色	向上	—	数字量输出
紫色	向上	0	模拟量输出

如果数字量或模拟量有切换器，则用—⁄—和脉冲符号来代替符号—和 0。点也称为数据点，可以是输入点、输出点，也可以是模拟量、数字量。输入点代表环境中测量或报告情况的传感器，如温度、相对湿度和流量等；输出点代表环境中完成某些功能的执行器，如冷却阀、加热阀、节气阀和启/停继电器等。模拟量是有连续信号特性的控制器输入或输出，如温度计的变化范围可以为 0～100。数字量是有离散信号特性的控制器输入和输出，如泵有两个状态，即开和关。模拟量和数字量都可以是物理点或伪点（硬件点或软件点），输入点、输出点或者全局点。

3）用户地址。用户地址是唯一的，用来表示物理点（硬件点）。创建控制策略和开关逻辑时要使用用户地址，必须确保不会重复，尽量根据点的性质来命名，以便于控制。用户地址可以被理解为特定的变量名字。

5. 原理图操作

（1）段的操作。通过增加和插入段可以创建和修改原理图。通常情况下，段按顺序依次从左到右。当给原理图增加段时，CARE 软件将其放在原理图的末端。而当在原理图中插入段时，软件只是将其放在当前被选中的段的左边。增加和插入功能通过原理图窗口菜单栏中的 Edit 项的“Insert mode on/off”来控制。

例如，将一个送风机段增加到一份空调原理图中（见图 4—25），其基本步骤是：

1）单击菜单项 Segments，选中下拉项 Fan，获得 5 个选择项：Single Supply Fan，Single Return Fan，Multiple Supply Fans，Multiple Return Fans 以及 Exhaust Fan。

2）选中 Single Supply Fan，列表框中列出 Single Speed，Single Speed with Vane Control，Two Speed 以及 Variable Speed。

3）再选中 Single Speed 选项，出现 5 个选择项：Control with Status，Control Only，Status Only，Control with Feedback 以及 No Control or Status。

4）选择 Control with Status，在设备图工作区中得到如图 4—25 所示的送风机片段。

可以持续从 Segments 菜单项的下拉菜单中选择段，直到所需系统的图形在原理图中显示出来。

（2）用户地址的修改。三角箭头代表点，可以通过单击原理图窗口菜单栏中 View 菜单项下的 User Address 选项查看用户地址。CARE 软件在各个点的下面显示了默认的名字，如图 4—26 所示。

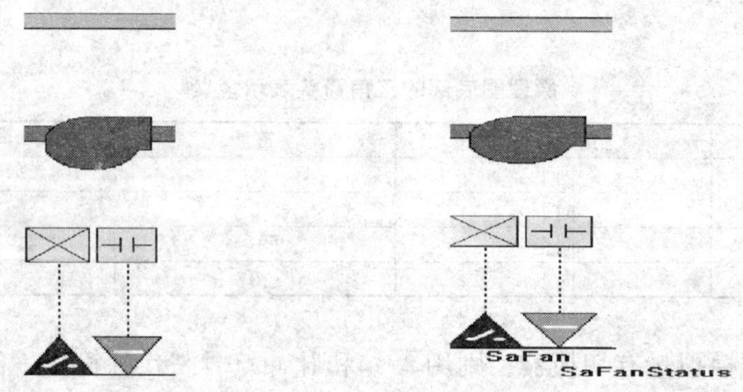

图 4—25　送风机片段　　　图 4—26　用户地址修改

如果需要，可以修改用户地址，可以按照习惯定义一个命名规范，如 FanCMD，FanStatus 和 FanMode 等。通过单击三角箭头选中点，按 F5 键打开修改点对话框行进行修改。

例如图 4—27 显示了数字输入量修改点对话框。

其中，如果切换器是常开的，则选择 Digital input（NO）；如果切换器是常闭的，则选择 Digital input（NC）。

（3）设备信息的修改。在继续 CARE 的下一步之前，可以显示和检查设备信息作一些修改。比如，可以对控制器点的数目做一个统计，或是核对用户地址，列出段的详细说明，查看附加的文本，显示控制器输

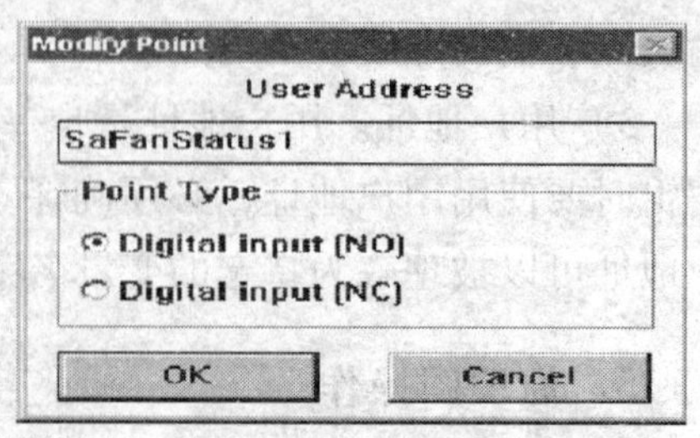

图 4—27　数字输入量修改点对话框

入/输出信息等。

当完成一份原理图后，就可以结束设备原理图功能，然后根据需要为其创建控制策略图或（和）开关逻辑表。

例如：空气处理设备 Air 的设备原理图，如图 4—28 所示。

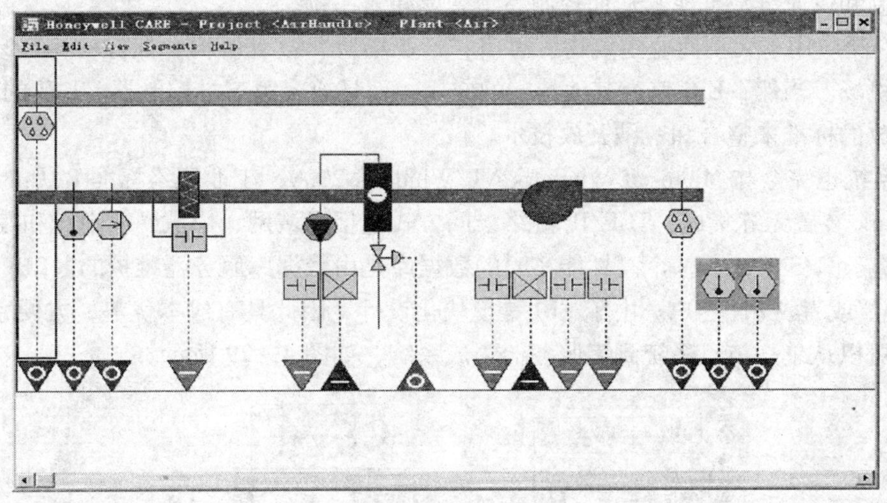

图 4—28　空气处理设备 Air 的设备原理图

四、EBI

EBI 系统是 Excel 5000 的上位机软件，应用于楼宇集成管理的程序。无论是大型楼宇系统，还是小型用户，EBI 的模块化设计方案都能提供对其系统的彻底控制。EBI 包含功能强大的组件，如楼宇自控管理系统（Building Automatic Control System）、生命保障（火灾报警）管理系统（Life & Safety Management System）、安保管理系统（Security Management System）。其中的任何一个组件都能管理大楼中的每一个细节，而它们的组合提供了楼宇自控管理的全景图。

EBI 系统的特点如下：

①专业的图形人机交互界面。

②支持本地及远端的多个高性能工作站。

③对各类楼控设备数据的实时监控。

④强大的报警管理。

⑤提供大量的历史数据和趋势图。

⑥灵活多样的标准或用户自定义的报表。

⑦强大的应用开发技术。

⑧支持基于工业标准网络的本地及远端多客户机/服务器体系。

⑨详细安保数据与人事系统的集成。

⑩针对大型高端用户的多服务器功能。

1. EBI 系统丰富的功能

EBI 系统涉及建筑物的安全防范、建筑物管理和火灾监控。系统由若干窗口组成，允许以网页方式访问 HVAC，照明、能源、安全防范和安全子系统，以及财政和人事记录，环境的控制和供应链数据库，从而控制整个智能建筑系统。

EBI 广泛应用于大型商业建筑物、通信、工业场所、教育机构、保健机构、政府机构、监狱和飞机场。当然，EBI 兼容其他特定的应用，而且兼容第三方控制器。EBI 的思想是提供一个开放的标准来整合和容纳开放技术。

EBI 系统也完全与 Microsoft Windows NT/Windows 2000、工业网络标准 BACnet 和 Echelon LONmark 装置无缝集成。TCP/IP 网络访问方式包括局域网、广域网、串行和拨号访问。

EBI 基于 C/S 架构。一个高性能实时的数据库是由数据库服务器维护的。EBI 提供实时信息给 LAN 或者 WAN 客户。由于 EBI 是模块化设计，因此具有成本优势，方便系统扩展。配置范围可以从单一节点系统到多服务器集成系统，如图 4—29 所示。

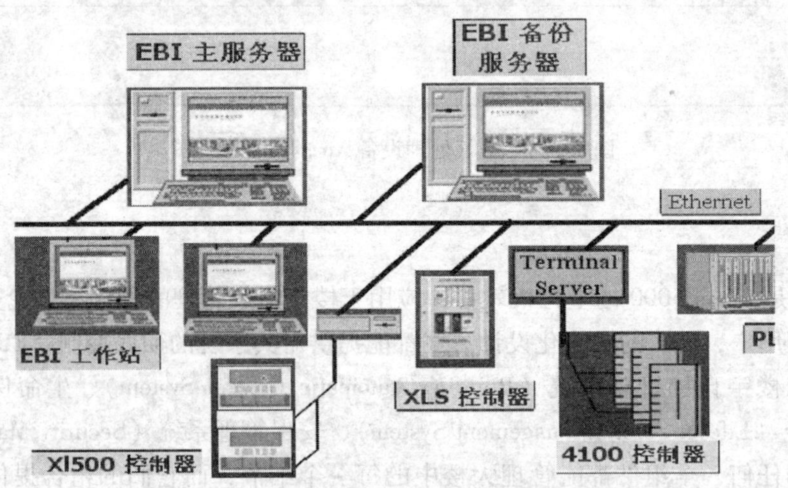

图 4—29　带安防和建筑管理冗余服务器系统

2. EBI 和安防管理

EBI 的安全管理功能提供了确保人身、资产和财产安全的保证。它根据用户的所有安全要求，以适合表达的方式来处理控制和安全，包括持卡者有效的管理；包括图像 ID 在内的访问卡设计和创建，在用户的位置对所有持卡者全面的控制和监视，包括移动管理和访客管理、迅速智能警报，包括操作员响应指令和 deadman 定时器。

3. EBI 和建筑物管理

建筑物管理功能提供了工具和数据，可以更好地管理环境，以达到提高能源效率和显著节省费用的目的。维护人员可利用计算机来完成维护功能和信息，以缩减维护费用，包括日历、详细的 HVAC 数据、报警页、电话控制和 HVAC 报告。

4. EBI 和火灾报警管理

安全防范功能允许一个工作站监控并且测试建筑物的安防设备。工作站操作员可以掌握关于建筑物的防火保护系统和来自工作站显示的火警或建筑物损害的连续信息。

5. EBI 系统架构因素

在 EBI 系统中，硬件、软件和架构由以下因素决定：

（1）需要组件的数字和类型。

（2）位置地面区划。

（3）职员水平。

（4）是否需要一个系统。

（5）确认一个基本的系统需求和一些有用的功能模块。

6. 硬件

（1）典型的 EBI 系统的硬件组成

1）各种控制器。包含 Honeywell 和第三方连接系统的通信硬件（如电缆、调制解调器等）。

2）EBI 服务器。在最基本的系统中有一部单独计算机运行 Windows NT 或者 Windows 2000，作为 EBI 服务器和工作站。这部计算机同时运行服务器软件，包括服务数据库客户软件（Station，Quick Builder and Display Builder）。服务器连接到控制器上，既用做一个网络，又作为一个终端和服务器连接（终端服务器提供一个和串口设备连接的控制器，依次连接到传感器和输出控制）。

3）打印机。作为打印报警、报告和工作站显示连接到服务器上。

（2）网络架构

在较大的系统中，服务器通常通过网络连接到附加工作站和控制器上。一个大的 EBI 系统可能连接若干个网工作站。图 4—30 显示了一个局域网的典型配置。

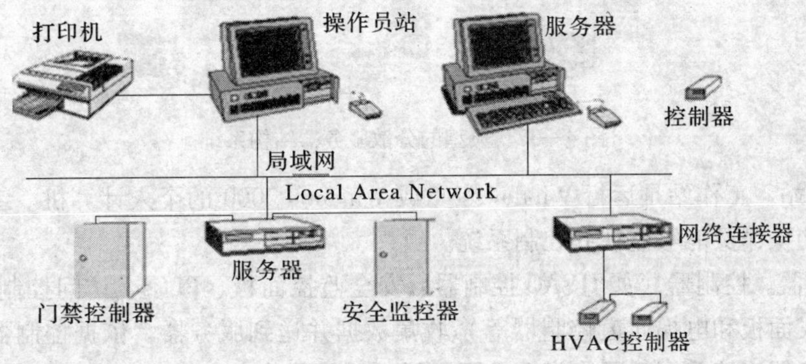

图 4—30　局域网的典型配置

1）EBI 通过以下的网络系统连接方式和网络通信：

①局域网。即局部同一区域的网络连接系统组件。

②广域网。此类型的连接网络连接的是在分散的位置之上的配置，如不同城市等。广域网在正常操作时，对主数据库的所有变化自动地经由 TCP/IP 局域网被转移到备份的数据库，确定数据库数据总是被镜像为一致。

2）局域网络的终端机服务器。Honeywell 通信通过串行线连接服务器和串行设备。双重的以太网局域网络（推荐）有冗余的服务器和一个双重的网络系统，如图 4—31 所示。

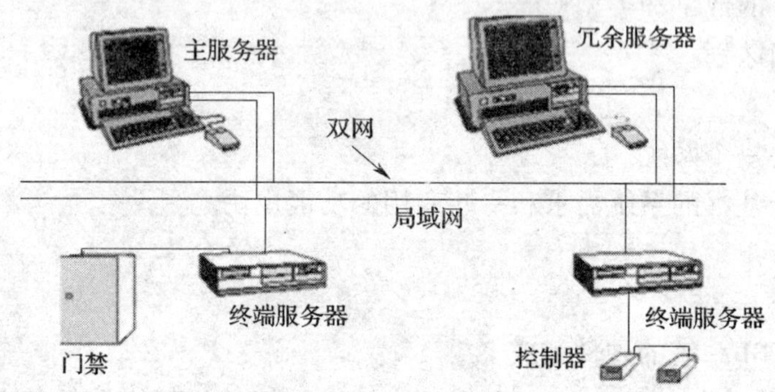

图 4—31　双重的以太网局域网络

3）分散的服务器架构。分散的服务器架构选项允许把多样的 EBI 服务器整合到一个单一操作的系统。分配服务器架构对地理上分散的系统是适用的，也适用于逻辑的分散定位在同一设备的不同部分中的 EBI 系统。

典型的分散服务器结构系统如图 4—32 所示。

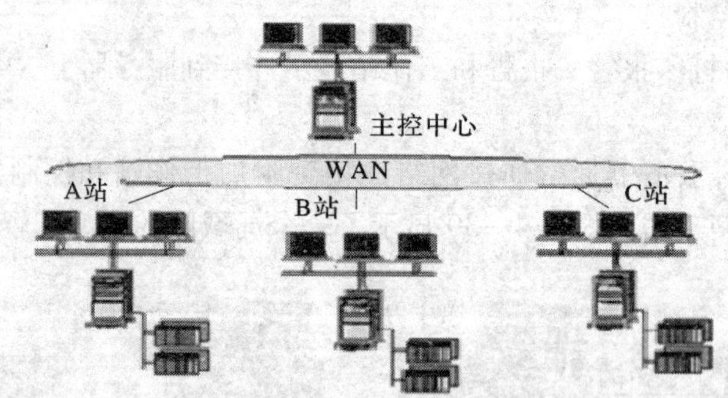

图 4—32　典型的分散服务器结构系统

4）工作站。工作站是运行 Windows NT 或 Windows 2000 的个人计算机。工作站使用工作站软件，使操作员能够监视并控制系统。

5）控制器。控制器（如 HVAC 控制器、安全监控面板、PLCs、访问控制面板、CCTV 开关、防火灾面板和电梯通道控制器等）收集数据并送到服务器。依据控制器的类型，控制器能被服务器连接并用于网络终端机服务器（连接装置和网络进行串行通信）。控制器到服务器的通信连接称为通道。通道的逻辑描述被储存在服务器中。通常，每个类型的控制器都使用一个不同的连接记录。如此，每个控制器都有它自己的通道。由于复杂的内存架构，一些控制器需要一些逻辑通道来描述单一通信连接。

7. EBI 软件

（1）EBI 功能组成。包括 Station，Display Builder and Quick Builder（用于配置和操作 EBI 的工具），网络 API，Microsoft Excel 数据交换，ODBC 客户端，OPC 服务器连接（用于在连接到网络的 PC 的 EBI 数据库中访问数据）指南和 Deadman Timer 的功能。

（2）EBI 服务器任务。EBI 服务器软件运行在 Windows NT 或 Windows 2000 的服务器上。它处理所有使 EBI 能够检视和控制用户系统的功能，监听连接控制器到服务器的通道通信的质量。

服务器的任务包括：为现在的数据扫描控制器；为工作站上的图形显示处理数据；为控制器写值以实现控制；产生事件日志和报警；储存事件数据，方便事后分析；检测在不同系统组件之间的通信质量；储存关于系统配置的信息。

（3）工作站。工作站是一组通过显示器实现控制系统的界面。数据呈现为一系列的显示，每个显示都描述相应的数据，而且有相关的一套控制对象，如按钮和滑块等。EBI 内置有许多的标准系统显示，也允许使用 Display Builder 创建自己习惯的显示。

工作站提供系统主要的视图，它不需要在服务器上运行以持续不断地检测数据。

图 4—33 所示是一个报警事件报告。

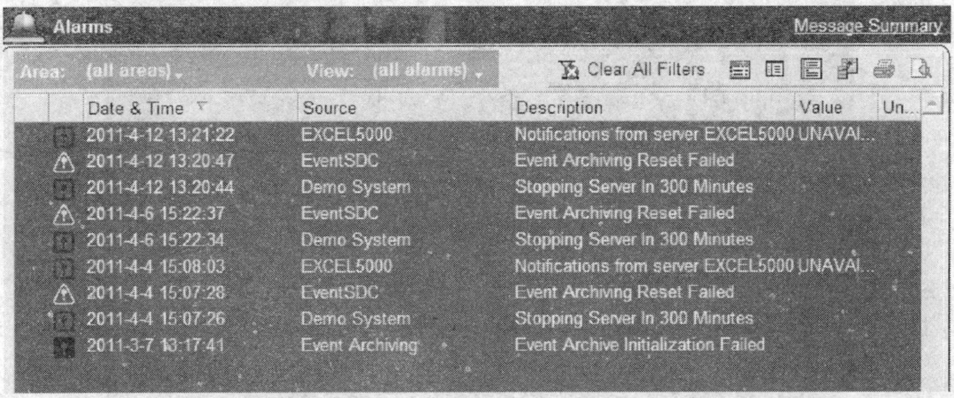

Alarms　Message Summary

Area: (all areas)　View: (all alarms)　Clear All Filters

Date & Time	Source	Description	Value	Un...
2011-4-12 13:21:22	EXCEL5000	Notifications from server EXCEL5000 UNAVAI...		
2011-4-12 13:20:47	EventSDC	Event Archiving Reset Failed		
2011-4-12 13:20:44	Demo System	Stopping Server In 300 Minutes		
2011-4-6 15:22:37	EventSDC	Event Archiving Reset Failed		
2011-4-6 15:22:34	Demo System	Stopping Server In 300 Minutes		
2011-4-4 15:08:03	EXCEL5000	Notifications from server EXCEL5000 UNAVAI...		
2011-4-4 15:07:28	EventSDC	Event Archiving Reset Failed		
2011-4-4 15:07:26	Demo System	Stopping Server In 300 Minutes		
2011-3-7 13:17:41	Event Archiving	Event Archive Initialization Failed		

图 4—33　报警事件报告

（4）Quick Builder。Quick Builder 是在服务器数据库中配置或修改系统信息的工具。通过 Quick Builder 可以创建一个名称是 Project 的配置文件，然后下载到服务器上。存于服务器中的信息可以被上传到 Quick Builder 的 Project 中修改，或确保 Quick Builder 的 Project 文件总和服务器配置保持一致。

Quick Builder 使用一系列被定位的页组织配置数据，并且提供默认特征和选择列表对话框。

Quick Builder 具有强大的安排、分类、过滤和选择特征，因此可快速地看到 Project 数据的任何部分。

Quick Builder 的功能如下：

1）快速地配置多样的对象（如点、控制器、工作站等），浏览被选择对象的通用属性。

2）粘贴和剪切对象。

3）使用过滤限制用户看到的那些对象。

4）输入配置信息来自试算表申请，如 Microsoft Excel 等。

Quick Builder 的使用细节可以参考 Quick Builder 在线的帮助。

（5）Display Builder。Display Builder 是一个为工作站创建定制显示的特殊画图应用，是一个能够为工作站创建常用显示的专门画图应用。

定制显示同 EBI 提供的标准的系统显示以同样的方式工作。定制显示对现在的数据在一定程度上允许用户更个性化的应用。对操作员来说，定制显示使得复杂的处理以可视的形式更容易被识读，并且减少了操作员产生错误的可能性。

一个典型的显示可能是数据显示在预置的位置规划或分布，比方报警来自哪里或一个空调的基本情况。

通过创建即时的事件显示并且连接到数据库，达到实时显示的目的。Display Building 有一个图形库，可以方便地建立一个显示画面。比较复杂的定制可以用 VBScript 脚本创建，并且可以在工作站运行。

定制显示举例如图 4—34 所示。

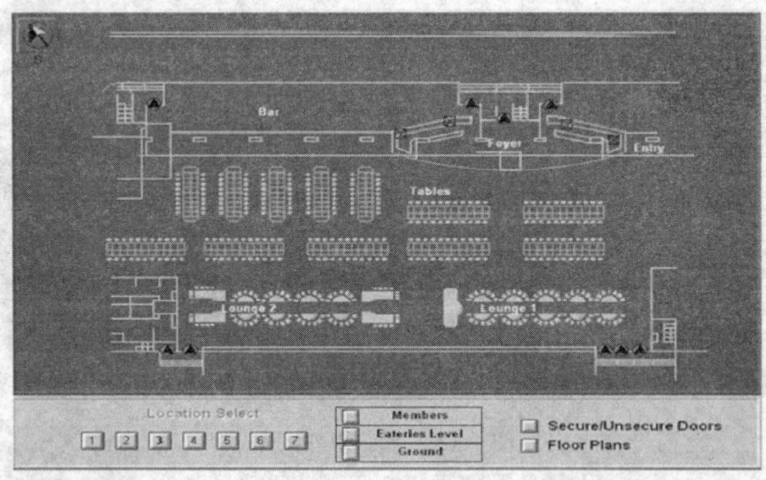

图 4—34　Display Building 定制显示

（6）动态网络数据交换。动态网络数据交换（DDE）功能允许用户从服务器、计算表或支持 DDE 的基于视窗的应用合并实时和历史的数据。

（7）Microsoft Excel 数据交换。Microsoft Excel 交换功能允许用户合并从服务器到 Microsoft Excel 计算表的点数据和静态或者动态的历史数据。通过向导使用 Microsoft Excel 数据交换可以通过简单的单击取回用户需要的数据。

（8）网络应用程序接口。网络应用程序接口（API）功能允许应用程序开发者通过 Vis-

ual C/C + + 和 Visual Basic 创建网络应用。API 有功能库、头文件、文档、在线帮助和范例源程序，可帮助应用程序开发者创建网络应用。

8. EBI 的工作方式

需要说明以下问题：EBI 如何接收数据；算法被用于扩充数据处理和初始化动作；监听程序被转换到一个图形工作站显示；送入数据改变激发报警；为控制器建立的手册和自动控制。

（1）关于点和扫描

1）扫描是被服务器运行包括读状态以及输入/输出值再加上读控制器的内存地址位置的过程。服务器根据控制器使用的通信协议传送不同类型的信息进行扫描。

2）控制器被扫描常使用一些策略。因为每次扫描对服务器和网络都是一个负荷，所以扫描策略很重要。当获得需要的数据时，扫描策略将以保持最小的系统负荷作为目的。

3）当 EBI 读（或扫描）来自控制器的值时，它在服务器数据库中的点已储存了取得的数据。点是表现某个域的值的特别数据结构。EBI 使用不同的类型点作为不同的类型数据。

①读卡器信息认证的点（例如，当一张卡被出示时访问是否被通过或禁止）。

②模拟量点表示连续的值（如温度输入等）。

③状态量点是数字值（例如，一个空调系统的开关状态）。

④累计量点为累计值（例如，一个开关被打开的次数）。

4）EBI 使用一个组合点数据结构来表现多个域的值作为一个单点。例如，维持房间温度的一个控制通常需要以下多个变量：记录当前的室温值（或 PV），改变房间的温度输出变量（或 OP），修正室温设定点（或 SP）。

5）从手动到自动控制来改变回路的一个模式（或 MD）。在自动模态下，控制器逻辑自动地切换输出变量为开或者关。在手动模式下，输出变数被操作员手动切换为开或关。手动模式在控制器的内部逻辑中失效或者被忽略。因为控制指令由 EBI 发出，这是优先的控制。

6）通过组合点数据结构，服务器能将这些相关的变量作为一个变量存储。将服务器数据库中相关的域变量组合在一起，可以使操作者更容易监控一些相关数据。

7）点的算法延伸了点的功能。它们在点处理的基础上执行，执行一个基于点的值的特定动作（如打印一个报告等）。

有两种类型的算法。

①PV。此算法在每一次点被扫描时使用。例如，为了监控平均温度，会使用一个计算平均值的 PV 算法。可以把这个算法联系到点上以便在每次的点扫描时被重新计算。

②Action。只有当点的值改变时，此算法才被使用。例如，当控制器中的一个特别数值改变状态时，需要打印报告。必须为做这件事情附上一个 Action 算法。

(2) 点服务器。点服务器 (SERVER) 是一个允许 EBI 和其他控制器应用交换数据的软件。例如，针对 Lon Works (典型的建筑物管理) 和 ELPAS (用于物业管理功能) 的点服务器。

点服务器负责为满足监听/控制应用服务的 EBI 服务作出响应，以及作出通知 (警报、事件、信息和延迟)。点服务器把这些请求映射到一个装置，有独立的专用协议和通信满足请求。

点服务器可以运行在 EBI 服务器上，也可以运行在其他机器上。

1) 显示数据。对于 EBI，可通过以下方式得到监测数据：

使用显示 (系统或定制) 展现压缩机、门禁、警报、温度等的状态。使用警报提供一个变化的声光报警。

2) 工作站显示。有两个基本的显示类型。

①系统。工作站提供大约 450 个系统显示。这些显示形成 EBI 的基础。系统显示由包含系统配置细目的标准化的目录和电子表格组成 (如警报摘要、细节显示和访问级别描述等)。

②定制。利用 Display Building 为系统创建一个特定的显示画面。使用复杂的图形 (包括动画)，可以更容易解释系统活动。

3) 系统显示。显示数据属性，如本数据的上下限值、访问级别等。

4) 摘要、状态和配置显示。摘要、状态和配置显示为警报、点、控制器、通道、访问权限和时区的当前值。配置显示指的是一些在线的配置，如访问权限的配置等。

图 4—35 所示为一个典型的报警摘要显示。

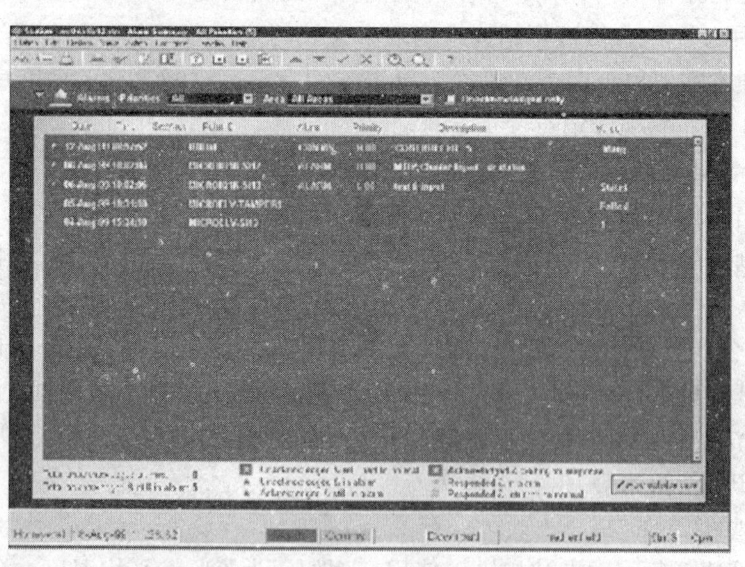

图 4—35 报警摘要显示

5) 扫描统计显示。显示当前系统的性能扫描和负载扫描。

6) 操作组显示。操作组显示是指在同一个显示上浏览逻辑相关的点。

例如，创建一个检测关于一个水泵（如水泵状态、关联值状态、流量、温度和压力等）不同变量之上的操作组，与水泵动作关联的所有数据能在同一个标准显示画面上看到。

7）典型的操作组显示（见图4—36）。

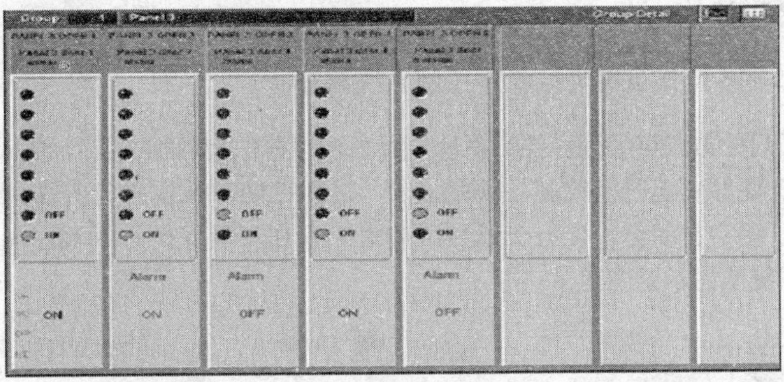

图4—36 典型的操作组显示

8）趋势组合显示。趋势组合显示用于浏览历史数据。EBI使用一些不同的类型趋势组合显示，作为细节分析历史。数据点的值趋势是获得操作周期的强有力的方法。一个多图趋势显示展现了一个典型的趋势组合显示。

9）定制显示。当用户有非常特定的需求时，可以创建一个定制显示。例如，需要使用动画或图形物体使对象更直观。所有的定制显示都通过 Display Builder 设计并建造。

（3）通过警报和事件通知操作员的方法。当侦听到建筑设备被改变时，EBI产生事件并报警，指示不寻常的情况。例如一个温度的改变或者安全区域的移动异常，就会触发报警。报警会保持到触发报警的条件恢复到正常或者某人确认警报。

所有系统的改变，如警报改变、操作员变化和安全级别变化等，都会被记录成日志。

1）EBI产生警报和事件的方法。所有的警报、事件都记录在日志中，包括当警报产生时、被确认时、回到常态时。

警报通常分成不同的优先级，以便操作人员先看紧要的警报。优先顺序从高到低依次为紧急、高、低和日志。日志警报除了记录为事件外，不在警报摘要上显示。

2）操作员权限。操作员可以在工作站上看事件和报警。状态区在显示的底部，总是展现最近的（或最旧的）和没有被确认的最高优先权警报。

3）管理操作员对警报的确认。高级警报管理功能被用来提供给管理员一系列的步骤跟踪特殊的报警。当一个操作员确认警报后，警报指令显示出现。如果要关闭警报，操作员一定要完成警报回应页。

4）分析系统数据。对数据的使用和显示做深化处理，能分析数据使用报告、事件历史和趋势组合显示。

5）理解报告。一个有效率的报告系统有利于集成管理用户的系统。EBI预先配置的报告范围也能产生如 Microsoft Access 或者 Crystal 报告。

第二节　OptiSYS 的软件组态与开发

一、OptiSYS 概述

1. OptiSYS 系列分布式可编程序控制系统简介

OptiSYS 系列分布式可编程序控制系统主要面向以分散型数据采集与控制为主的公用工程自动化项目，能够实现逻辑控制、顺序控制、过程控制和数据采集等功能，可广泛应用于工厂自动化、楼宇自动化、智能交通、给排水工程和环境保护等领域。图 4—37 所示是 OptiSYS 控制系统结构示意图。

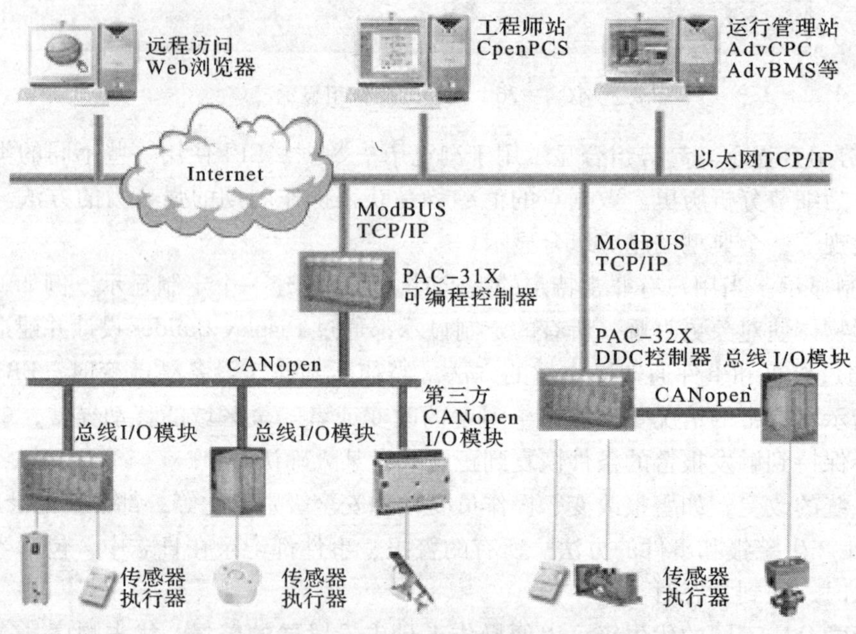

图 4—37　OptiSYS 控制系统结构示意图

OptiSYS 系列分布式可编程序控制系统具有可靠的性能、强大的功能、良好的开放性、简便的结构形式和灵活的安装方式，是让各种设施实现自动化、智能化、信息化的最佳选择。

2. OptiSYS 系统的技术特点与优势

（1）优化的结构设计。OptiSYS PCS－300 分布式可编程序控制系统采用节省空间、方便使用的优化结构设计，有以下特点：外形紧凑的模块化；无槽位规则限制，无须风扇；DIN 标准 35 mm 导轨直接安装，弹簧卡式固定；背板总线集成在模块上，通过总线连接器进行装配；端子全部可脱卸，每个 I/O 点有两个以上端子，免外部配线；0.5～2.5mm^2端子

接线规格，现场电缆可直接接入模块；模块品种多样，高集成度，高密度；分布式结构与集中式结构均可。

（2）先进的分布式系统。OptiSYS PCS－300 分布式可编程序控制系统采用先进的分布式现场总线设计，有以下特点：CAN 现场总线分布式智能 I/O 模块：8 种速率可选，10 kbit/s～1 Mbit/s；分布距离为 25～5 000 m 可选；集中式结构使用时，高速通信；分布式结构使用时，经济可靠；配置灵活，易于扩展；符合 CAN Open DS401 标准的通信协议；电源冗余、模块热插拔设计；电源反接保护、防浪涌保护、总线短路保护等多种保护功能设计，针对分布式系统应用。

（3）开放的网络化通信。OptiSYS PCS－300 分布式可编程序控制系统具有以下多种网络通信物理接口：

1）工业以太网，符合 IEEE 802.3 和 IEEE 802.3u 标准，用于区域和单元联网。

2）CAN 现场总线，符合 ISO 11898 标准，用于单元设备联网。

3）RS485，符合 IEEE 标准，多点总线通信，用于现场和单体设备联网。

4）RS232，符合 IEEE 标准，用于单体设备联网；支持多种开放的通信协议，提供相应的 OPC 服务器软件。

5）EPA（Ethernet for Process Automation），通过工业以太网接口。

6）Modbus UDP/TCP，通过工业以太网接口。

7）Modbus RTU，通过 RS232、RS485 接口。

8）CANOpen，通过 CAN 现场总线。

9）可编程串口，通过 RS232、RS485 接口。

10）可编程 UDP/TCP 通信，通过工业以太网接口。

（4）标准化程序设计。OptiSYS PCS－300 分布式可编程序控制系统通过 OpenPCS 软件进行编程，该编程软件包含从项目组态、编程、调试以及测试的所有功能，有以下特点：

1）用户友好、面向任务的中文图形化编程环境。

2）符合 IEC61131－3 OpenPLC 国际标准，提供 5 种编程语言。

3）指令表（IL），高效的指令编程工具。

4）梯形图（LD），传统的图形化、自动化控制编程工具。

5）结构化文本（ST），一种类似 PASCAL 的高级语言。

6）功能块图（FBD/CFC），通过复杂功能的图形化内部连接生成任务，对较大的、复杂的应用特别有利。

7）顺序功能块图（SFC），对顺序控制或生产过程进行图形化组态。

8）具有在线模拟、在线修改和断点调试功能。

9）通过 RS232、RS485 或工业以太网直接编程与调试。

3. OptiSYS 系统的主要组成

OptiSYS PCS－300 系列分布式可编程序控制系统是一套基于工业以太网和 CAN 总线的

分布式现场总线控制系统。OptiSYS PCS－300 系统包括电源模块、高性能控制器（DDC）和智能总线 I/O 模块，如图 4—38 所示。模块的塑料外壳符合安全标准 IP20，紧凑型设计为装配节约出更多的空间。模块安装容易、维护更换方便，为系统的开发和维护减少了很多开支。

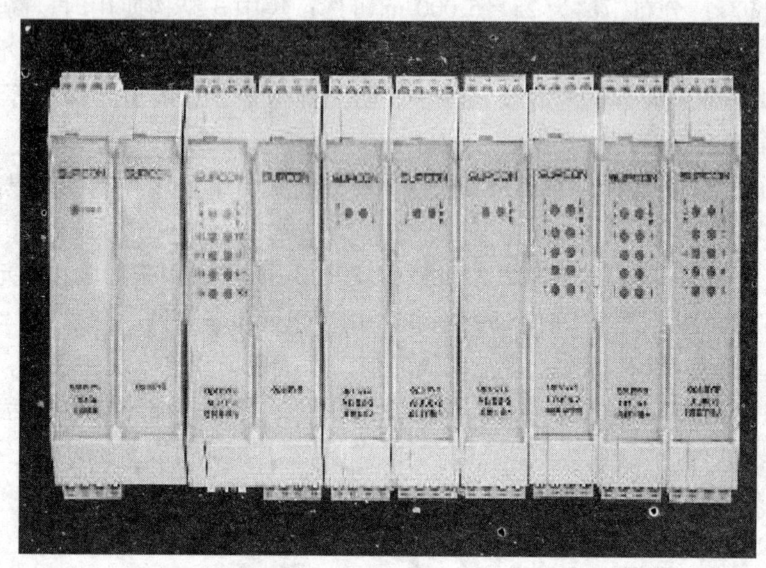

图 4—38　一个完整的 DDC 组合

（1）高性能控制器。高性能控制器具有很强的扩展能力和计算能力，其外观如图4—39 所示，具有以下技术特点与优势：

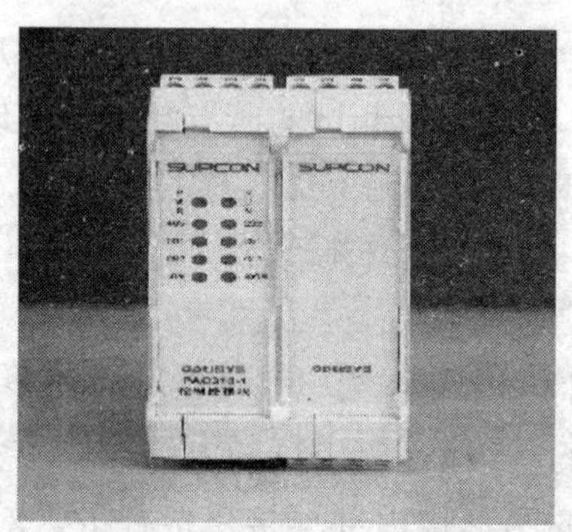

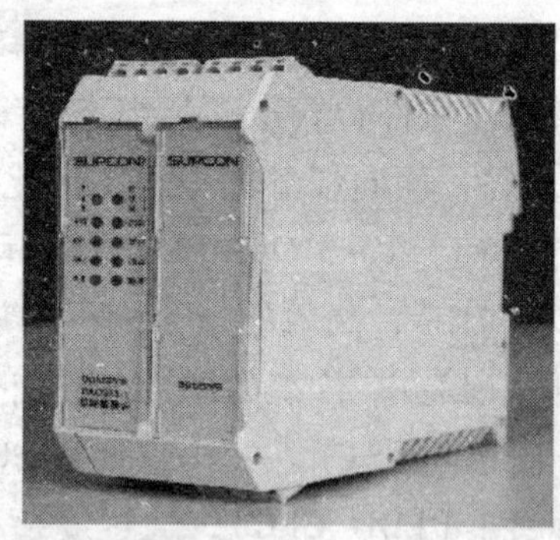

图 4—39　高性能控制器外观

1）32 位 RISC 处理器，大容量 SRAM 及 FLASH 存储器。

2）兼具 10/100M 以太网和 CAN 总线，简化建筑智能化布线。

3）符合 IEC61131－3 标准的 5 种编程语言和图形化编程软件，通过以太网编程、调试。

4）EPA、Modbus RTU/UDP/TCP 开放通信协议。

5）可编程串口、可编程 TCP/IP 通信，方便集成其他设备或系统。

可供选择的模块型号与技术指标见表 4—7。

表 4—7　　模块型号与技术指标

PAC31X 控制器	PAC313－1	PAC314－1	PAC316－1
电源	DC 18～35 V	DC 18～35 V	DC 18～35 V
功耗	<4 W	<4 W	<4 W
背部总线	5 芯电源和 CAN 总线	5 芯电源和 CAN 总线	5 芯电源和 CAN 总线
处理器	32 位 RISC 处理器， 45 MIPS	32 位 RISC 处理器， 45 MIPS	32 位 RISC 处理器， 200 MIPS
实时时钟	内置	内置	内置
可连接的总线 I/O 模块，最大	16，CANOpen 协议	32，CANOpen 协议	32，CANOpen 协议
最大数字量输入/输出范围	256	512	512
最大模拟量输入/输出范围	128	256	256
用户程序区	64 KB	128 KB	1 MB，可通过 USB 存储 方式扩展
数据存储区	4 KB	8 KB	16 KB
数据掉电保存区	2 KB	2 KB	16 KB
数据掉电保存时间	>10 年，Flash 存储	>10 年，Flash 存储	>10 年，Flash 存储
编程软件	OpenPCS V5. 12 符合 IEC61131－3 标准 中文图形化编程 指令表（IL） 梯形图（LD） 结构化文本（ST） 功能块图（FBD/CFC） 顺序功能块图（SFC）	OpenPCS V5. 12 符合 IEC61131－3 标准 中文图形化编程 指令表（IL） 梯形图（LD） 结构化文本（ST） 功能块图（FBD/CFC） 顺序功能块图（SFC）	OpenPCS V5. 12 符合 IEC61131－3 标准 中文图形化编程 指令表（IL） 梯形图（LD） 结构化文本（ST） 功能块图（FBD/CFC） 顺序功能块图（SFC）
编程调试口	10/100 M 以太网	10/100 M 以太网	10/100 M 以太网
每 1 000 条指令的执行时间	<8 ms	<8 ms	<2 ms
通信接口	1 个以太网 10/100 Mbit/s 自适应 1 个 CAN 最大为 1 Mbit/s 1 个 RS485 最大为 115. 2 kbit/s 1 个 RS232 最大为 115. 2 kbit/s	1 个以太网 10/100 Mbit/s 自适应 1 个 CAN 最大 1 Mbit/s 1 个 RS485 最大为 115. 2 kbit/s 1 个 RS232 最大 115. 2 kbit/s	1 个以太网 10/100 Mbit/s 自适应 1 个 CAN 最大为 1 Mbit/s 2 个 USB2. 0 480 Mbit/s 1 个 RS485，1 个 RS232 最大为 115. 2 kbit/s

续表

PAC31X 控制器	PAC313 - 1	PAC314 - 1	PAC316 - 1
支持的通信协议	CANOpen 总线通信 Modbus UDP/TCP Modbus RTU SUPCON FCU 通信 可编程串口通信	CANOpen 总线通信 Modbus UDP/TCP Modbus RTU SUPCON FCU 通信 可编程串口通信	CANOpen 总线通信 Modbus UDP/TCP Modbus RTU SUPCON FCU 通信 可编程串口通信

（2）智能总线 I/O 模块。所有的智能总线 I/O 模块均采用模块化、标准化设计，其外观如图 4—40 所示。智能总线 I/O 模块满足以下通用技术特征：

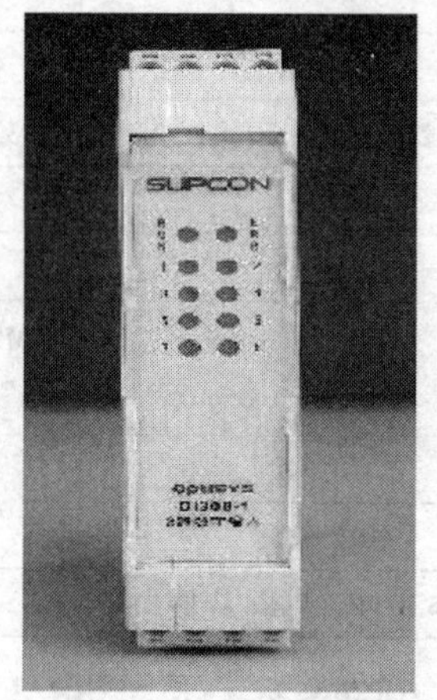

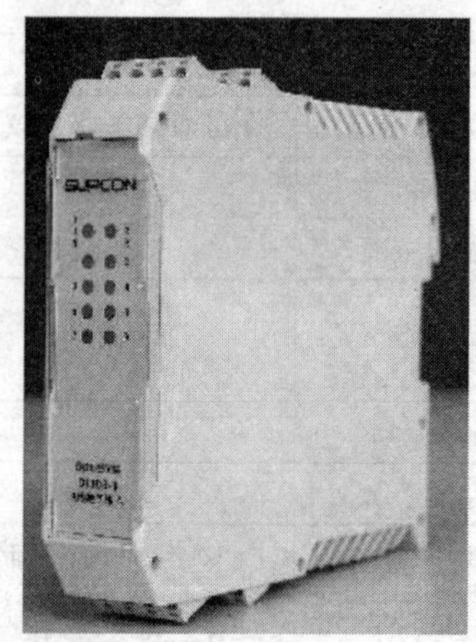

图 4—40　智能总线 I/O 模块外观

1）电源。DC 18 ~ 35 V。

2）内置处理器。4 MIPS。

3）背部总线。5 芯，电源、保护地、CAN 总线。

4）CAN 总线。10 kbit/s ~ 1 Mbit/s，8 种速率可选。

5）符合 CANOpen DS401 标准的通信协议。

6）保护。电源反接保护、防浪涌保护、总线短路保护。

7）每通道均配置 2 个接线端子，无须外部配线。

智能总线 I/O 模块型号和性能见表 4—8。

表 4—8　　智能总线 I/O 模块型号和性能

分类	模块型号	功能描述
数字量输入模块	DI308 - 1	8 点有源、无源开关量输入
	DI316 - 1	16 点有源、无源开关量输入
数字量输出模块	DO308 - 2	8 点继电器输出，AC 220 V，2 A，DC 24 V，2 A
	DO316 - 2	16 点继电器输出，AC 220 V，2 A，DC 24 V，2 A
	DO312 - 4	12 路继电器输出（10 路常开，2 路常闭），AC 220 V，2 A，RF 遥控

续表

分类	模块型号	功能描述
模拟量输入模块	AI304－1	4 点通用输入，0～20 mA，0～10 V，热电阻（pt100/pt1 000），16 位，0.5%精度
	AI304－2	4 点常规模拟量输入，0～20 mA，0～10 V，16 位，0.5%精度，带光电隔离
	AI308－2	8 点常规模拟量输入，0～20 mA，0～10 V，16 位，0.5%精度
	AI308－3	8 点热电阻输入，热电阻（Pt100/Pt1 000），16 位，0.5%精度
	AI304－4	4 点热敏电阻输入，NTC（10 K），16 位，0.5%精度
模拟量输出模块	AO304－1	4 点电压输出，8 位，0.5%精度，0～10 V
	AO304－3	4 点电压/电流输出，8 位，0.5%精度，0～10 V，0～20 mA

二、安装软件

1. OptiSYS 软件安装要求

（1）操作系统为 Windows 2000 或 Windows XP。

（2）基本硬件要求。70 MB 以上硬盘剩余空间，CD－ROM 驱动器，以太网卡，Microsoft Windows 支持的彩色显示器、键盘和鼠标。

2. 主要安装步骤

安装软件包括 setup. exe 和一些驱动程序包。

（1）双击 setup. exe 开始安装软件，弹出如图 4—41 所示的安装欢迎界面。

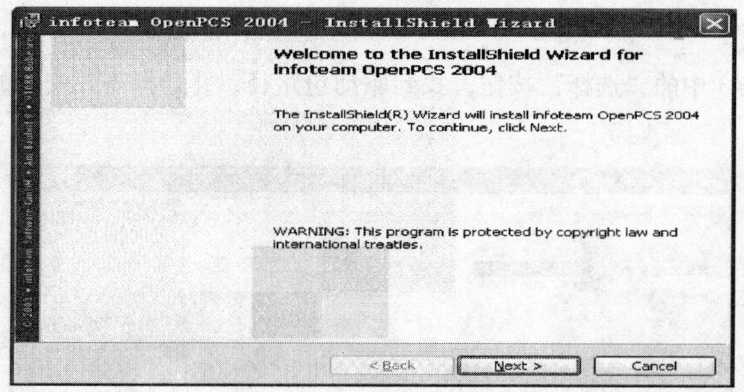

图 4—41　安装欢迎界面

安装程序向导将引导用户一步一步地进行安装。注意以下两个步骤，它将影响用户能否正常使用该软件：

1）程序复制结束，安装程序自动提示输入软件授权信息，如图 4—42 所示，用户可从相关软件资料中找到有关的授权信息。

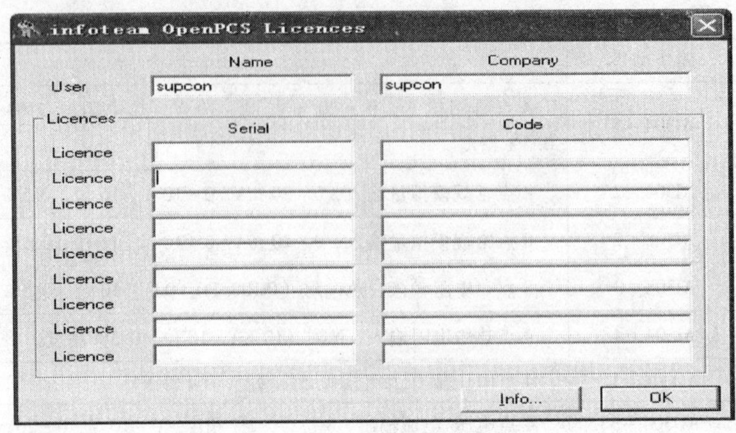

图 4—42　软件授权信息

2）安装软件 OEM 驱动程序包，如图 4—43 所示。

图 4—43　OEM 驱动程序包安装示意图

单击图 4—43 中的“选择”按钮，找到驱动包路径，并选择需要安装的驱动包，如图 4—44 所示。

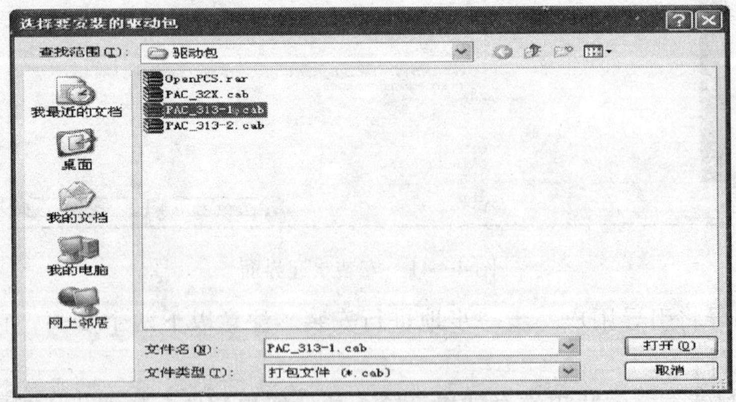

图 4—44　选择需要安装的驱动包

（2）打开驱动包，信息栏将显示驱动程序的信息，如图 4—45 所示。

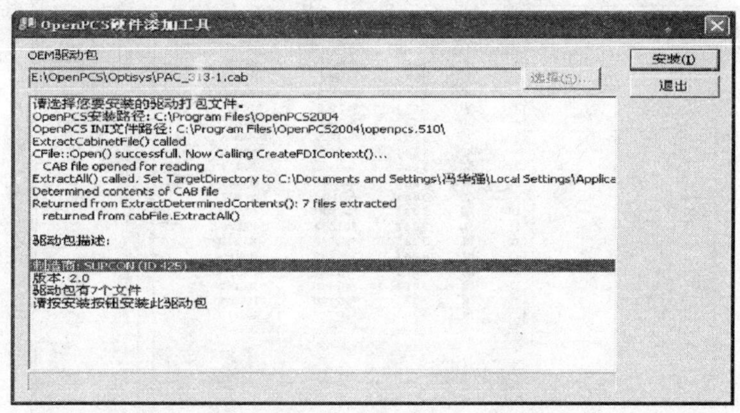

图 4—45　显示驱动程序的信息

（3）单击“安装”按钮，直至信息栏出现“＊＊＊添加驱动完成＊＊＊”，如图 4—46 所示。

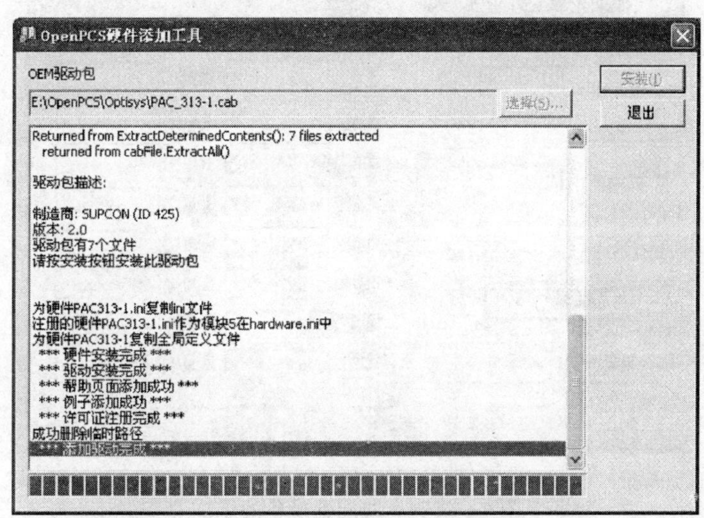

图 4—46　硬件添加完成

三、组态

打开“设备”页面，出现图 4—47 所示配置显示。右击空白表格，选择“添加设备”，弹出如图 4—48 所示的“离线配置”对话框。选择正确的模块地址和正确的模块类型，单击“确定”按钮，设备表格中就添加了一个设备。一个模块可显示地址、类型、产品编号、OpenPCS 变量和 Modbus 地址 5 项内容，以方便编程。对于模拟量输入/输出模块，在添加模块的同时需要对其功能作相应设置，具体选何种通道类型需根据具体的现场情况而定。

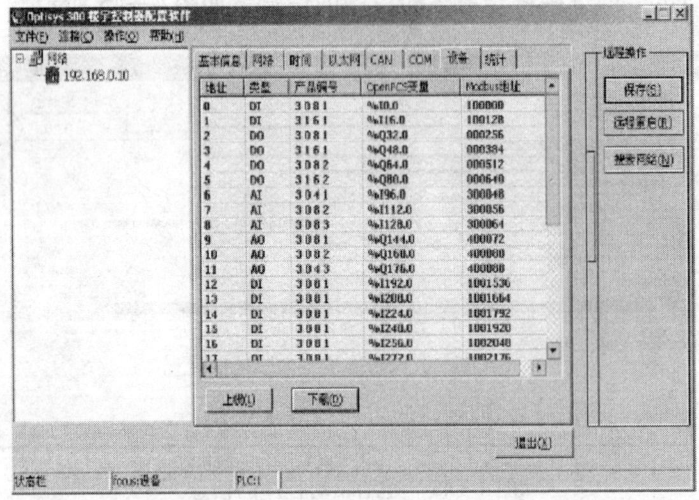

图 4—47　配置显示

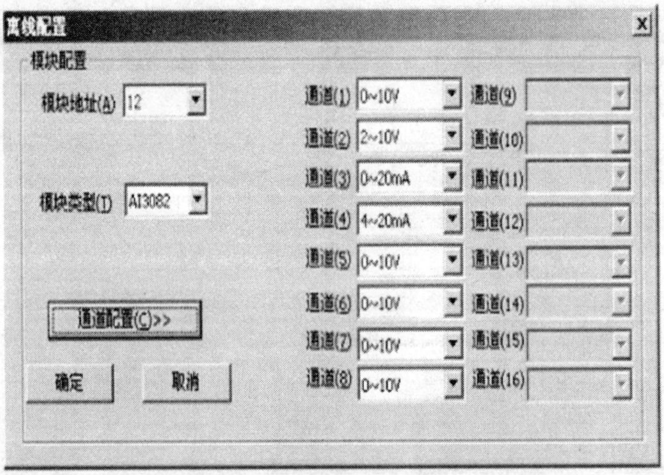

图 4—48　离线配置设备的添加

PLC 还提供了在线模块检测功能，单击“上线”按钮，弹出如图 4—49 所示的对话框。PLC 将自动检测其在线设备和设备的 CAN 地址，并且在设备在线浏览器中显示。

四、连接

PLC 与 PLC 的编程口为以太网连接（需要更改设置使用）。

PLC 具有初始连接设置，IP 地址为 10. 10. 70. 6。安装光盘内有 OPSconfig 程序，能搜索网上 PLC，并且对 PLC 的内部参数进行设置。打开 OptiSYSConfig. exe，单击菜单命令文件→搜索网络，搜索到 PLC 后，可以对 PLC 内部参数作相应的修改。具体参数视控制系统的需要而设定。设定好 PLC 的内部参数后，再进行程序的相关设置。

单击编程软件菜单命令 PLC→Connections，弹出如图 4—50 所示的对话框。

图 4—49　PLC 在线模块检测功能

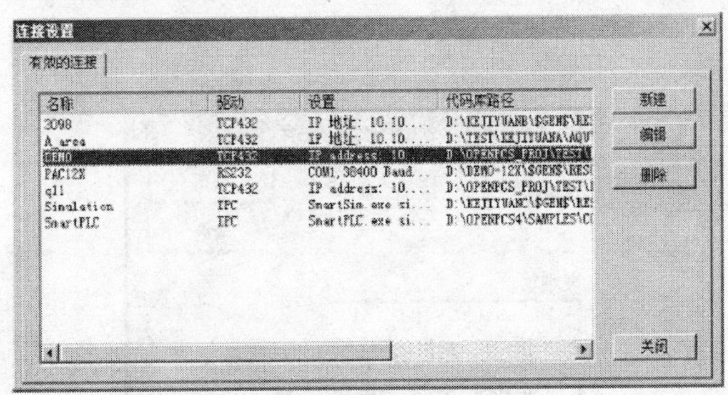

图 4—50　PLC 连接设置

单击“新建”按钮，弹出如图 4—51 所示的对话框。

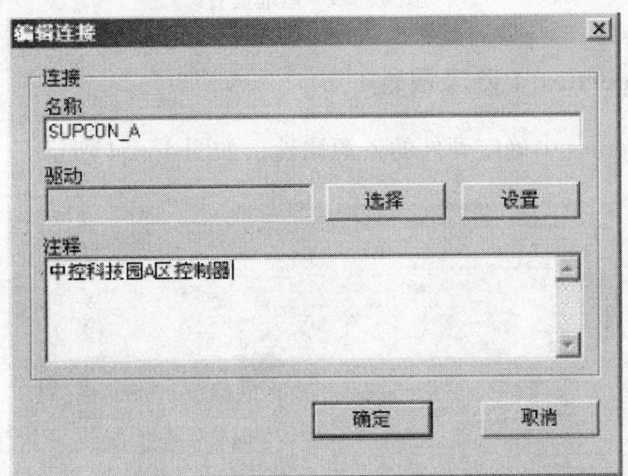

图 4—51　编辑连接

输入名称（Name），根据实际连接选择（Select）相应的连接形式，如图 4—52 所示。

确定后，设置相应的连接参数，这里以 TCP432 以太网连接为例，设置好相应的 IP 地址及端口号，如图 4—53 所示。

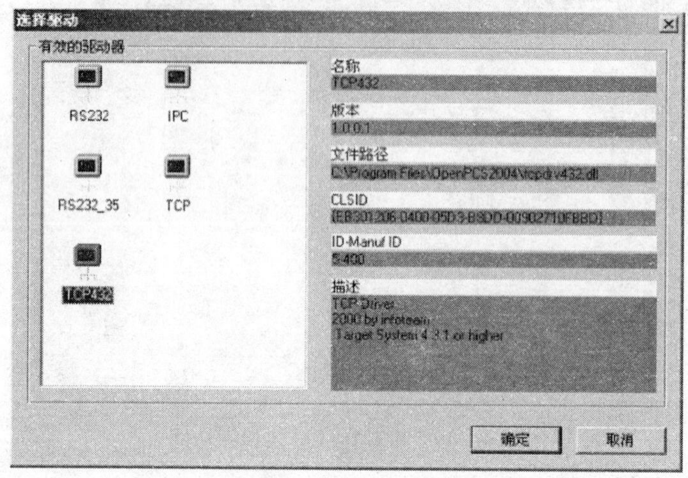

图 4—52　选择连接

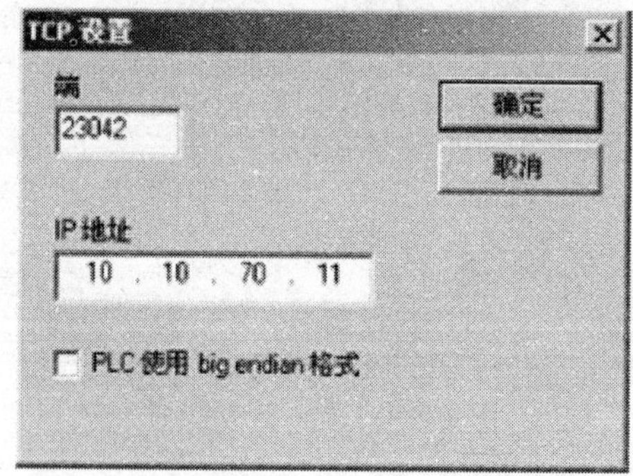

图 4—53　地址设置

五、Resource Properties（资源属性）

在 Resource Properties 中确定硬件的资源属性，如图 4—54 所示。

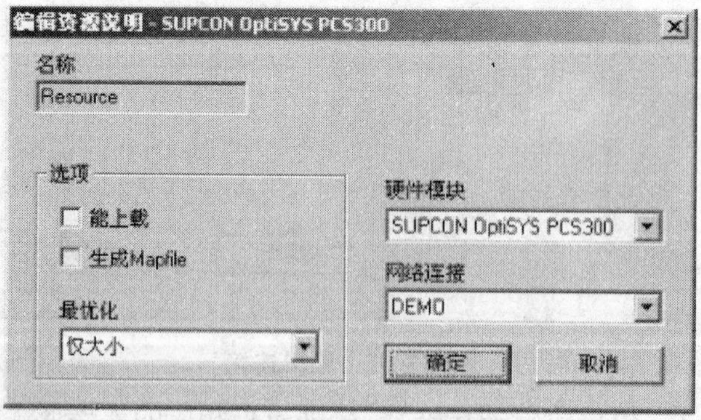

图 4—54　资源属性编辑

六、硬件编址与定义

完成上述设置后，即可对 PLC 进行编程。有关模块输入/输出及内容存储器地址的定义如下：

OptiSYS 系统变量声名规则：对 PLC 模块对应变量地址进行定义。

开关量：一个开关量模块支持 8 点（或者 16 点），分别用 1 个字节中的 8 个 bit（或者 1 个字的 16 个 bit）对应。

开关量输入（DI）

变量声明方法：'%Q' + 'addr' + '.' + 'bit'

说明：addr 的计算方法是（addr = 模块地址 ×16），其中模块地址为 0 ~ 31；如果模块上的点位为第 9 ~ 16 点，则 addr 相应加 1（addr = addr +1）。

Bit 的计算方法：如果模块上的点位为第 1 ~ 8 点，则相应的 bit 为第 0 ~ 7 位。

如果模块上的点位为第 9 ~ 16 点，则 bit 为相应的点位数减 9。

举例：

（1）声明一个表示模块地址为 5 的第 6 个 bit 位的变量 DO - TEST1，DO - TEST1 at %Q80.5：bool;

其中，80 = 16 ×5。

（2）声明一个表示模块地址为 5 的第 10 个 bit 位的变量 DO - TEST2，DO - TEST2 at %Q81.1：bool;

其中，81 = 16 ×5 +1。

模拟量：模拟量一个模块支持 8（或 16）个字节。

模拟输入（AI）

变量声明方法：'%I' + 'addr' + '.0'

说明：addr 的计算方法为（模块地址 *16 + 变量号 * 该变量类型的长度）。

其中，模块地址为 0 ~ 31，bit 位为 0。

举例：声明 4 个表示模块地址为 5 的 unsigned int（该变量类型长度 =2）类型变量 AI - TEST0，AI - TEST1，AI - TEST2，AI - TEST3：

AI - TEST0 at %I80.0：usint；（80 = 16 * 5 +0 * 2）

AI - TEST1 at %I82.0：usint；（80 = 16 * 5 +1 * 2）

AI - TEST2 at %I84.0：usint；（80 = 16 * 5 +2 * 2）

AI - TEST3 at %I86.0：usint；（80 = 16 * 5 +3 * 2）

模拟量输出（AO）

变量声明方法：'%Q' + 'addr' + '.0'

说明：addr 的计算方法为（模块地址 *16 + 变量号 * 该变量类型长度）。

其中，模块地址为 0 ~ 31，bit 位为 0。

举例：声明 4 个表示模块地址为 5 的 unsigned int（该变量类型长度 =2）类型变量

AO - TEST0，AO - TEST1，AO - TEST2，AO - TEST3：

A0 - TEST0 at %I80.0：usint；（80 = 16 * 5 + 0 * 2）

A0 - TEST1 at %I82.0：usint；（82 = 16 * 5 + 1 * 2）

A0 - TEST2 at %I84.0：usint；（84 = 16 * 5 + 2 * 2）

A0 - TEST3 at %I86.0：usint；（86 = 16 * 5 + 3 * 2）

内部存储器：最大为 2 048 B。

变量声明方法：‘%M’ + ‘addr’ + ‘.0’

举例：声明 4 个内部变量 VAR - TEST0，VAR - TEST1，VAR - TEST2，VAR - TEST3：

VAR - TEST0 at %m0.0：dword；

VAR - TEST1 at %m10.0：uint；

VAR - TEST2 at %m20.0：uint；

VAR - TEST3 at %m30.0：uint；

七、程序设计

编程软件支持 5 种编程语言来编写程序，分别是 SFC（Sequential Function Chart）、CFC（Continuous Function Chart）、ST、IL 和 LD，可以结合各种语言的优缺点或根据个人的编程习惯来选择相应的编程语言。有关语言的使用，可参考语言帮助。

编程窗口主要由工程浏览窗口、代码窗口、输出窗口组成，如图 4—55 所示。

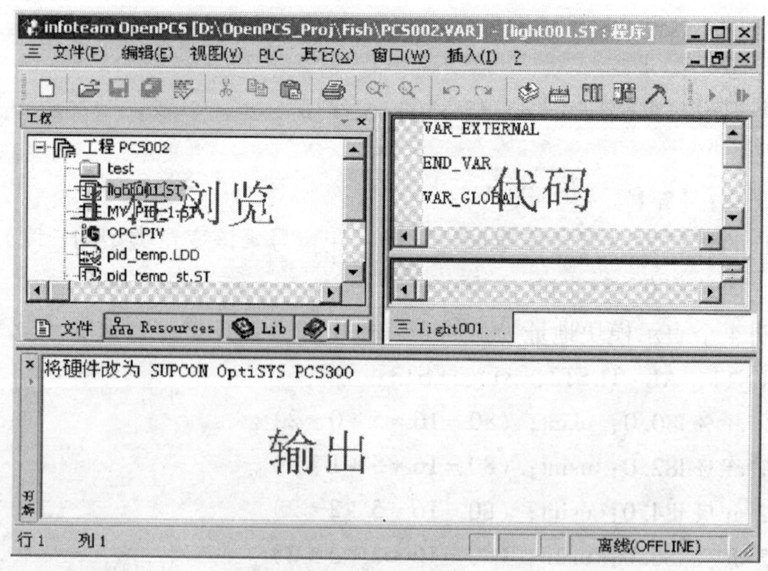

图 4—55 编程窗口

工程浏览窗口分为 Files，Resources，OPC - I/O，Lib，Help 5 页。Files 显示的是各个程序文件，可以通过此窗口打开程序代码；Resources 显示的是各个代码文件的变量，可以定义某个程序的运行方式，具体操作是打开某一程序属性，选择其运行方式为 cyclic、timer 或 interrupt，同时设定相应运行方式参数；OPC - I/O 显示的是可调用的 OPC；Lib 显示的是

可调用的库文件程序；Help 是编程软件帮助。

代码窗口分为变量定义和程序两个窗口。所有的输入/输出、内部地址以及其他自定义变量都必须有变量名称定义。

八、下载调试

写完程序，单击 PLC Build Active Resource→Rebuild Active Resource→Build All Resources 或者单击工具栏上的相应编译工具图标，编译程序，输出窗口将显示编译信息。

编译成功后，单击 PLC Online 工具栏上的相应图标即可下载程序到 PLC，同时会增加变量监控窗口。从浏览栏的 Resources 页中可添加所需监控的变量至监控栏中。在线状态下可使 PLC 启动或停止。

第三节　建筑设备自动化系统监控设备的现场调试方案

以下详细描述了 BA 系统监控设备的现场调试步骤，以保证这些设备能按照工程的相关设计及霍尼韦尔的功能说明正确运行。

一、空调机组的调试方案

1. 空调机组　“关”　状态下的目视及功能测试

目视检查所有设备的接线端子（所有端子排接线，机电设备安装就绪，做好运行准备等）。

目视检查温度传感器、压差开关、水阀执行器、风阀执行器的安装和接线情况，如有不符合安装要求或接线不正确的情况应立即改正。

通过 BAS 手持终端（手操器），依次将每个模拟输出点，如水阀执行器、风阀执行器和变频信号等手动置于 100%、50%、0；然后测量相应的输出电压信号是否正确，并观察实际设备的运行位置。

通过手操器依次将每个数字量输出点，如风机启停等分别手动置于开启，观察控制继电器动作的情况。如未响应，则检查相应线路及控制器。

将电气开关置于手动位置，当送风风机关闭时，确认下列事项：

（1）送风风机启停及状态均为“关”。

（2）冷热水控制阀关闭。

（3）所有的风阀都处于“关闭”位置。

（4）过滤器报警点的状态为“正常”。

（5）风机前后的压差开关为“关”。

（6）空调机组送风风机启停检查。

确认无人在空调机内或在旁边工作，并确认送风风机安全启动后，按下列步骤测试：

(1) 用鉴定合格的压差计标定风机前后压差开关。当压差增至设定值（可调）时，使压差开关状态翻转。标定好后，做好标定记录。

(2) 用鉴定合格的压差计标定过滤器报警压差开关，使压差开关在压差增加至设定值（可调）时状态翻转。标定好后，做好标定记录，表明该压差开关已标定。

(3) 将机组电气开关置于自动位置，通过建筑设备自动化系统的手持终端（手操器）启动送风风机，送风风机将逐渐提速，确认风机已启动，送风风机运行状态压差开关为“开”。通过手持终端关闭风机，确认送风风机停机，送风风机运行状态压差开关为“关”。

将“自动—手动”开关仍置于“自动”位置，再次启动送风风机，以便做进一步测试。

2. 空调机组的温度控制

当送风风机的状态为“开”时，执行下列检查：

在“夏季”工况下，如果回风温度或房间温度高于设定温度，程序可以自动增大水阀开度；当回风温度或房间温度低于设定温度时，程序可自动减小水阀开度。

在“冬季”工况下，如果回风温度或房间温度高于设定温度，程序可以自动减小水阀开度；当回风温度或房间温度低于设定温度时，程序可自动增大水阀开度。

注意，调试报告中所列的值均为参考值，以批准设计值为准。

由于 PID 控制环节积分时间的作用，执行器要花费一定时间才能将阀门全开或全关。

3. 空调机组过滤器报警

当空调机组送风风机状态为“开”时，确认过滤器阻塞报警点为“正常”。

用一块干净纸板或塑料板部分阻塞过滤器网，使检定合格的压差计测得的过滤器前后压差超过开关点设定值（如 250 Pa，可调），确认 BAS 手持终端（手操器）上的报警输入点为“报警”。从过滤网上移去纸板或塑料板，确认过滤器阻塞报警点恢复正常。

4. 连锁功能测试

当空调机组运行状态为“关”时，检测以下设备是否正常：水阀执行器是否为 0，风阀执行器是否为 0。

当空调机组运行状态为“开”时，检测以下设备是否正常：水阀执行器是否进行正常调节，风阀执行器是否开到预置位置，当模拟风机故障时是否可以停机。

5. 机组间连锁功能的测试

对于 KT/Q1 -9，PF/Q6 -9 系统，KT/Q4 -4，XKT/Q4 -2，PF/Q4 -5，6 系统，KT/Q5 -4，XKT/Q5 -2，PF/Q5 -4，5 系统，KT/Q5 -1，XKT/Q5 -1，PF/Q5 -3 系统，

XKT/Q6－2，PFQ6－10 系统能否实现通风空调运行说明的连锁功能。

6. 最终调整与标定

待冷冻水机组和热交换系统调试完毕，冷热水可以供给大厦的各空调机组之后，可以进行温湿度传感器的标定和温度控制回路的细调。

让空调机组在全自动控制下运行足够长的时间，以使被控区域或房间温度趋于稳定。用检定合格的温度仪表和湿度仪表标定温度和湿度传感器，通过调试软件在 DDC 控制器内做必要的调整。

系统稳定之后，细调 PI 温度控制回路，以确保温度设定点的改变不致引起系统的振荡。一旦发生振荡，改变控制回路的 PI 参数，以获得所有负载条件下的稳定控制。

7. 固定和手动模式的复位

完成所有测试后，与空调机组相关的所有输入、输出点均应处于全自动模式，并将各个受控变量置于设计的设定值。

二、新风机组的测试方案

和空调机组的测试方案基本相同，参考 4. 3. 1。

三、FCU 末端的调试方案

FCU 是带有可调节冷热水阀的区域定风量送风系统，一般安装于天花板上。E 总线型风机盘管通过 E－BUS 与区域控制器相连。通电前，确保 W7752D、Q7750 接线无误。打开 Q7750、W7752D 供电电源，用手持终端依次调节水阀、风门、风机，现场查看上述执行机构动作是否正确。将 Q7750 置于自动工作方式。

1. FCU 调试方案

（1）冷热盘管由墙上温度传感器直接控制，不用特别调试。

（2）FCU 风机启停控制的调试。目视检查所有设备的接线端子（所有端子排接线，机电设备安装就绪，做好运行准备等）。

目视检查水阀及执行器安装和接线情况，如有不符合安装要求或接线不正确的情况应立即改正。

通过建筑设备自动化系统手持终端（手操器），依次将冷热水阀执行器手动置于 100%、50%、0；然后测量相应的输出电压信号是否正确，并观察实际设备的运行位置。

通过手操器，依次将每个数字量输出点（如风机启停）手动置于开启位置，观察控制继电器的动作情况。如未响应，应检查相应线路及控制器。

当送风风机关闭时，确认下列事项：送风风机启停及状态均为“关”；冷热水控制阀关闭。

2. FCU风机启停检查

确认送风风机安全启动后，按下列步骤检查：

（1）当送风机启动后，不断调节冷热水阀以保持温度设定点。

（2）当送风机刚启动时，冷热水阀并不动作，稍后DDC依照现场测定的温度和设定值，逐渐地控制冷水阀或热水阀以保持设定温度。所有设备动作无误后，做好调试记录。

3. 固定和手动模式的复位

完成所有测试之后，与空调机组相关的所有输入、输出点均应处于全自动模式，并将各个受控变量置于设计的设定值。

四、送、排风机的调试方案

1. 送、排风机“关”状态下的目视及功能测试

目视检查所有设备的接线端子（所有端子排接线，机电设备安装就绪，做好运行准备等）。

目视检查风机电控柜的接线情况，如有不符合安装要求或接线不正确的情况应立即改正。

通过手操器，依次将每个数字量输出点，如风机启停手动置于开启位置，观察控制继电器的动作情况。如未响应，则检查相应线路及控制器。

当排风风机关闭时，确认下列事项：排风风机启停及状态均为“关”；风机故障报警点为“正常”。

2. 送、排风机启停检查

确认无人在送、排风机旁边工作，并确认排风机可安全启动后，按下列步骤检查：

（1）将机组电气开关置于自动位置，通过BAS手持终端（手操器）启动送、排风机，确认风机已启动，风机运行状态为“开”。通过BAS手持终端关闭风机，确认风机停机，风机运行状态为“关”。

（2）将“自动—手动”开关仍置于“自动”位置，再次启动排风风机，以便做进一步测试。

3. 固定和手动模式的复位

完成所有测试之后，将送、排风机置于全自动模式。

五、给水系统的调试方案

1. 给水水泵“关”状态下的目视及功能测试

目视检查所有设备的接线端子（所有端子排接线，机电设备安装就绪，做好运行准备等）。

目视检查蓄水池、低区生活水箱和高区生活水箱液位变送器的接线，如有不符合安装要求或接线不正确的情况应立即改正。

目视检查水泵电控柜的接线情况，如有不符合安装要求或接线不正确的情况则立即改正。

通过手操器，依次将每个数字量输出点，如水泵启停手动置于开启位置，观察控制继电器的动作情况。如未响应，则检查相应线路及控制器。

当水泵关闭时，确认下列事项：水泵启停及状态均为“关”；水泵故障报警点为“正常”。

2. 水泵启停检查

保证无人在给水水泵旁边工作，确认水泵可安全启动。按下列步骤检查：

将水泵电气开关置于自动位置，通过 BAS 手持终端（手操器）启动水泵，确认水泵已启动，水泵运行状态为“开”。通过 BAS 手持终端关闭水泵，确认水泵停机，水泵运行状态为“关”。

将“自动—手动”开关仍置于“自动”位置，再次启动水泵，以便做进一步测试。

3. 液位变送器校准

根据水箱水位的实际变化范围和液位变送器的测量范围设置软件，并对显示的水位用实际水位进行修正。

根据给水系统水箱（池）水位报警限值进行整定，并与实际水位吻合。

4. 联动功能测试

当水泵进入自动工作状态，低区水箱水位到达启泵水位时，确认可自动启动低区生活水泵；当低区水箱水位到达停泵水位或蓄水池低水位报警时，确认可自动停止低区生活水泵；当低区水箱水位到溢流水位时，可自动报警。

高区生活水箱和高区生活泵联动功能与低区相同；中区生活水泵只监测，不控制；消防系统的水泵只监视。

当水泵出现故障时，可自动停止水泵运行，并进行报警。

5. 固定和手动模式的复位

所有测试完成之后，将水泵置于全自动模式。

六、排水系统的调试方案

1. 排污泵“关”状态下的目视及功能测试

目视检查所有设备的接线端子（所有端子排接线，机电设备安装就绪，做好运行准备等）。

目视检查集水坑高报警、高位和低位水位开关的接线，如有不符合安装要求或接线不正确的情况应立即改正。

目视检查水泵电控柜的接线情况，如有不符合安装要求或接线不正确的情况应立即改正。

通过手操器，依次将每个数字量输出点，如水泵启停手动置于开启位置，观察控制继电器的动作情况。如未响应，则检查相应线路及控制器。

当水泵关闭时，确认下列事项：水泵启停及状态均为“关”；水泵故障报警点为“正常”。

2. 水泵启停检查

保证无人在集水坑水泵旁边工作，确认水泵可安全启动。按下列步骤检查：

将水泵电气开关置于自动位置，通过 BAS 手持终端（手操器）启动水泵，确认水泵已启动，水泵运行状态为“开”。通过 BAS 手持终端关闭水泵，确认水泵停机，水泵运行状态为“关”。

“自动—手动”开关仍置于“自动”位置，再次启动水泵，以便做进一步测试。

3. 水位开关的测试

手动改变水位开关的位置，看 BAS 手持终端中液位的变化与实际状态是否一致。

如果不一致，则改接 NO 或 NC，直到状态一致。

4. 联动功能测试

当水泵投入自动，低水位为“LOW”时，确认可自动停止水泵，当高水位为“HIGH”时能自动启动水泵，当出现高报警水位“ALARM”时，可自动报警。

当水泵出现故障时，可自动停止水泵运行，并进行报警。

5. 固定和手动模式的复位

完成所有测试之后，将水泵置于全自动模式。

七、照明系统的调试方案

1. 照明回路 “关” 状态下的目视及功能测试

目视检查所有 BAS 控制的照明电控柜的接线端子（所有端子排接线，机电设备安装就绪，做好运行准备等），如有不符合安装要求或接线不正确的情况应立即改正。

通过手操器，依次将每个数字量输出点，如照明回路启停手动置于开启位置，观察控制继电器的动作情况。如未响应，则检查相应线路及控制器。

当照明回路关闭，确认照明启停及状态均为“关”。

2. 照明回路开关检查

将回路电气开关置于自动位置，通过 BAS 手持终端打开该回路，确认该回路状态为“开”。通过 BAS 手持终端关闭该回路，确认回路运行状态为“关”。

“自动—手动”开关仍置于“自动”位置，再次开、关，以便做进一步测试。

3. 固定和手动模式的复位

完成所有测试之后，将回路控制置于全自动模式。

八、冷热站的调试方案

冷热站的所有参数和直燃机组运行参数通过 Modbus 方式上传到 BAS 系统中，而且所有参数均只监不控，所以该系统的所有参数只要能够在中央图形界面上实时反映，即可满足系统的设计要求。

直燃机房内空调机组、送排风机组，排水系统的调试流程按照前面的流程即可。

目视检查所有设备的接线端子（所有端子排接线，机电设备安装就绪，做好运行准备等）。

目视检查温度传感器、压力传感器、水阀执行器（含旁通调节阀）、水流开关的安装和接线情况，如有不符合安装要求或接线不正确的情况则立即改正。

通过 BAS 手持终端（手操器），依次将每个模拟输出点，如水阀执行器手动置于100%，50%，0；然后测量相应的输出电压信号是否正确，并观察实际设备的运行位置。

通过手操器，依次将每个数字量输出点，如空调补水泵、排污泵启停分别手动置于开启，观察控制继电器的动作情况。如未响应，则检查相应线路及控制器。

测试空调补水系统联动功能。当主楼屋顶的膨胀水箱出现低水位报警时，可自动启动补水泵进行补水；当膨胀水箱出现高水位报警时，可自动关闭补水泵。

第五章 传 感 器

广义地说，传感器是一种能把物理量或化学量转变成便于利用的电信号的器件。国际电工委员会（IEC：International Electrotechnical Committee）的定义为："传感器是测量系统中的一种前置部件，它将输入变量转换成可供测量的信号。"传感器是一种检测装置，能感受到被测量的信息，并能将检测到的信息按一定规律变换成为电信号或其他形式的信息输出，以满足信息的传输、处理、存储、显示、记录和控制等要求。控制系统接收的是电信号，所以传感器应该是可以把物理量包括非电量转换为有对应关系的电量，如温度是非电量，工作电力是电量，传感器要把它们的数值转换为弱电信号。

传统传感器按工作原理分类可分为物理传感器和化学传感器两大类。物理传感器应用的是物理效应，如压电效应，磁致伸缩现象，离化、极化、热电、光电和磁电等效应，被测信号量的微小变化都将转换成电信号。化学传感器包括以化学吸附、电化学反应等现象为因果关系的传感器，被测信号量的微小变化也将转换成电信号。和传统传感器相对的是智能传感器。智能传感器的发展非常惊人，如一个体量很小的智能传感器可以直接测量一滴血液的几十项生化参数。

传感器是实现自动检测和自动控制的首要环节，是自控系统中的重要设备，直接与被测对象发生联系。它的作用是感受被测参数的变化，并发出与之相适应的信号。在选择传感器时一般有3个要求：高准确性、高稳定性和高灵敏度。表征传感器特性的主要参数有线性度、灵敏度、迟滞、重复性和漂移等。

第一节 温度传感器

一、风道温度传感器

1. TSD111 系列风道温度传感器

TSD111 系列风道温度传感器适用于通风空调系统，能用于排风、回风、送风等风道空气温度的测量。原理是负温度系数半导体陶瓷的电阻值随温度上升而按规律下降。

TSD111 系列风道温度传感器选用的传感单元为 NTC10K 直接输入式。配有 IP67 的外壳，可以在恶劣环境下应用，其外观如图 5—1 所示。

图 5—1 TSD111 系列风道温度传感器

（1）性能参数

1）温度测量范围。-10 ~ 70℃。

2）精度。±0.5%。

3）输出类型。NTC 输出。

（2）安装接线。选择一个合适风道，如图 5—2 所示，把传感器放入一个预先钻好的孔并固定在风道上（孔距为 85 mm）。

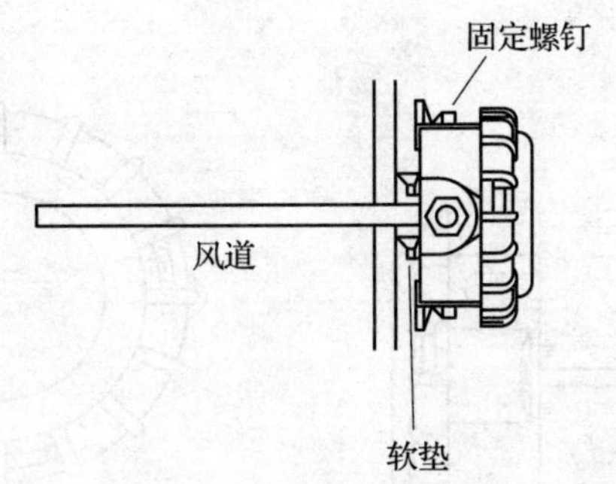

图 5—2　安装 TSD111 系列风道温度传感器

TSD111 系列风道温度传感器的接线如图 5—3 所示。

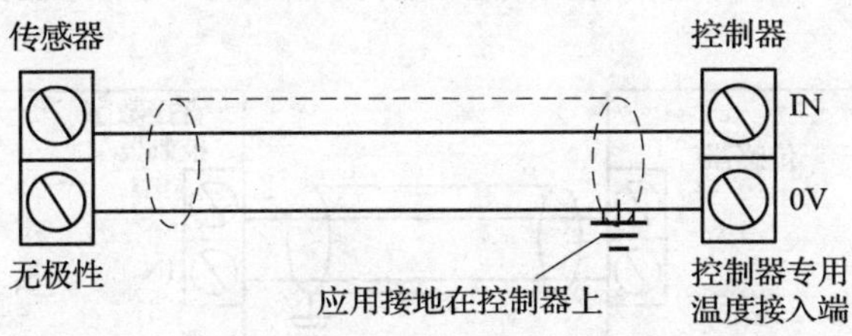

图 5—3　TSD111 系列风道温度传感器的接线

安装尺寸如图 5—4 所示。

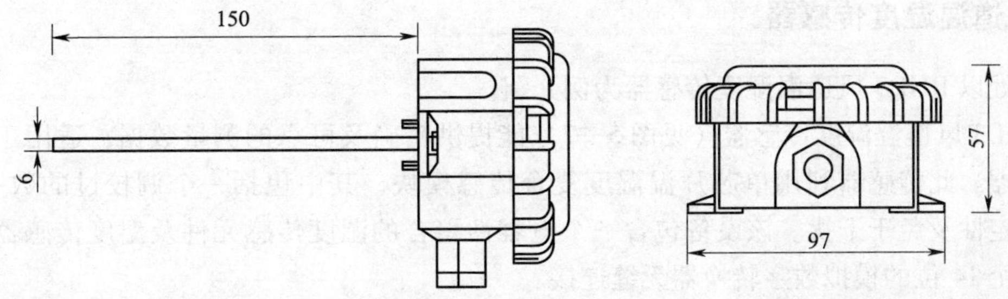

图 5—4　TSD111 系列风道温度传感器安装尺寸（单位：mm）

2. TE－1000T

TE－1000T 系列风道温度传感器的原理是，缠绕在骨架上的白金丝的电阻随温度升高而变化。白金丝虽然灵敏度低，但是使用寿命长，线性非常好，可以精确测量动态的温度，测量范围为 0～100℃，Pt－1000 铂电阻输出，带有 6 mm 黄铜探测元件。

（1）技术参数

1）温度测量范围。0～100℃。

2）精度。±0.5%。

3）输出信号类型。Pt－1000 铂电阻输出。

（2）安装接线。TE－1000T 系列风道温度传感器安装尺寸如图 5—5 所示，接线如图 5—6 所示。

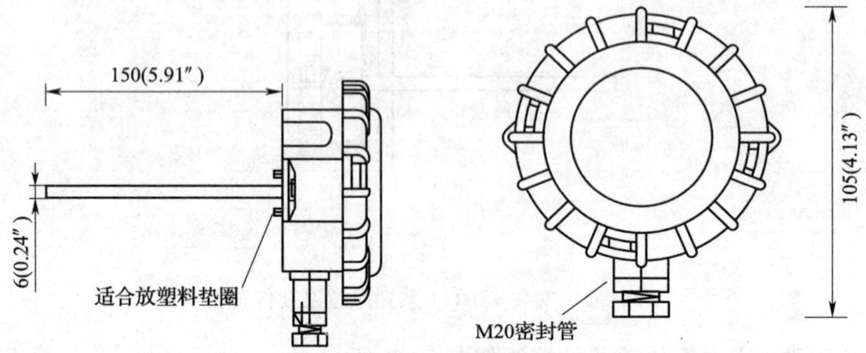

图 5—5　TE－1000T 系列风道温度传感器安装尺寸（单位：mm）

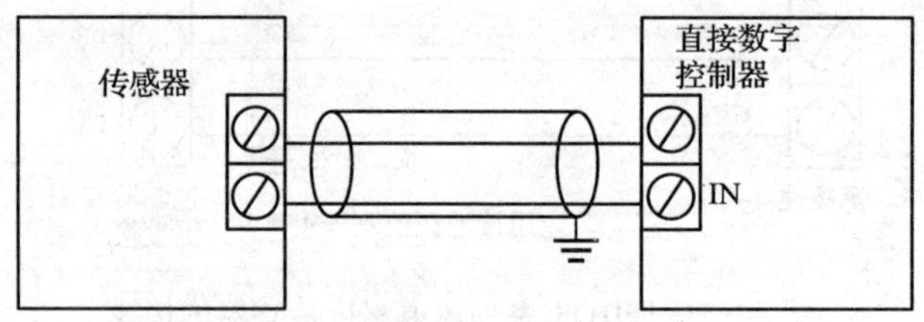

图 5—6　TE－1000T 系列风道温度传感器接线

二、风道温湿度传感器

此处以 RHD3 风道温湿度传感器为例介绍。

RHD3 风道温湿度传感器（见图 5—7）能提供精确及可靠的测量数据，适用于各类楼宇控制器。此传感器利用单芯片温湿度复合传感模块，其中包括一个调校过的数字输出，确保稳定性及免于干扰。该设备包含一个电容性聚合的湿度传感元件及温度传感器。两者均与一个 14 位的模拟数字转换器无缝连接。

RHD3 风道温湿度传感器具有良好的信号质量，很短的回应时间，以及较强的抗干扰性。

图 5—7　RHD3 风道温湿度传感器

1. 传感器特点

（1）高抗干扰性，稳定性好，有数字化信号输出。

（2）方便使用，湿度和温度线性输出 0～10 V。

（3）风道温度范围为－40～120℃。

（4）技术参数：量程为 0～55℃，精度为 ±0.5%。

（5）湿度传感元件为电阻体聚合物。

（6）精度为 ±3%。

（7）响应时间小于 8 s。

（8）长期稳定性。每年小于 2% RH。

（9）滞后性。±1% RH。

（10）输出。0～DC10 V。

图 5—8 所示是湿度温度关系图。

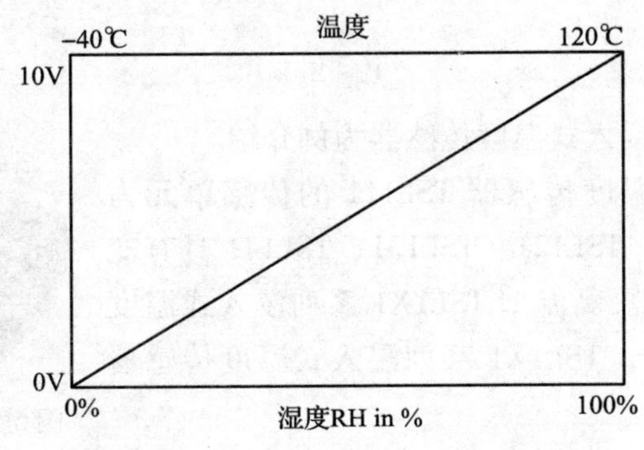

图 5—8　湿度温度关系图

2. 安装传感器

RH 系列应该安装在合适的控制器中，在空气管道中选择一个污染值小的地方安置。不要让传感器沾上灰尘及其他污染物，并安置在相对静止的地方。然后，把线连接到接线盒内，与控制器连接。在所有其他电子元件和测试完成后再进行接线及跳针。接线方式如图 5—9 所示。

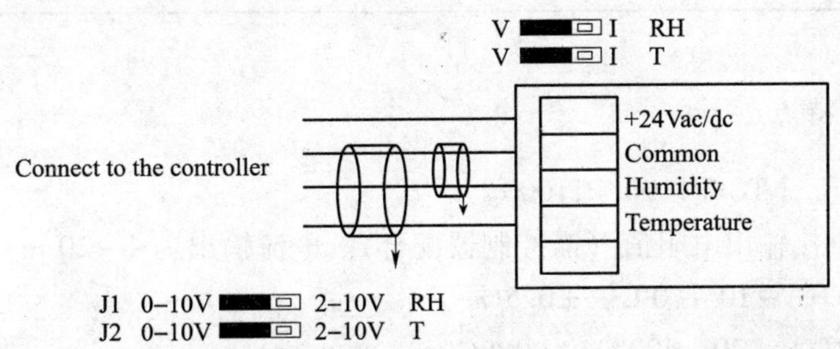

图 5—9　产品说明书（局部）上的接线方式

RHD3 风道温湿度传感器安装尺寸如图 5—10 所示。

注意：RH 系列传感器是敏感电子设备，应保证一直采取保护措施，不要暴露在极端的环境中。变送器不该直接暴露安置于地面或潮湿的地方；避免饱和的结露区域。探针应保持整洁，不要随意拆开，拆开的话容易损坏电子元器件和传感器。

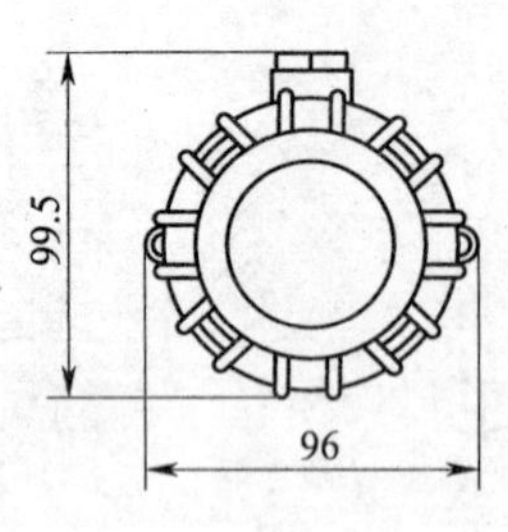

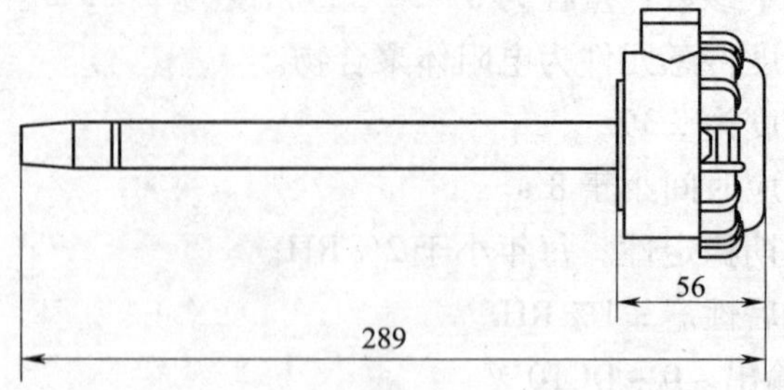

图 5—10 RHD3 风道温湿度传感器安装尺寸

三、水管温度传感器

此处以 TSL1X1 系列浸入式温度传感器为例介绍。

TSL1X1 系列浸入式温度传感器 TSL111 的传感单元为 NTC10k 电阻直接输入式。TSL121、TSL131、TSL141 具有变送功能，适用于高温场所。高温型 TSL1X1 系列浸入式温度传感器采用铸铝合金外壳。TSL1X1 系列浸入式温度传感器外观如图 5—11 所示。

图 5—11 TSL1X1 系列浸入式温度传感器外观

TSL1X1 系列浸入式温度传感器技术选型见表 5—1。

表 5—1 TSL1X1 系列浸入式温度传感器技术选型

TSL111	-10 ~ 70℃，NTC10k，150 mm 长度
TSL121	-10 ~ 110℃，4 ~ 20 mA，150 mm 长不锈钢探棒
TSL131	-10 ~ 160℃，4 ~ 20 mA，150 mm 长不锈钢探棒
TSL141	-10 ~ 400℃，4 ~ 20 mA，150 mm 长不锈钢探棒
TSL152	6 mm 水管温度传感器水路安装套管，150 mm 长，不锈钢材质

1. 传感器的特点

（1）传感单元。NTC/PT100/PT1000。

（2）输出。直接输出电阻值（需控制器配合）。电流输出为 4 ~ 20 mA。

（3）精度。NTC -10 ~ 70℃：±0.5%。

（4）PT100/PT1K -20 ~ 400℃：±0.5%。

2. 安装传感器

选择一处位置，安装防水套管，并确保套管与能被测量的液体接触良好。避免安装在接近混流阀及 T 接口下游位置，如图 5—12 所示。将 20 mm 螺纹防水套管固定在管道上并确保无泄漏。如图 5—13 所示，把温度传感器安放在套管内，直至传感器的管子紧贴套管内壁，然后用防水套管提供的螺钉固定温度感应器。

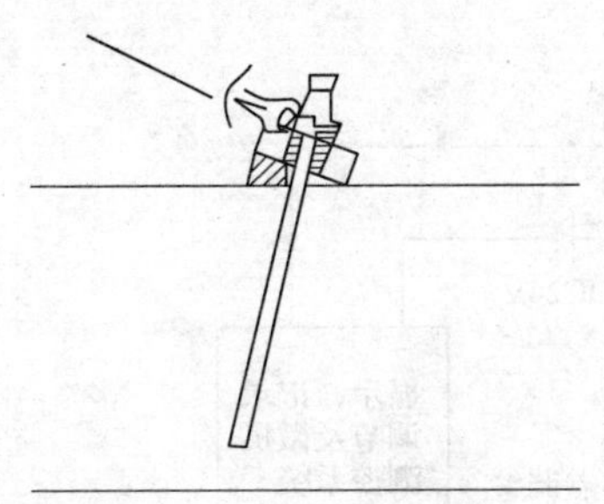

图 5—12　安装防水套管

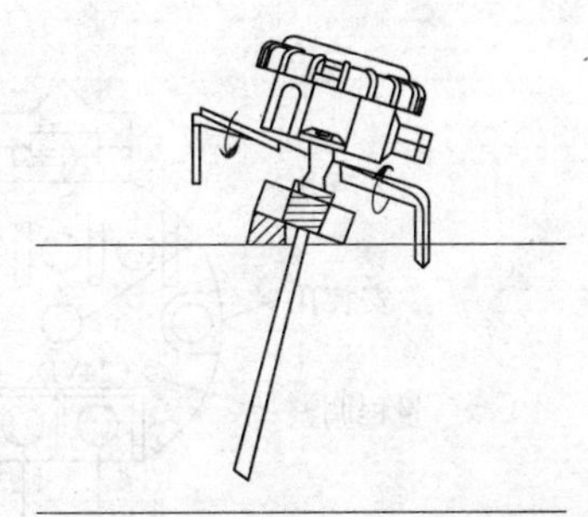

图 5—13　TSL1X1 系列浸入式温度传感器的安放

TSL1X1 系列浸入式温度传感器的尺寸如图 5—14 所示，防水套管尺寸如图 5—15 所示。

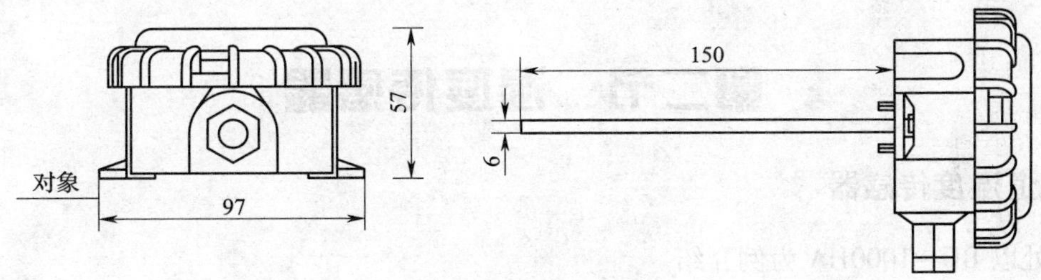

图 5—14　TSL1X1 系列浸入式温度传感器的尺寸（单位：mm）

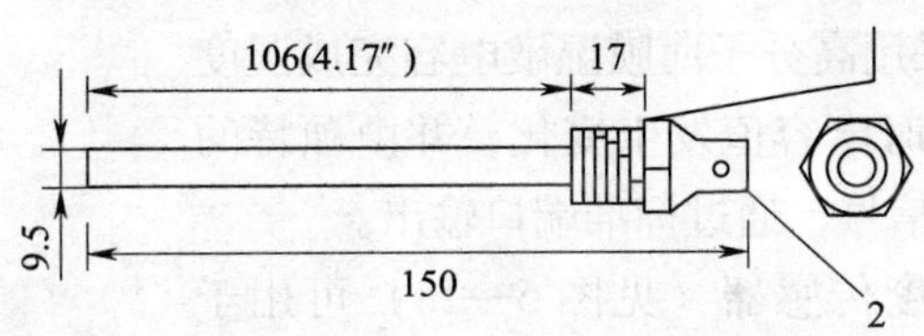

图 5—15　防水套管尺寸（单位：mm）

3. 传感器接线

TSL111 型浸入式温度传感器接线如图 5—16 所示。TSL121、TSL131、TSL141 浸入式温度传感器接线端子如图 5—17 所示。

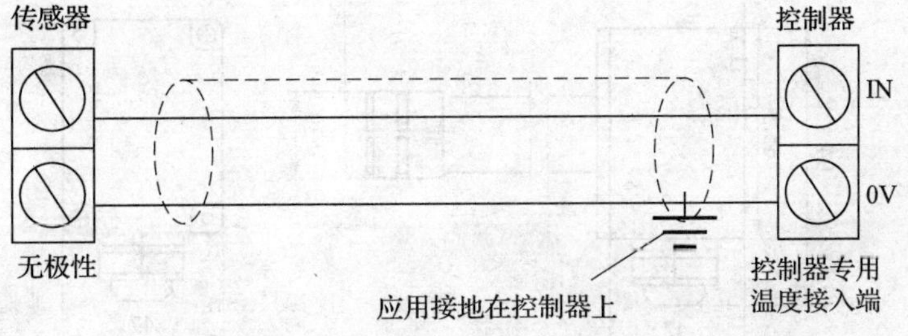

图 5—16　TSL111 型浸入式温度传感器接线原理图

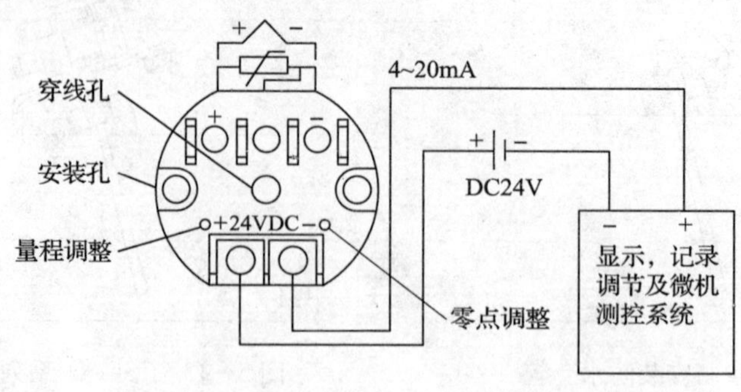

图 5—17　浸入式温度传感器接线端子

第二节　湿度传感器

一、风道湿度传感器

此处以 BD－1000HA 为例介绍。

对于各种有湿度检测及控制要求的场合，BD－1000HA 风道湿度传感器可提供快速准确的测量，并将随湿度变化的电容信号转换为成比例的电信号输出，提供 0～10 V DC 输出。BD－1000HA 风道湿度传感器采用高分子薄膜湿敏电容完成湿度检测，原理是当湿度变化时电容值发生变化，并由独特的电子线路将其转换成电压信号，通过标准端口输出。

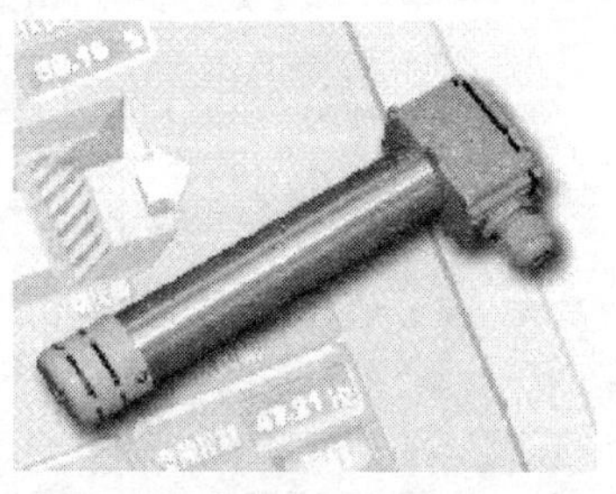

图 5—18　BD－1000HA 风道湿度传感器

BD－1000HA 风道湿度传感器（见图 5—18）可用于对环境湿度有较高要求的场合。

传感器封装在经特殊设计能够均匀检测到湿度变化的壳体中，并充分考虑到器件本身散热对测量精度的影响，可方便地安装在风道壁上。风道传感器尺寸如图 5—19 所示。

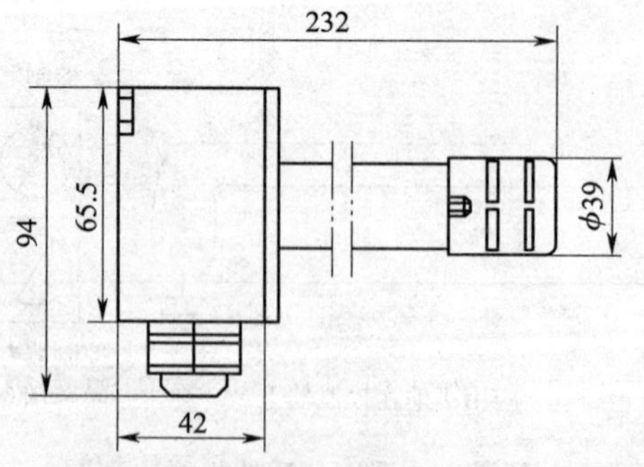

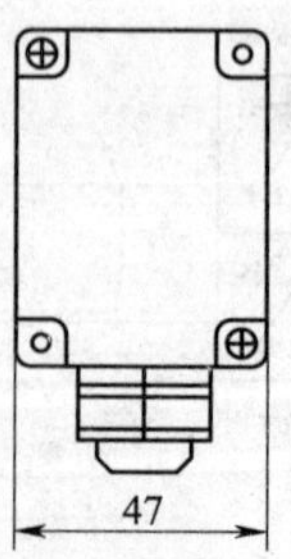

图 5—19　风道传感器尺寸（单位：mm）

1. 技术参数

（1）湿度测量范围。0% ~100%。

（2）精度。±0.5%。

（3）输出信号类型。0 ~10 V 电压输出。

（4）电源电压。DC 24 V。

2. 接线

BD－1000HA 风道湿度传感器接线时要注意弧度，如图 5—20 所示。

各接线端子可接直径 1.5 mm 以下（如使用 RVVP2 ×1.0）的导线，最好采用屏蔽电缆以预防干扰。如采用屏蔽电缆，需将屏蔽层接在控制器一侧的接线端子上（通常为地）。传感变送器的接线应与电源走线或其他对高电感性负载（如接触器、线圈、电动机等）供电的导体分开，电压输出型传感变送器应避免电缆长度超过 50 m。图 5—21 所示为 BD－1000HA 风道湿度传感器接线图。

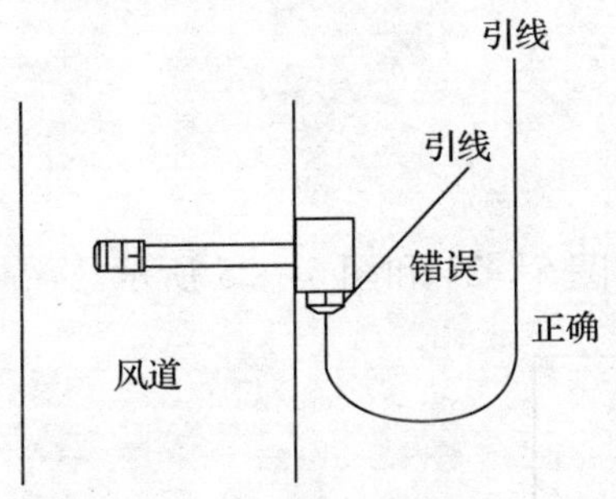

图 5—20 风道传感器接线弧度示意图

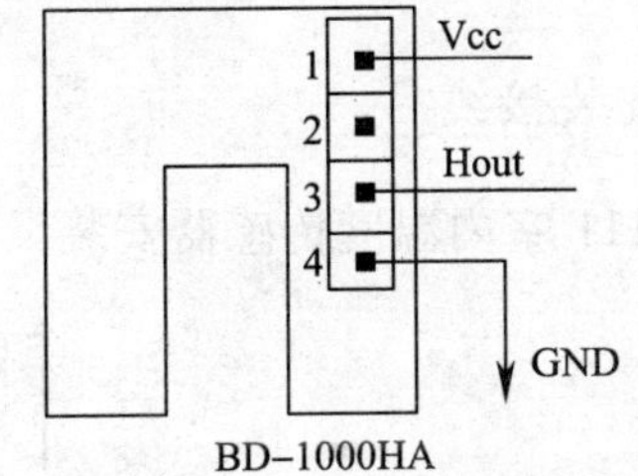

图 5—21 BD－1000HA 风道湿度传感器接线图

二、室外温湿度传感器

RHE3 系列室外温湿度传感器（见图 5—22）的原理和上述风道湿度传感器一样。对于各种有温湿度检测及控制要求的场合，RHE3 系列室外温湿度传感器可提供快速准确的测量，并将随温度变化的电阻信号及随湿度变化的电容信号转换为成比例的电信号输出，该产品提供了 0 ~10 V DC 输出、4 ~20 mA DC 输出及电阻输出等多种形式。

室外温湿度传感器可用于各种对环境温湿度需要监测的场合。

三、室内温度传感器

此处以 TSR111 室内温度传感器为例介绍。

TSR111 室内温度传感器（见图 5—23）的外观小巧，对室内温度感应灵敏，适于墙体安装。

图 5—22 RHE3 系列室外温湿度传感器

图 5—23 TSR111 室内温度传感器

1. 技术参数

（1）测量范围。-10～70℃。

（2）精度。±0.5%。

（3）输出信号。NTC10k。

2. 安装接线

TSR111 室内温度传感器安装尺寸与接线图分别如图 5—24 和图 5—25 所示。

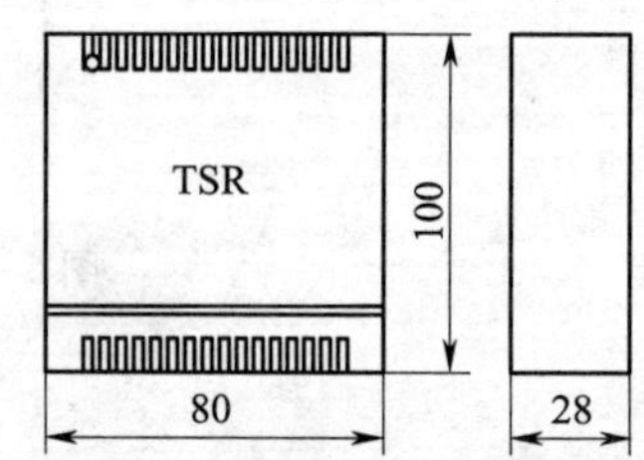

图 5—24 TSR111 室内温度传感器安装尺寸

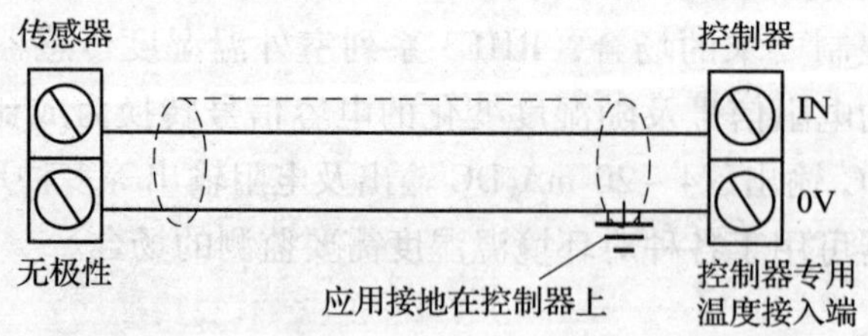

图 5—25 TSR111 室内温度传感器接线图

四、室内温湿度传感器

此处以 RHR3 室内温湿度传感器为例介绍。

RHR3 室内温湿度传感器（见图 5—26）采用集成芯片技术制成，能提供精确可靠的测量数据，适用于各类楼宇控制器。此传感器利用单芯片温湿度复合传感模块，其中包含经精确计量的数字输出，确保稳定性及抗干扰性。采用 CMOS 专利技术保障了高度可靠性及卓越的长期稳定性。该设备包含一个电容性聚合的湿度传感器元件及带透气缝隙的温度传感器。两者均与一个 14 位的模拟数字转换器无缝连接，这充分保证了优良的信息质量、快速的反应及对外界干扰的不敏感性。

图 5—26 RHR3 室内温湿度传感器

第三节 照度传感器

一、室外照度传感器 LC11x

LC11x 系列的传感器（见图 5—27）是采用由先进的电路模块技术开发的传感器，用于实现对环境光照度的测量，并限流输出标准电流信号；采用硅光电池将光照强度转换为电压信号。传感器的灵敏度高，外观精美并采用了防水接头，可广泛用于温室、智能门窗和楼宇等环境的光照度测量。

1. 技术参数

（1）传感器感应元件。硅光电池。

（2）电源。24 V DC。

（3）测量精度。±2%。

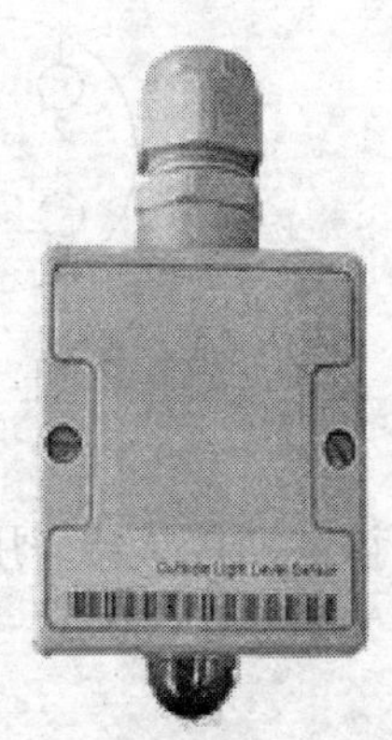
图 5—27 LC11x 系列室外照度传感器

2. 安装接线

LC11x 系列室外照度传感器的安装尺寸如图 5—28 所示。

LC11x 系列室外照度传感器接线如图 5—29 所示。

安装说明：该传感器尽量安装在四周空旷或射面上没有任何障碍物的地方。光照度传感器在使用一段时间后，应注意擦拭上方的滤光片，使其保持干净清洁，以保持测量数值的准确性。

二、室内照度传感器 LC1x1

LC1x1 系列的传感器（见图 5—30）返回 0 ~ 10 V 的线性信号代表传感器元件的光亮等级。

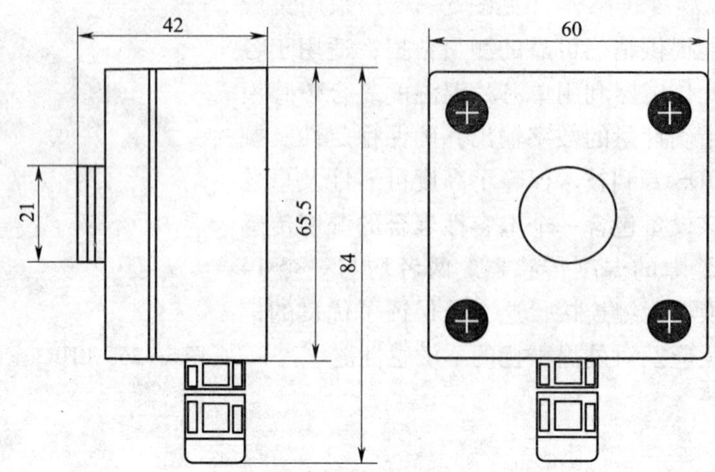

图 5—28 LC11x 系列室外照度传感器安装尺寸（单位：mm）

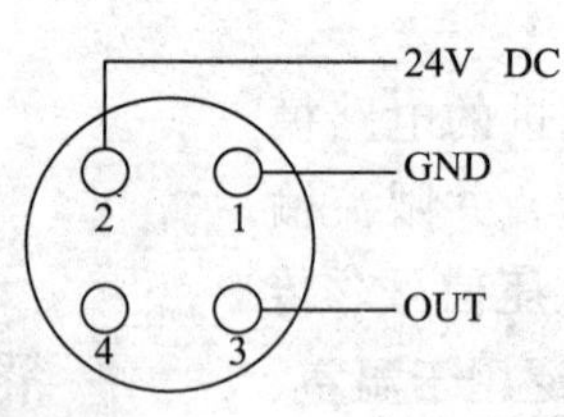

图 5—29 LC11x 系列室外照度传感器接线图

图 5—30 LC1x1 系列室内照度传感器

该系列传感器采用光敏二极管制成，根据照明变化需要确定最佳能效。传感器的测量范围为 10 ~ 2 000 lx，适于安装在室内。

第四节 流量传感器

流量传感器的种类多、造价高、技术多样，有电磁流量计（见图 5—31）、涡街流量计、涡轮流量计、超声波流量计和孔板流量计多种类型。电磁流量计利用导电粒子在电磁场中向管壁两边的电极积聚，形成的电压和导电粒子流速之间的对应关系来测量流量，几乎没有压头损失；涡街流量计则利用涡街频率与流速的对应关系来测量流量；涡轮流量计利用电动机原理测量流量，相对来说压头损失大一点，不过测量精度很高，尤其适用于对低速流体的测量。下面以 DWM 2000 电磁流量计为例介绍流量传感器。

DWM 电磁流量计由转换器和传感器组成，是一款新型多功能智能流量计，采用大屏幕图形液晶显示器，可同时显示瞬时流量、积累总量、介质温度和压力等参数。该流量计设有全中文操作界面，可进行多参数智能设定，给现场人员的操作带来方便。

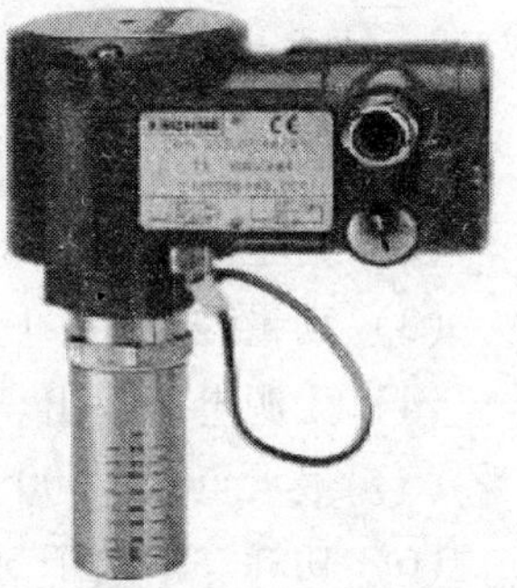

DWM 系列电磁流量计可以用来对导电介质（液体、浆料和悬浮液）的流量进行测量。DWM 2000 流量计的输出信号是 4 ~ 20 mA的电流。

图 5—31　电磁流量计

1. 功能特点

（1）适用管径为 50 ~ 400 mm，输出信号为 4 ~ 20 mA。

（2）介质温度为 -40 ~ 180℃（注：受衬里材料耐温特性的限制）。

（3）精度等级优于 0.5%，宽量程，下限测量流速可以达到 0.1 m/s。

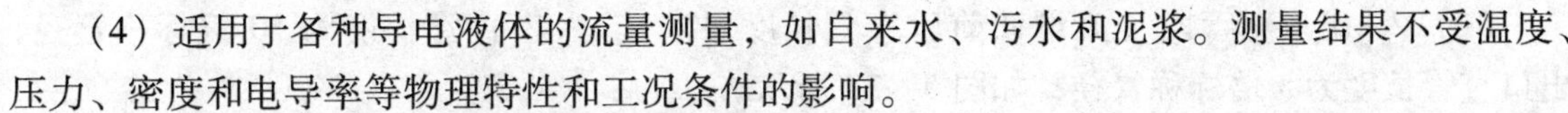

（4）适用于各种导电液体的流量测量，如自来水、污水和泥浆。测量结果不受温度、压力、密度和电导率等物理特性和工况条件的影响。

（5）输出信号与被测流体的体积流量成正比。

（6）具有正/反双向流量测量功能。

（7）浸湿部分为不锈钢和陶瓷。

（8）无活动部件，免维护。

2. 工作原理

当导体在磁场中运动时，运动导体的两端将产生电压 U。在本流量计中，具有微导电性的液体相当于导体，磁场方向 B 与液体流动方向垂直。产生的感应电压 U 与流经测量管的液体流速 V 呈线性关系，如图 5—32 所示。

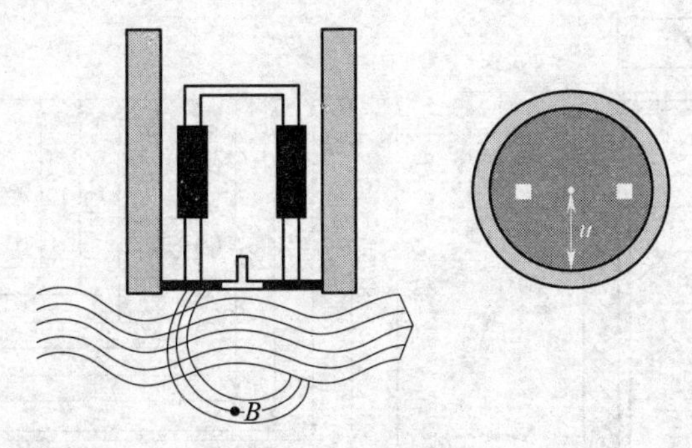

图 5—32　工作原理

$$U = K \times B \times V \times D$$

式中　K——仪表常数；

B——磁场强度；

V——流体流速；

D——电极间距。

感应电压经过电极、中间环节流至接地电极（测量管）。

3. 技术参数

（1）用途。DWM 电磁流量变送器用于测量导电液体、胶体和悬浮液的流量。

（2）类型。DWM 2000 流量变送器，4 ~ 20 mA 的电流输出。

（3）满量程范围。1 ~ 8 m/s 可调。

（4）无源电流输出。4 ~ 20 mA，接线端（5/6）。

（5）最大负载。500 Ω（24 V DC）。

（6）功耗。不大于 50 mA（24 V DC/20℃）。

4. 安装

（1）入/出口直管段（流量计前后直管长度要求）。入口直管长度为 10 倍标称管径，出口直管长度为 5 倍标称管径，如图 5—33 所示。

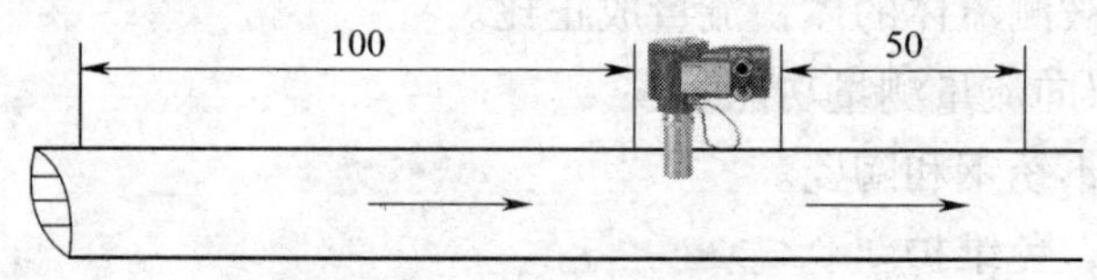

图 5—33　安装直管要求

（2）连接标尺套口径。ϕ45 mm。

（3）管径为 50 ~ 400 mm 时，安装位置和插入深度如图 5—34 所示。

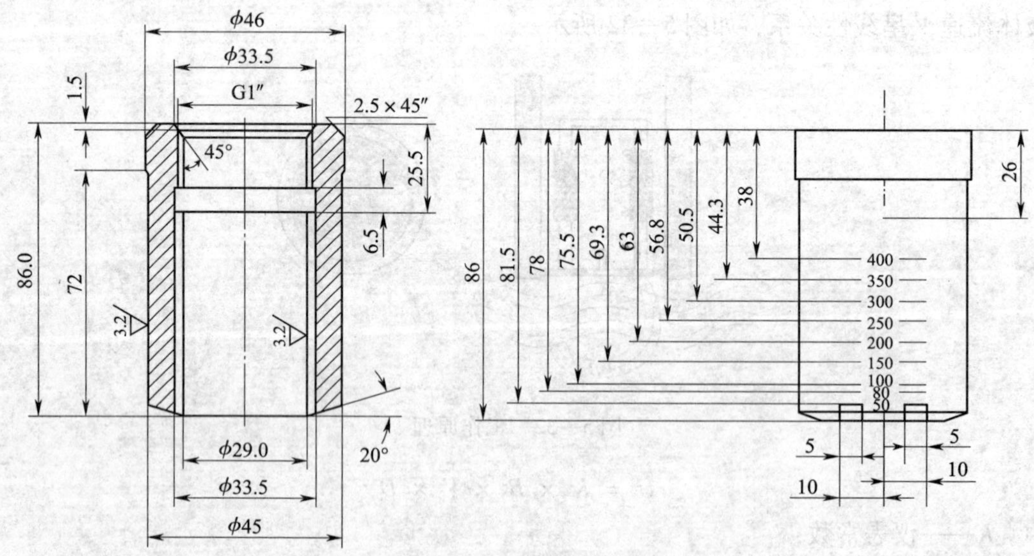

图 5—34　安装位置和插入深度

（4）水平管道的安装位置。水平安装要求的正确和不正确情况分别如图 5—35 和图 5—36 所示。

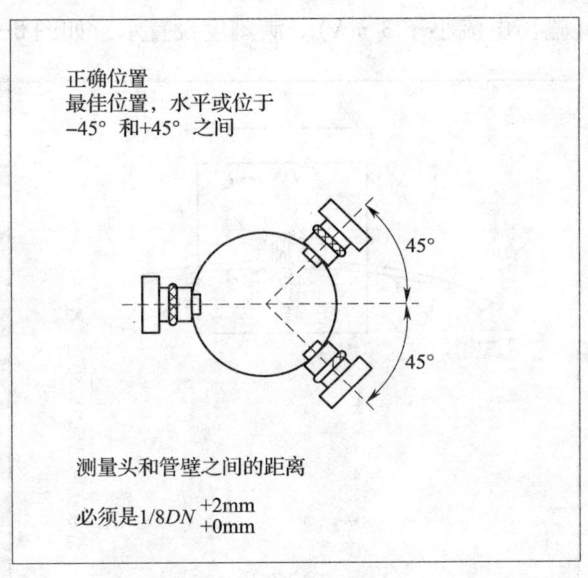

图 5—35　水平安装要求（正确）

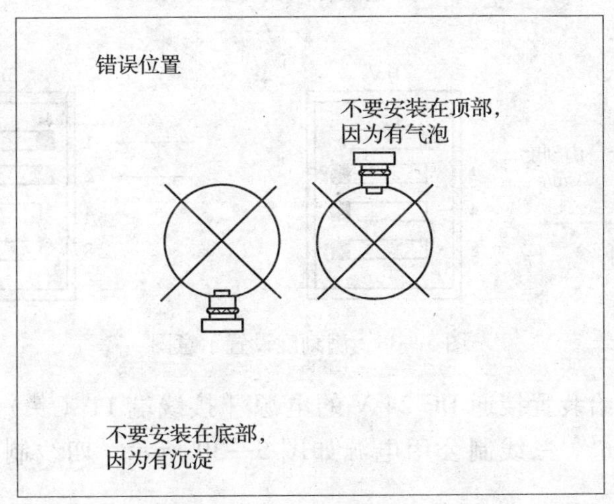

图 5—36　水平安装要求（不正确）

（5）连接标尺套管的安装。连接标尺套管的安装示意图如图 5—37 所示。

5. 举例：DWM 2000 流量传感器（4～20 mA 输出）电路连接和设定

（1）确定电子部件的位置。打开转换器壳体，松开电子部件上的螺钉但不要把它们拿下来。使电子部件上的箭头方向和介质流动方向一致，然后拧紧螺钉。如果箭头方向与介质流动方向不一致，将会产生错误的测量结果。

（2）满刻度设置。满刻度的设置必须在 DWM 2000 不通电的情况下进行。满刻度可以设置为 1 m/s、2 m/s、3 m/s、4 m/s、5 m/s、6 m/s、7 m/s 或 8 m/s。满刻度将是所选值的总和。开关必须在标有 1、2、4、8 的位置激活。如果满刻度设置不当（即大于 8 m/s），仪表将处于报警状态（输出电流小于 3 mA）。满刻度设置示意如图 5—38 所示。

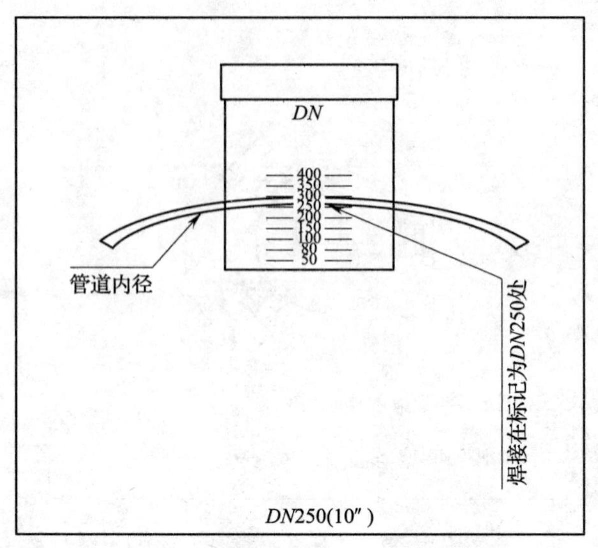

图 5—37 连接标尺套管安装示意图

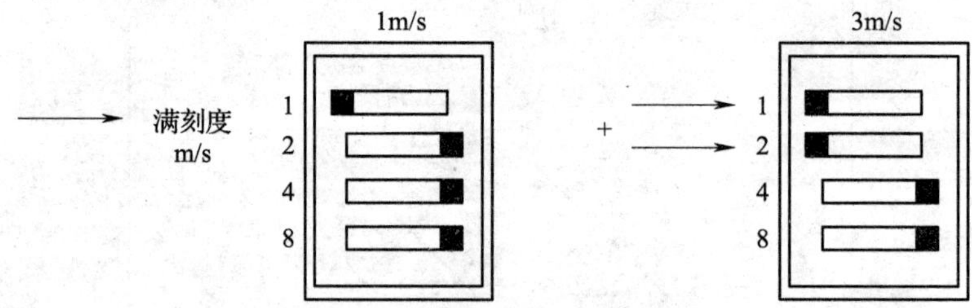

图 5—38 满刻度设置示意图

（3）电路连接。给装置接通 DC 24 V 的电源［接线端 11（－）和 12（＋）］。导线截面积最大为 1.5 mm^2。三线制公用电源如图 5—39 所示。四线制独立供电如图 5—40 所示。

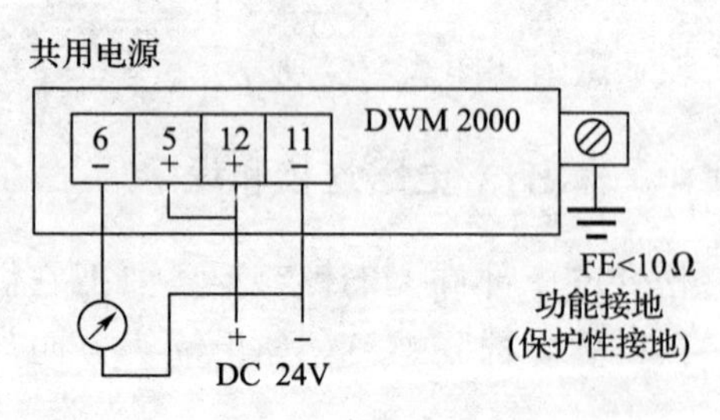

图 5—39 三线制公用电源

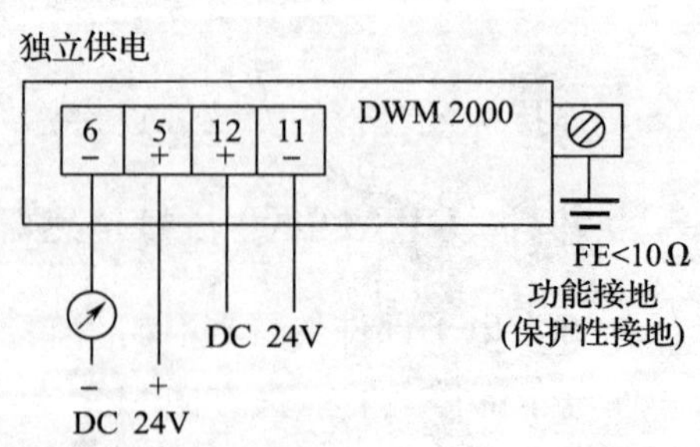

图 5—40 四线制独立供电

需说明的是：一个电源可以同时给 DWM 2000 和电流输出系统供电；通电后，DWM 2000 将进行自检（耗时 1 min），电流输出系统将处于报警状态（输出电流小于 3 mA）。如果自检正常，DWM 2000 开始测量，否则电流输出系统仍处于报警状态（输出电流小于 3 mA）。

（4）调零。确保管道内充满介质且介质流速为“零”（小于 3 mA）。如果自检正常，DWM2000 开始测量，否则电流输出系统处于报警状态（输出电流小于 3 mA）。如图 5—41 所示。

（5）电子部件的更换与安装。将电子传感器部件插入传感器外保护套，使螺钉进入转动环，先不要拧紧，然后转动整个传感器插件，其上的箭头方向与介质流向一致，再拧紧螺钉，将传感器部件固定。

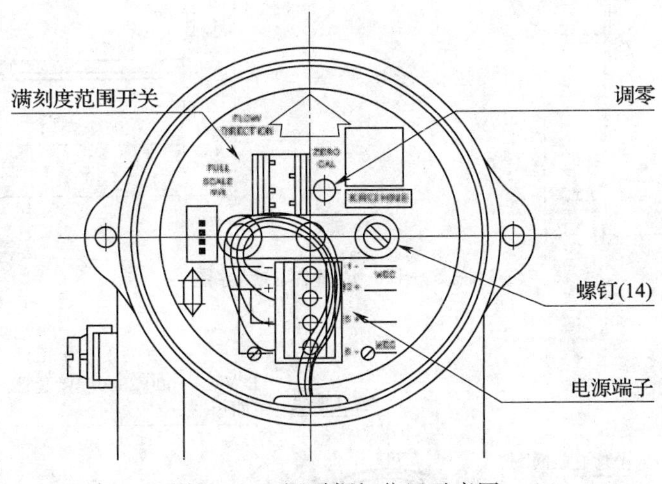

图 5—41 调零螺钉位置示意图

（6）传感器的尺寸与质量。传感器的尺寸如图 5—42 所示。

传感器质量不包括套管大约为 1.4 kg。

（7）DWM 2000 流量传感器的安装位置。选择位置时的注意事项如下：

1）要满足仪表要求的上下游直管段的尺寸规定。

2）要避开大型电动机和易产生磁场的设备，防止对仪表产生干扰。

3）要选择便于安装和维护的位置。

电磁流量计安装位置如图 5—43 所示。

（8）量程计算与选择。DWM 2000 流量传感器输出的 4 ~ 20 mA 电流信号对应所测介质的流速 V，实际应用一般要求测量介质的流量 Q，因为 DWM 2000 流量传感器的电流输出是线性的，所以转换比较方便。计算公式为

$$V = 354 \times Q/d^2$$

其中流速 V 的单位是 m/s，流量 Q 的单位是 m^3/h，仪表安装管道内径 d 的单位是 mm 。

例如，若仪表安装管道的内径 d 为 700 mm，设计流量 Q 为 5 000 m^3/h，则 DWM 2000 的量程计算与选择如下：

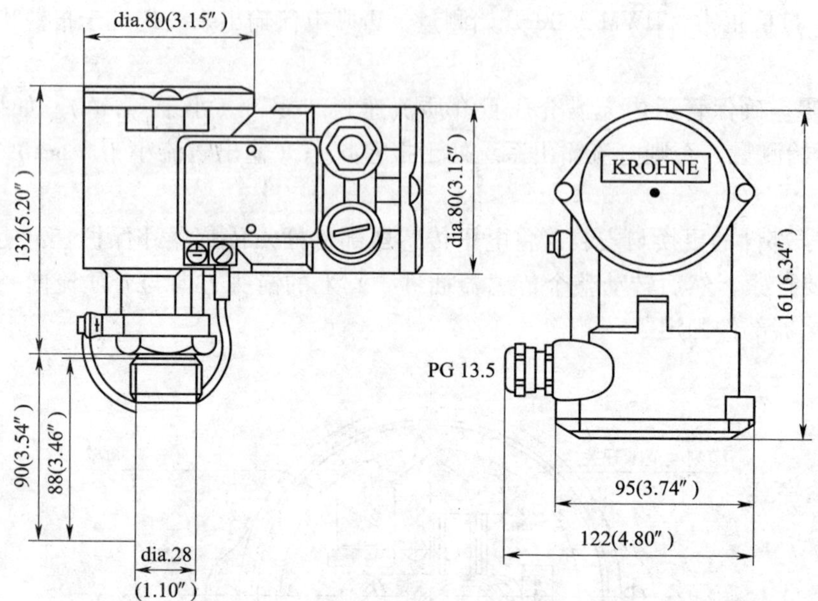

图 5—42　传感器的尺寸图

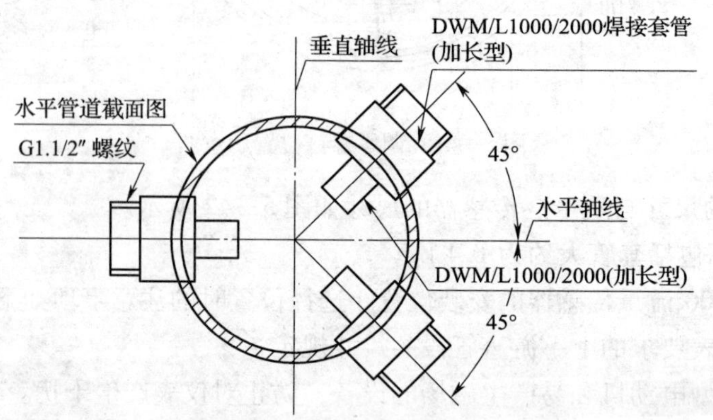

图 5—43　电磁流量计安装位置

根据公式代入数据得 $V=3.6$ m/s，故选择 DWM 2000 的流速范围 $V_{max}=4$ m/s（电流输出为 20 mA）。用户要求的流量范围为 0 ~ 5 000 m³/h，那么根据公式可计算出流速 4 m/s 的流量为 $Q_{max}=V\times d^2/354$，代入数据得 $Q_{max}=5\ 537$ m³/h（电流输出为 20 mA）。由于 DWM2000 的电流输出和流量呈线性关系，故可以计算出 5 000 m³/h 对应的电流输出为：

$$I_0=4+16\times 5\ 000/5\ 537=18.45\ \text{mA}$$

即 0 ~ 5 000 m³/h 对应的电流输出为 4 ~ 18.45 mA。

流速—DWM2000 流量传感器口径—流量的关系如图 5—44 所示。

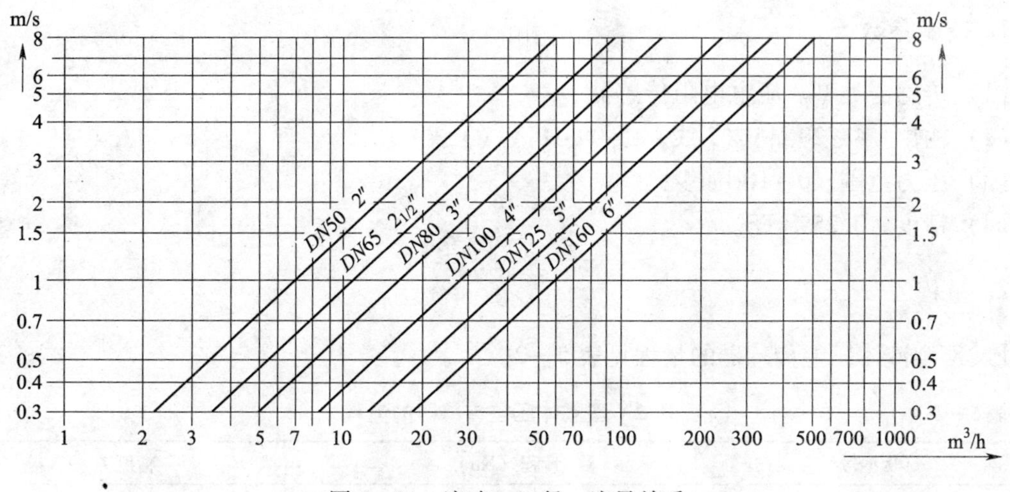

图 5—44　流速—口径—流量关系

第五节　电量传感器

电量传感器用于测量交直流电流、电压、功率、频率等电信号。随着科学技术的不断发展，工业控制或检测（监测）系统对电量传感器的要求也越来越高，特别是在产品的稳定性、检测精度和功能方面要求更高。数字化产品不论其性能还是功能，如非线性校正和小信号处理方面，都是模拟产品不可比拟的。因此，电量传感器的数字化是一种必然趋势，具有传感检测、传感采样、传感保护功能的电源技术渐成主流，检测电流或电压的传感器便应运而生，受到广大电源设计者的青睐。

第六节　压力传感器

压力传感器可以测量压力，也可以测量压差，还可以测量液位，使用非常广泛。它采用压电效应、可变电容和电阻应变等技术制成。

一、液体压差传感器

以 PL2X 型液体压差传感器为例介绍。

PL2X 型液体压差传感器用于测量流经水泵、锅炉、冷水机组和过滤器等 HVAC 设备的液体压差。独特的导体密封可以减少内部接线并增加稳定性。PL2X 型液体压差传感器外观如图 5—45 所示。

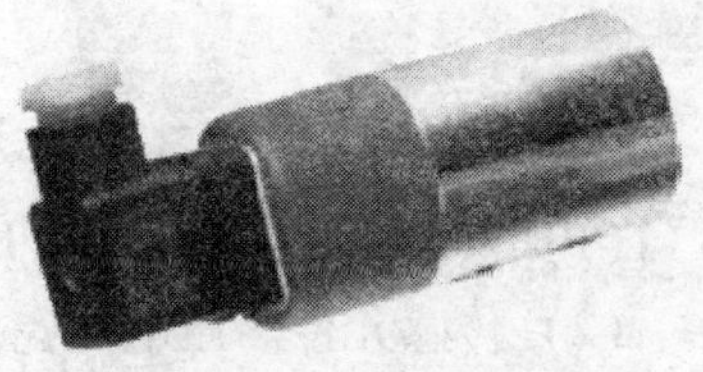

图 5—45　PL2X 型液体压差传感器外观

1. 技术参数

(1) 传感器类型。压电电阻传感器。
(2) 输出。4~20 mA (2线) 或0~10 V (3线)。
(3) 压力范围。0~10 bar①。
(4) 精度。0.25% FS。

2. 量程

PL2X 型液体压差传感器的量程见表 5—2。

表 5—2　　PL2X 型液体压差传感器的量程

订货型号	量程 (bar)	精度
PL23	0~0.5	0.25%
PL24	0~1.0	0.25%
PL25	0~2.5	0.25%
PL26	0~4.0	0.25%
PL27	0~6.0	0.25%
PL28	0~10.0	0.25%

二、液体压力传感器

以 PL1X 系列液体压力传感器 (见图 5—46) 为例介绍。

PL1X 系列液体压力传感器采用压电陶瓷技术，可用于各种媒介的压力测量，并有标准的电流或电压输出。

图 5—46　PL1X 系列液体压力传感器

1. 技术参数

(1) 供电电压。8~33 V DC。
(2) 传感元件。压电陶瓷。

① 1 bar = 100 000 Pa

（3）精度：线性值 < ±0.5%FS。

（4）输出负载。0～10 V DC，大于 10 kΩ。

2. 测量范围（见表 5—3）

表 5—3　**PL1X 系列液体压力传感器的测量范围**

型号	测量范围（bar）
PL11	0～4
PL12	0～6
PL13	0～10
PL14	0～16
PL15	0～25

3. 特点

（1）可靠的压电陶瓷传感技术。

（2）适合动态及静态。

（3）安装接线。

4. 安装尺寸

PL1X 系列液体压力传感器的安装尺寸如图 5—47 所示。

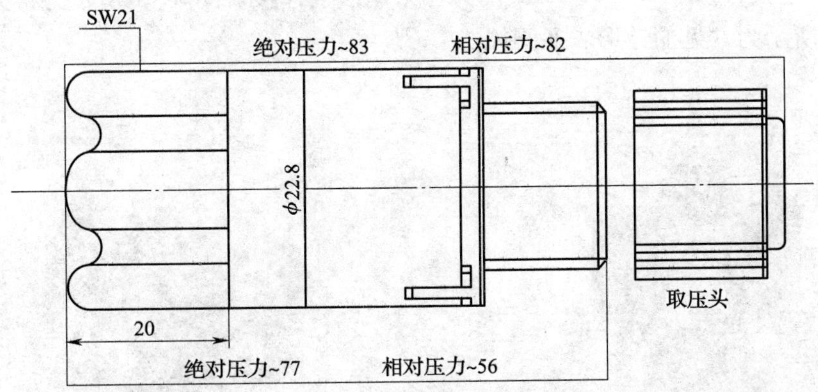

图 5—47　PL1X 系列液体压力传感器的安装尺寸

第六章　执 行 机 构

在自动控制系统中，执行机构接收控制器输出的控制信号后调节相关的控制设备状态，如阀门执行器将控制信号转换成直线位移或角位移来改变调节阀的流通截面积，以控制流入或流出被控过程的物料或能量，从而实现过程参数的自动控制。执行机构可能是用晶闸管来调节加热器的电压或电流，也可能是用变频器的频率输出来调节泵或风机的转速，还可能是用一个汽缸推杆来调节压缩机的能量滑块或导流角。

第一节　电动水阀执行器

电动水阀执行器输出控制信号可以通过阀门和执行器来完成流量控制。

一、冷热水调节阀体

1. GV 系列二通、三通冷热水调节阀体

GV 系列冷热水调节阀体品质优良，适于调节空调系统中的冷冻水及低压热水（LPHW）。该系列的阀门具备多种不同口径以供选择（20～150 mm），口径 20～50 mm 的采用标准螺纹连接，口径 65～150 mm 的阀体采用法兰连接。图 6—1 所示为常见阀体。

图 6—2 所示为常见的针形二通阀体。

图 6—1　常见阀体

图 6—2　常见的针形二通阀体

（1）技术参数

1）结构。铸铁调节阀，黄铜阀芯，不锈钢阀杆，二通及三通皆可。

2）工作范围。水和乙二醇（最高浓度为 50%）。

3）阀体耐压。16 bar。

4）执行器。可配多种执行器，如 LA50/ LA60/ LA80 系列。

（2）安装。可多角度安装，但阀杆必须在水平中轴线之上。

阀门安装尺寸表见表 6—1。

表 6—1　**阀门安装尺寸表**　mm

DN		65		80		125		150	
		2P	3P	2P	3P	2P	3P	2P	3P
Height（高）	H_{max}	359	336	379	356	515	492	587	562
	H_{min}	338	315	338	315	474	451	546	521
Width 宽	*W*	290	310	400	480	290	310	400	480

（3）阀门调节流量。阀门调节流量的流程如图 6—3、图 6—4、图 6—5 所示。

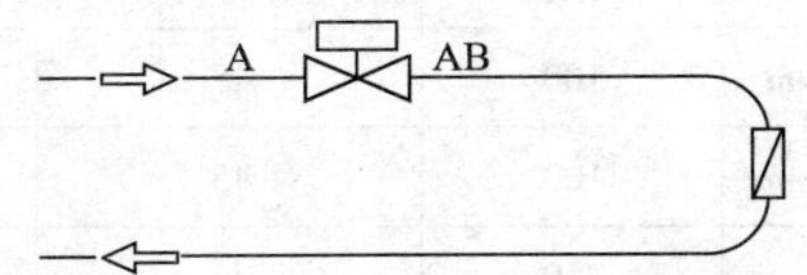

图 6—3　阀门调节流量的流程图一

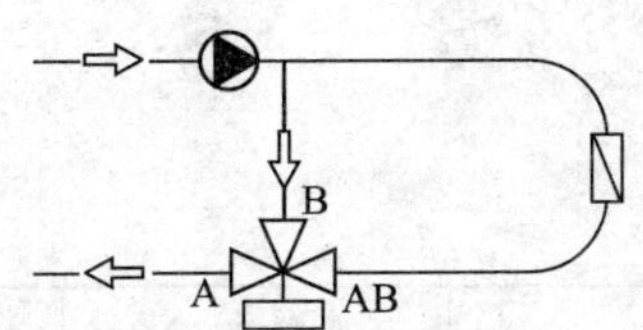

图 6—4　阀门调节流量的流程图二

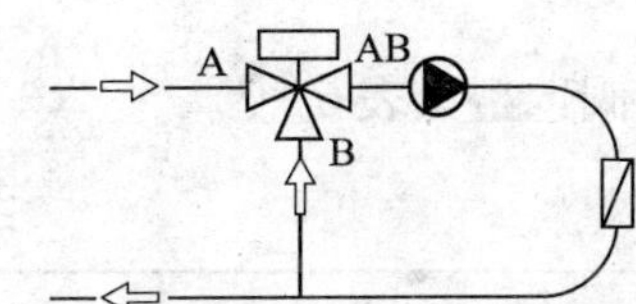

图 6—5　阀门调节流量的流程图三

阀体上标示安装水流方向，AB 方向为水流出口，如果是二通阀，则 A 为进水口；如果是三通混合阀，则同时使用 A 口和 B 口。

注意：GV 阀为混流阀，不能用于分流。如需作分流使用，应按图 6—6 安装。

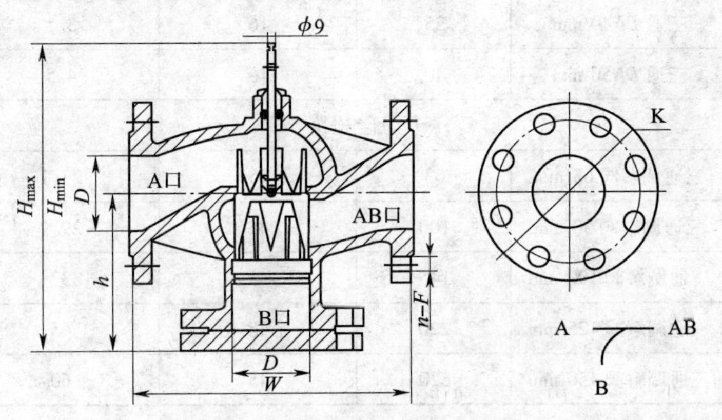

图 6—6　分流使用时的出入口选用图

（4）选型。二通调节阀选型见表6—2。

表6—2　　二通调节阀选型

订货型号	规格说明	KVS	行程（mm）	质量（kg）	执行器
螺纹连接					
GVT220	二通 *DN*20 mm	6.3	16	1.3	LA50
GVT225	二通 *DN*25 mm	10	16	1.7	LA50
GVT232	二通 *DN*32 mm	16	16	2.2	LA50
GVT240	二通 *DN*40 mm	25	16	3.3	LA50
GVT250	二通 *DN*50 mm	40	16	4.8	LA50
法兰连接					
GVF265	二通调解阀 65 mm	63	25	21.9	LA60
GVF280	二通调解阀 80 mm	100	45	31	LA80
GVF2100	二通调解阀 100 mm	160	45	30.4	LA80
GVF2125	二通调解阀 125 mm	250	45	42.7	LA80
GVF2150	二通调解阀 150 mm	360	45	57	LA80

三通调节阀选型见表6—3。

表6—3　　三通调节阀选型

订货型号	规格说明	KVS	行程（mm）	质量（kg）	执行器
螺纹连接					
GVT320	三通 *DN*20 mm	6.3	16	1.2	LA50
GVT325	三通 *DN*25 mm	10	16	1.6	LA50
GVT332	三通 *DN*32 mm	16	16	2.1	LA50
GVT340	三通 *DN*40 mm	25	16	3.1	LA50
GVT350	三通 *DN*50 mm	40	16	4.5	LA50
法兰连接					
GVF365	三通调解阀 65 mm	63	25	23.1	LA60
GVF380	三通调解阀 50 mm	100	45	29.2	LA80
GVF3100	三通调解阀 100 mm	145	45	32	LA80
GVF3125	三通调解阀 125 mm	220	45	45	LA80
GVF3150	三通调解阀 150 mm	320	45	60	LA80

2. TF 系列二通冷热水调节阀体

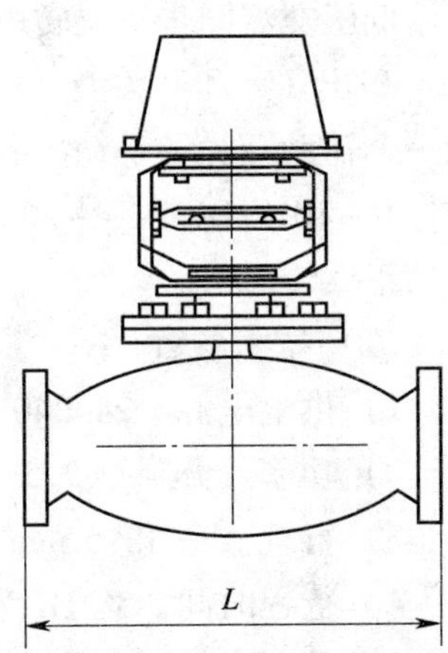

图 6—7　TF 系列二通冷热水调节阀体外观

TF 系列电动调节阀广泛用于空调、制冷、采暖以及楼宇等自动控制系统的末端设备中。TF 系列二通冷热水调节阀体外观如图 6—7 所示。

（1）特点

1）电动调节阀口径为 15～400 mm，阀体结构有二通阀和二通平衡阀。

2）具有等百分比和直线等流量特性。

3）电动平衡式调节阀适用于管道介质压力比较高的情况。当电动二通调节阀的允许压差值不能满足系统要求时，应选用电动平衡式调节阀。

（2）技术参数（见表 6—4）

表 6—4　**TF 系列二通冷热水调节阀各型号技术参数**

阀体型号	*DN*（mm）	管径（in）	推荐驱动器（N）	关断压差（MPa）	*K*vs（m^3/h）	行程（mm）	*L*（mm）	*H*1（mm）	*H*2（mm）	*K*（mm）	*D*（mm）	螺栓规格
TF15－2VGC－L	15	1/2#	500	≤0.40	4	8	150	450	565	75	105	4－M12
TF20－2VGC－L	20	3/4#	500	≤0.40	6.3	8	150	450	565	75	105	4－M12
TF25－2VGC－L	25	1#	500	≤0.35	10	13	160	480	595	85	115	4－M12
TF32－2VGC－L	32	1 1/4#	500	≤0.30	16	13	180	490	605	100	140	4－M16
TF40－2VGC－L	40	1 1/2#	500	≤0.30	25	20	200	490	605	110	150	4－M16
TF50－2VGC－L	50	2#	1 000	≤0.40	40	20	230	490	605	125	165	4－M16
TF65－2VGC－K	65	2 1/2#	1 800	≤0.60	63	40	290	530	685	145	185	4－M16
TF80－2VGC－K	80	3#	1 800	≤0.50	100	40	310	570	725	160	200	8－M16
TF100－2VGC－K	100	4#	3 000	≤0.35	160	40	350	580	735	180	220	8－M16
TF125－2VGC－K	125	5#	3 000	≤0.60	250	40	400	630	785	210	250	8－M16
TF150－2VGC－K	150	6#	3 000	≤0.40	400	40	480	640	795	240	285	8－M20
TF200－2VGC－K	200	8#	6 500	≤0.60	600	40/60	600	900	1200	295	340	8－M20
TF250－2VGC－W	250	10#	16 000	≤0.80	1 100	100	650	1 200	1 700	355	405	12－M24
TF300－2VGC－W	300	12#	16 000	≤0.60	1 760	100	750	1 500	2 000	410	460	12－M24
TF350－2VGC－W	350	14#	16 000	≤0.40	2 160	100	850	1 700	2 200	470	520	16－M24
TF400－2VGC－W	400	16#	16 000	≤0.25	2 700	100	950	1 900	2 400	525	580	16－M28

二、调节阀执行器

1. LA50 系列阀门执行器

阀门执行器加上阀门，就可以完成调节流量的功能。LA50 系列阀门执行器（见图 6—8）

采用低压交流同步正反转电动机，通过齿轮传递动力，可选比例型（LA50DPS1）和开关型（LA50DCS1），带阀门操作位指示器，可配置一个辅助开关及手动控制装置，比例型带两个拨动器，一个用来选择0~10 V DC或4~20 mA控制信号模式，另一个用来选择电动机的正反转。

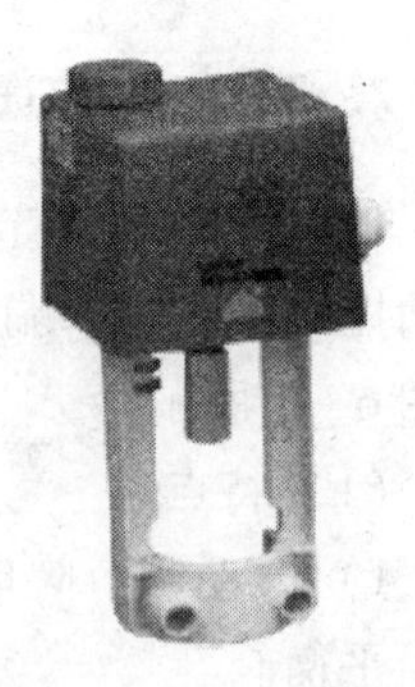
图6—8　LA50系列阀门执行器

（1）技术参数

1）供电电源。24/240 V AC，50/60 Hz。

2）功率。升降型2.5 V·A，比例型4.5 V·A。

3）行程。适用15 mm、17 mm、19 mm。

4）行程时间。50 Hz为12.4 s/mm，60 Hz为10.3 s/mm。

5）关断力。500 N。

（2）安装。图6—9所示为LA50系列阀门执行器安装尺寸示例。接线示例如图6—10和图6—11所示。

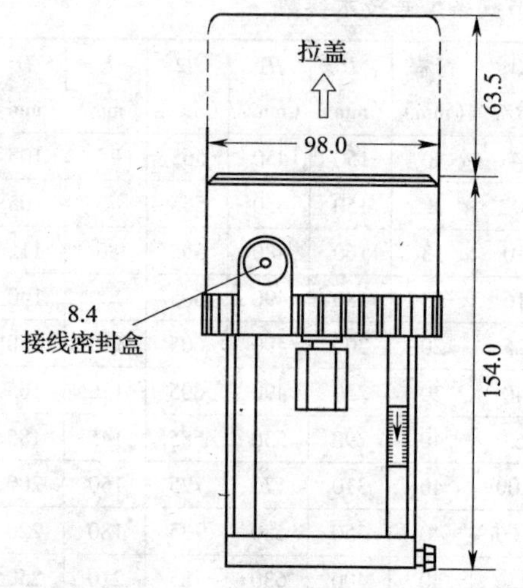

图6—9　LA50系列阀门执行器安装尺寸示例（单位：mm）

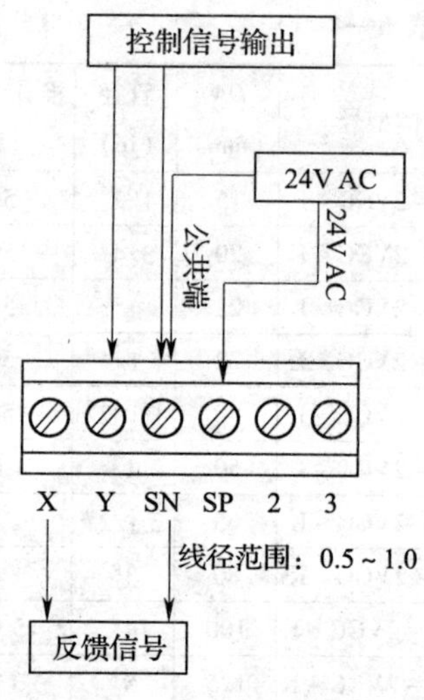

图6—10　接线示例

2. LA60系列阀门执行器

LA60系列阀门执行器（见图6—12）主要用于直径65 mm的调节阀控制。该产品采用无声、高扭矩双向电动机，可选比例型（LA60DPS1）和开关型（LA60DCS1），带手动操作功能。

（1）技术参数

1）行程。16 mm、25 mm或45 mm（可调）。

2）行程时间。80 s。

3）关断力。1 200 N。

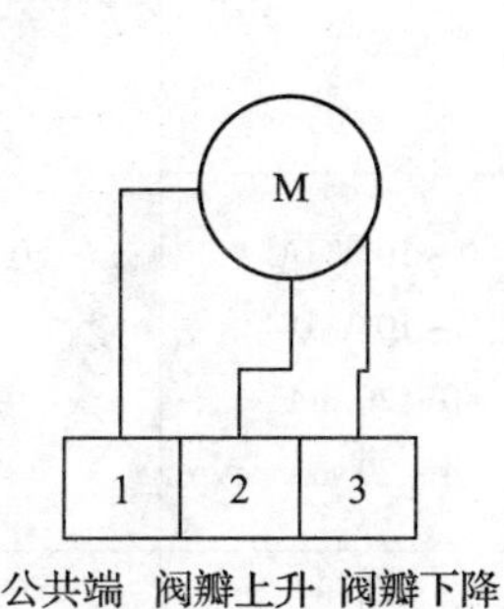

图 6—11　接线示例

图 6—12　LA60 系列阀门执行器

4）比例型直流控制信号。0 ~ 10 V DC，4 ~ 20 mA。

（2）安装。安装尺寸如图 6—13 所示。

3. TR1800 - X/TR3000 - X 智能比例调节型水阀驱动器

TR1800 - X/TR3000 - X 智能比例调节型水阀驱动器（见图 6—14）用于空调、制冷和换热等控制系统中，可以接收 4 种电压或电流型控制信号，控制信号调节阀门开度，从而调节系统中的介质流量，最终达到控制系统中的温度、湿度或压力等参数的目的。

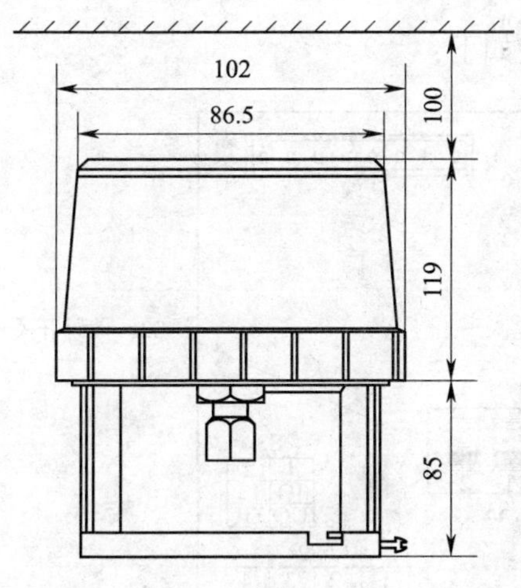

图 6—13　安装尺寸（单位：mm）

图 6—14　TR1800 - X/TR3000 - X 智能比例调节型水阀驱动器

（1）技术参数。TR1800 - X/TR3000 - X 水阀驱动器的典型技术参数见表 6—5。

（2）接线与信号设定。接线图如图 6—15 所示。

表 6—5　　**TR1800－X/TR 3000－X 水阀驱动器的典型技术参数**

驱动器型号	TR1800－X	TR3000－X	TR1800－X－220	TR3000－X－220
电源电压	24 V AC±10%	24 V AC±10%	220 V AC±10%	220 V AC±10%
输入/输出信号	0～10 V DC 2～10 V DC 0～20 mA 4～20 mA	0～10 V DC 2～10 V DC 0～20 mA 4～20 mA	0～10 V DC 2～10 V DC 0～20 mA 4～20 mA	0～10 V DC 2～10 V DC 0～20 mA 4～20 mA
行程时间（40 mm）	128 s	128 s	128 s	128 s
最大行程（mm）	42	42	42	42

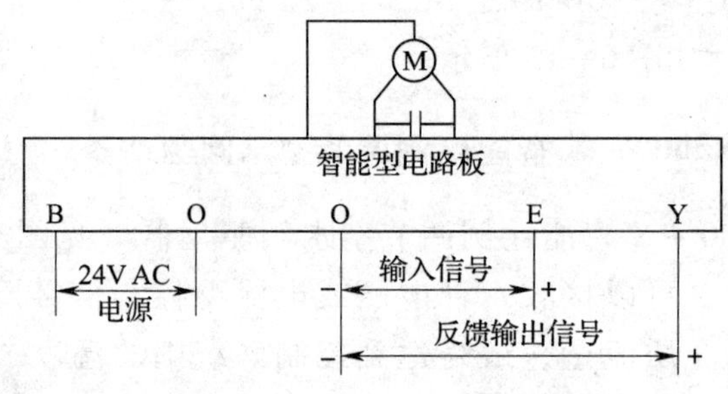

图 6—15　接线图

信号类型设定拨号如图 6—16 所示，操作方法如下：

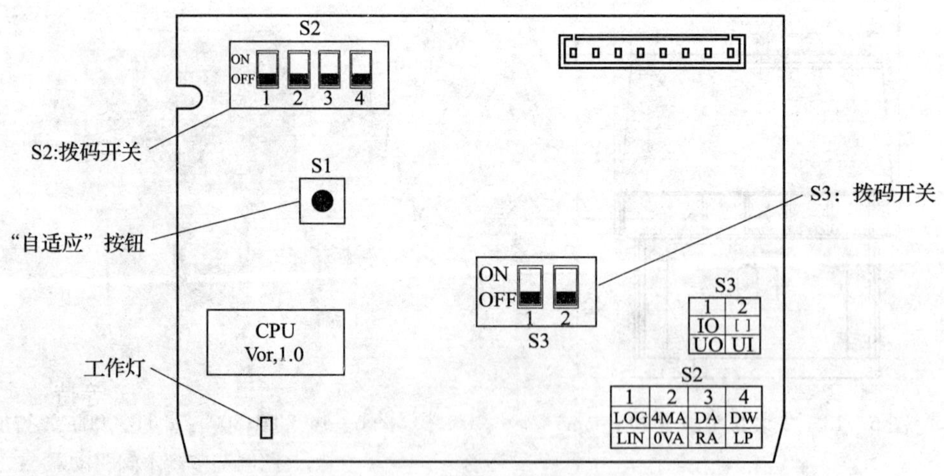

图 6—16　信号类型设定拨号

1）S2 拨码开关的设定。

第 1 位：OFF 表示等线性流量特性，ON 表示等百分比特性。

第 2 位：OFF 表示控制信号起点为 0（即 0～20 mA 或 0～10 V DC），ON 表示控制信号起点为 20%（即 4～20 mA 或 2～10 V DC）。

第 3 位：OFF 表示 RA 模式（即控制信号增加，驱动器中心轴向上运行），ON 表示 DA 模式（即控制信号增加，驱动器中心轴向下运行）。

第 4 位：当电压信号断开时，Down 相当于输入最小控制信号，Up 相当于输入最大控制信号。

当电流信号断开时，Down/Up 均相当于输入最小控制信号。

2）S3 拨码开关的设定

第 1 位：OFF 为电压反馈信号，ON 为电流反馈信号。

第 2 位：OFF 为电压输入信号，ON 为电流输入信号。

如图 6—15 所示，首先根据需求设定拨码开关，再将电源及输入/输出信号线接好，按"自适应"键 3 s 以上，看到阀杆先是向下运动到最底端，再向上运行到最顶端，同时指示灯闪烁。约 150 s 后指示灯停止闪烁，此时电动调节阀与阀体的自适应结束，阀门与驱动器的配合调节结束。

3）常用控制信号设定。常用控制信号设定如图 6—17、图 6—18 所示。

[例 6—1] 输入信号：0～10 V DC　输出信号：0～10 V DC

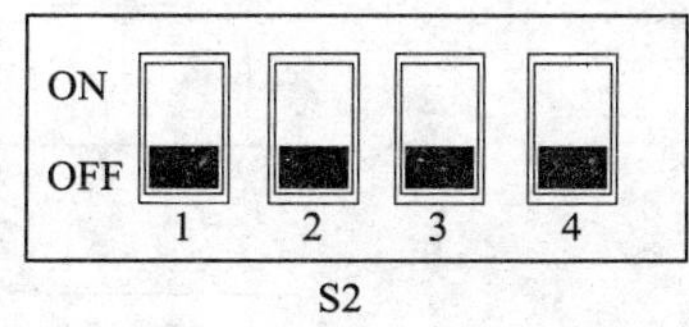

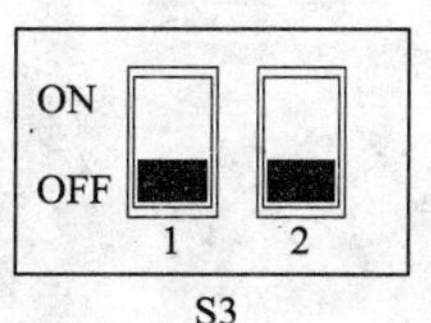

图 6—17　拨码开关设置（一）

[例 6—2] 输入信号：4～20 mA　输出信号：4～20 mA

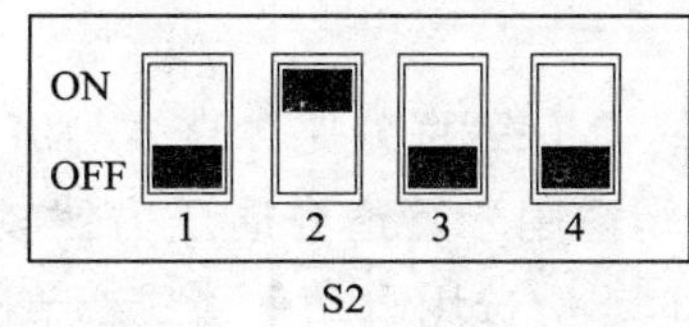

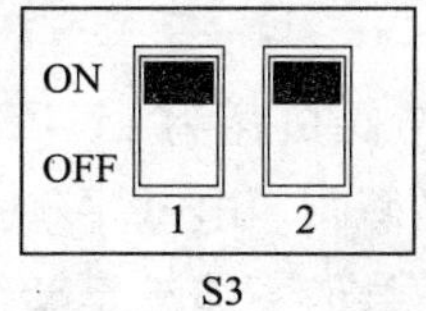

图 6—18　拨码开关设置（二）

①操作顺序为：a. 将驱动器与阀体的机械连接安装完毕。b. 将电源及控制信号线连接完毕。c. 将拨码开关设定到需要的位置。d. 按"红色"自适应按钮 3 s，等待驱动器上下运行一个全行程。

②反馈信号始终保持。驱动器轴向下运行时反馈信号减小，驱动器轴向上运行时反馈信号增加。

③如遇驱动器不受控现象，请再次按红色自适应按钮 3 s。

第二节　电动蒸汽阀及驱动器

一、TF 系列电动调节阀

TF15～250－2SGC－L 系列电动调节阀广泛应用于空调、制冷、采暖以及楼宇等自动控制系统的末端设备中。

TF 系列电动调节阀可以调节冷/热水、蒸汽等介质的流量，达到控制温度、湿度和压力的目的。TF 系列电动调节阀还可以应用于低温介质（如乙二醇等）的工况。TF 系列电动调节阀体积小、重量轻，采用螺纹连接或标准法兰连接，安装方便（二通铸钢法兰阀体 *DN*15～*DN*200 的安装方向标注在阀体上，如图 6—19 所示），阀体构造符合 IEC 国际标准。

流体在阀体内的运动路线如图 6—20 所示。

图 6—19　二通铸钢法兰阀体

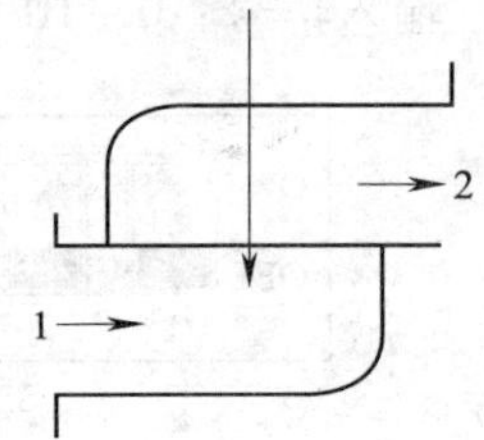

图 6—20　流体在阀体内的运动路线示意图

1. 技术特点

TF 系列电动调节阀口径为 15～250 mm，具有等百分比、直线等流量特性。TF 系列阀分为二通阀和二通平衡阀。电动平衡式调节阀适用于管道介质压力比较高的情况。当电动二通调节阀的允许压差值不能满足系统要求时，应选用电动平衡式调节阀。

TF 系列中包含散热型电动调节阀，适用于高温介质，如蒸汽和高温油等，常用于蒸汽加热、加湿或热交换器。散热型电动调节阀的适用范围见表 6—6。

表 6—6　　散热型电动调节阀的适用范围

介质	温度	V 形密封圈材料
饱和蒸汽	≤0.69 MPa 饱和蒸汽	特殊密封材料
过热蒸汽	≤220℃过热蒸汽	耐温＞250℃

2. 技术参数

（1）阀体口径范围。15～400 mm。

（2）阀体泄漏率。15 ~ 80 mm。小于 K_{vs} 值的 0.01%。

（3）阀体流量特性。等百分比或等线性（用户选型）。

（4）阀体承压。1.6 MPa、4.0 MPa、6.4 MPa。

（5）阀杆密封结构。V 形密封圈和不锈钢弹簧自补偿。

（6）阀体材料。铸钢和散热片。

（7）阀芯材料。不锈钢。

（8）阀杆材料。不锈钢（1Gr18Ni9Ti）。

3. 阀体与驱动器选型

阀体与驱动器选型见表 6—7。

表 6—7 阀体与驱动器选型表

阀体型号	DN（mm）	管径（in）	推荐驱动器	阀门关断压差（MPa）
TF15 - 2SGS - L	15	1/2#	1 000 N	≤0.50
TF20 - 2SGS - L	20	3/4#	1 000 N	≤0.50
TF25 - 2SGS - L	25	1#	1 000 N	≤0.40
TF32 - 2SGS - K	32	1 1/4#	1 800 N	≤1.00
TF40 - 2SGS - K	40	1 1/2#	1 800 N	≤0.80
TF50 - 2SGS - K	50	2#	1 800 N	≤0.80
TF65 - 2SGS - K	65	2 1/2#	3 000 N	≤1.00
TF80 - 2SGS - K	80	3#	3 000 N	≤0.60
TF100 - 2SGS - K	100	4#	3 000 N	≤0.80
TF125 - 2SGS - K	125	5#	3 000 N	≤0.70
TF150 - 2SGS - K	150	6#	3 000 N	≤0.60
TF200 - 2SGS - K	200	8#	6 500 N	≤0.70
TF250 - 2SGS - W	250	10#	16 000 N	≤0.70

备注：在一些特殊场合下，*DN*15 ~ *DN*25 阀体也可以选择 1 800 N 驱动器，但型号中最后一位 - L 将变为 - K，组合后的关断压差也相应提高。

二、TR 系列电动阀驱动器

TR 系列电动阀驱动器适用于空调、制冷和换热等控制系统，可以接收控制信号为三位浮点型（开关量）或比例调节型（模拟量），调节系统中的液体流量，最终达到控制系统中温度、湿度等参数的目的。同时，该水阀驱动器也适用于化工、石油、冶金、电力和轻工等行业生产过程中的自动控制。TR 系列电动阀驱动器如图 6—21 所示。

图 6—21 TR 系列电动阀驱动器

1. 技术参数

技术参数表见表 6—8。

表 6—8　　TR 系列电动阀驱动器技术参数

驱动器型号	TR500 - D	TR500 - A	TR1000 - D	TR1000 - A
控制方式	浮点控制	比例控制	浮点控制	比例控制
电源电压	24 V AC	24 V AC	24 V AC	24 V AC
输出动力	500 N	500 N	1 000 N	1 000 N
输入信号	开关信号	0 ~ 10 V DC 4 ~ 20 mA	开关信号	0 ~ 10 V DC 4 ~ 20 mA
输出信号	24 V AC	0 ~ 10 V DC	24 V AC	0 ~ 10 V DC
消耗功率	5.5 V · A	5.5 V · A	5.5 V · A	5.5 V · A
行程时间（40 mm）	105 s	105 s	105 s	105 s
最大行程	25 mm	25 mm	25 mm	25 mm
工作温度	- 10 ~ 60℃	- 10 ~ 50℃	- 10 ~ 60℃	- 10 ~ 50℃

2. 安装

阀体和驱动器安装在管道正向位置上，应留下足够的空间以作维修阀体及拆卸驱动器之用，电线的连接必须符合当地及国家标准，如图 6—22 所示。

特别要注意的是：驱动器必须予以保护，防止漏水而损坏内部机件和电动机。驱动器不可被隔热材料所覆盖，以免因散热不良烧毁电动机。

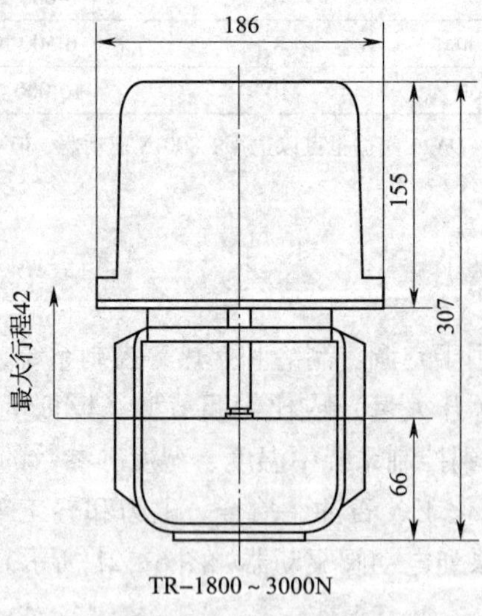

图 6—22　安装示意图

第三节 蝶阀及其执行器

一、BV 系列蝶阀

BV 系列蝶阀（见图 6—23）可广泛用于暖通、水、油、气、化工、食品和医疗等领域的隔离或调节控制。BV 系列蝶阀一般应安装在两个法兰之间。

阀座材质及适用场所见表 6—9。选错阀座材质会导致阀门故障，而阀座材质是否合适取决于工作压力、温度及介质种类（包括清洁介质）。

图 6—23 BV 系列蝶阀

表 6—9 阀座材质及适用场所

材料种类	适用温度	适用介质
NBR（丁腈橡胶）	-10 ~ 82℃	燃料、海水
EPDM（乙丙橡胶）	-20 ~ 110℃	水、弱酸类
FPM（氟橡胶）	-20 ~ 210℃	热气，卤代氢
PTFE（聚四氟乙烯）	10 ~ 120℃	浓酸，热水，蒸汽

BV 系列蝶阀阀门扭矩见表 6—10。

表 6—10 阀门扭矩

公称尺寸 (mm)	压力				K_{vs}
	6 bar	10 bar	16 bar	25 bar	
100	33 N · m	33 N · m	34 N · m	50 N · m	926
125	46 N · m	46 N · m	48 N · m	70 N · m	1 500
150	72 N · m	72 N · m	73 N · m	95 N · m	2 170
200	145 N · m	145 N · m	155 N · m	220 N · m	3 842
250	230 N · m	230 N · m	236 N · m	320 N · m	5 014
300	320 N · m	320 N · m	330 N · m	421 N · m	9 230

以上扭矩都是“湿”（水和其他非润滑介质）环境的开/关场合得出的。对于“干”（非润滑干燥气体介质）环境使用场合应乘以 1.15，对于有润滑介质（洁净非侵蚀性介质）的使用场合应乘以 0.85。

BV 系列蝶阀的型号和货品名称对应关系见表 6—11。工程实践中，可据此订货。

表 6—11　　BV 系列蝶阀的型号和货品名称对应关系

型号	货品名称
	蝶阀阀体*
BV100	*DN*100 蝶阀 926 K_{vs}
BV125	*DN*125 蝶阀 1 500 K_{vs}
BV150	*DN*150 蝶阀 2 170 K_{vs}
BV200	*DN*200 蝶阀 2 942 K_{vs}
BV250	*DN*250 蝶阀 5 014 K_{vs}
BV300	*DN*300 蝶阀 9 230 K_{vs}

二、TD 系列蝶阀

TD 系列蝶阀可实现多种组合方式下的控制，适用于暖通空调行业的各类管网控制。阀体如图 6—24 所示。

图 6—24　TD 系列蝶阀阀体

1. 技术参数

（1）公称通径。50 ~ 100 mm，通径与其他尺寸的对应关系见表 6—12。

（2）工作电压。24 ~ 230 V AC（开关或浮点控制），24 V AC（比例控制）。

表 6—12　　通径表

公称尺寸		*D*1		*D*2	*n* − *ϕ*		*D*3	*H*1	*H*2
公制/mm	英制/in	1.0 MPa	1.6 MPa	A 型	1.0 MPa	1.6 MPa			
50	2″	125		94	2 − ϕ18		53	58	140
65	2.5″	145		112	2 − ϕ18		64.8	72	150
80	3″	160		121	2 − ϕ18		79.3	78	160
100	4″	180		153	2 − ϕ18		104.5	100	180

（3）工作信号。0（2）~10 V 或 0（4）~20 mA。

2. 安装

安装尺寸如图 6—25 所示。

3. 接线

图 6—26 和图 6—27 所示为 *DN*50 ~ 100 mm 电动蝶阀接线图。图 6—26 所示为开关控制接线，决定了阀门的常开（闭）特性。图 6—27 所示为比例调节接线。

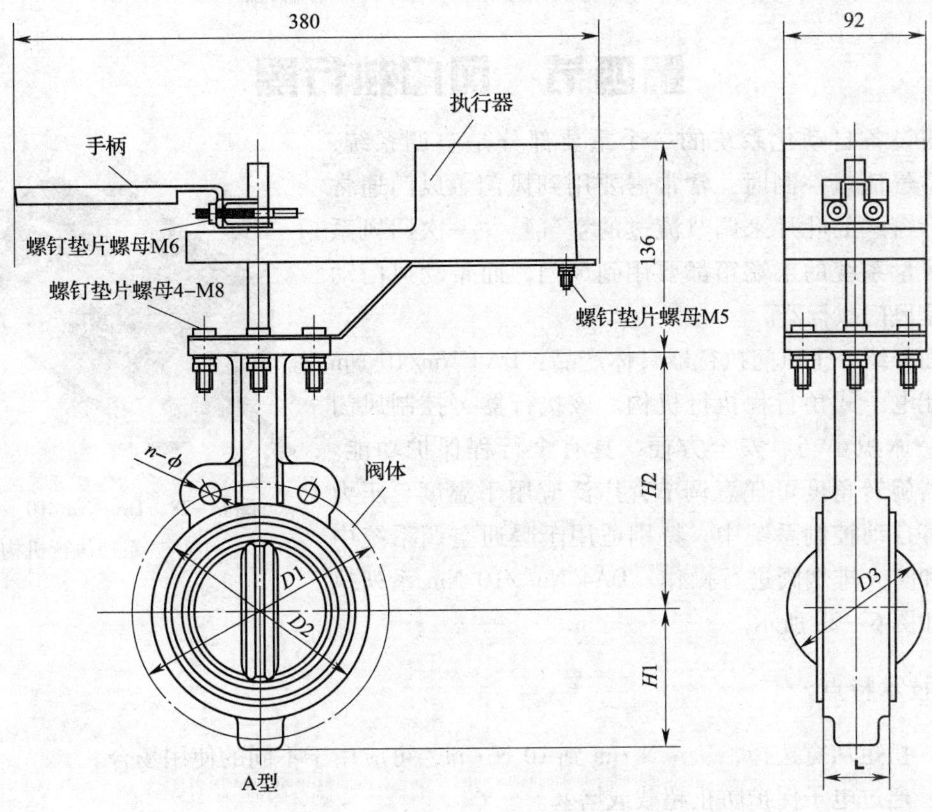

图 6—25　安装尺寸

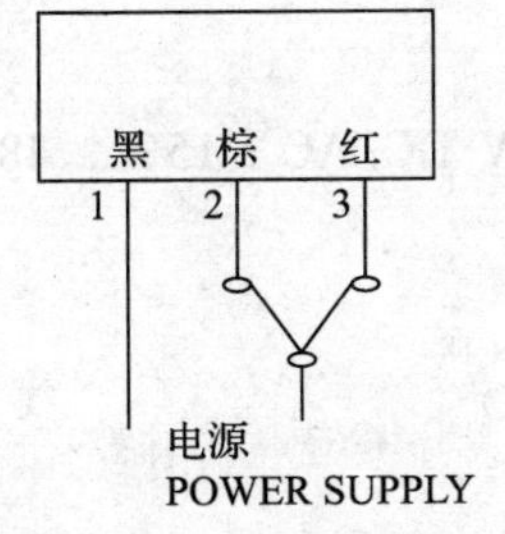

图 6—26　开关控制接线

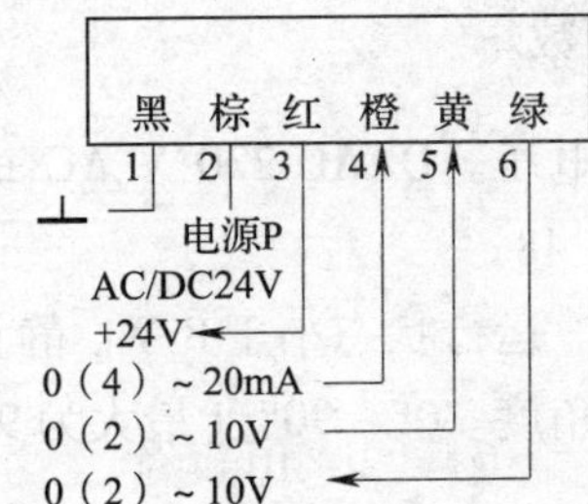

图 6—27　比例调节（信号）接线

三、TOMOE 蝶阀

TOMOE 蝶阀是广泛应用于建筑设备自动控制领域的一个阀门品牌，性能较好。TOMOE 阀门的主要产品有耐高温高压的高性能 300 系列、用于模拟量调节的 500 系列、长寿命零泄漏的 700 系列、防腐蚀的 800 系列、顶尖级过程阀门三偏心蝶阀，还有部分球阀和执行机构附件等，广泛适用于电厂蒸汽管道和电厂水处理等工艺的切断或调节。

第四节　风门执行器

建筑设备自动化系统的一个重要部分是空调系统，它涉及空气流量控制时，常常需要用到风门。风门通常利用百叶窗式的叶片来调节流过的空气量。一次回风系统和变风量系统的末端箱都要用到风门，而带动风门动作的就是风门执行器。

图 6—28　DA4 Nm/10 Nm 系列执行机构

下面介绍一个风门执行器具体产品：DA4 Nm/10 Nm 系列智能电子式角行程执行机构。该执行器可控制风门的旋转，体积小巧、安全方便，具有全行程保护功能。该执行器旋转角度可任意调节，广泛应用于温度、压力和流量等自动控制系统中，特别适用于暖通空调系统中对风阀和防火排烟阀进行操作。DA4 Nm /10 Nm 系列执行机构如图 6—28 所示。

1. 技术特点

（1）扭矩从宽选择，从 4 N · m 到 10 N · m，可应用于不同的使用场合。

（2）通过电子保护防止超载或堵塞。

（3）提供多种电源电压选择。

2. 技术参数

（1）供应电压。DAAC 230 V AC ± 15%，DADC 24 V DC/AC ± 15%，48 V AC/DC ± 10% 为 DADC－48。

（2）功耗。运行状态小于 8 W，静止状态小于 2. 5 W。

（3）输出角度。0° ~ 90°（最大为 93°）。

第七章　工程设计方法与实例

第一节　建筑设备自动化系统设计方法

建筑设备自动化系统的设计步骤如下：分析工艺要求→标注控制点位→统计区域各类输入输出点的数量→确定 DDC 模块的型号和数量→确定控制网络架构以及联网需要的设备或者模块→绘制端子接线图。下面简单介绍各个步骤。

1. 分析工艺要求

控制工程师首先应对工艺熟悉。举例来说，如果对风路系统不熟悉，就很难确定送风量测量点的合适位置，也很难确定远端压力传感器的合适位置，在控制中很难对测量参数做合理修正。

有一栋大学的生化楼需要进行换气。使用者要求每个房间都要设置一个面板，让工作人员能把需要的换气量直接设置在面板上，控制系统按照这个设置，通过房间风管上的风阀把这个风量送给房间。而中央机则把各个房间的换气量直接相加后，获得一个总送风量，以此作为设定值，通过控制变频器的输出，调节风机转速，实现总风量的控制。

这个系统的设计人员缺乏对整个工艺的把握，简单地在各个房间设置了设定面板，然后把设定值转换成电流信号，经数字化处理后，由面板传输给上位控制器。然后在上位控制器组态时把对各个房间的控制用 PID 单回路控制模式来实现。而总风量用单独的一个 PID 回路来实现。这样的设计没有考虑到整个送风系统的耦合，参数调整非常困难，结果是风阀处于不停的开关之中，各个房间送风非常不稳定，根本无法在自动方式运行。所以，对控制系统的设计一定要做很好的工艺分析。

2. 标注控制点位

依据工艺要求和控制上的一些经验确定总体控制方案后，开始标注控制点位。分析清楚各类输入输出设备的特性，了解各类设备的信号类型和数量，在平面图上标注控制点位，也可以用图表来标注控制点位。比如，一个电动执行机构配合调节阀，用来调节媒水流量，则在相关图样上对该设备进行标注，列出它的输入输出点。对各类常规现场设备和智能设备要进行区分。智能设备属于通信节点或者网络节点，而常规设备则是普通的物理信号连接。

3. 统计区域各类输入输出点的数量

标注好各类信号点后，就可以按照信号类别和地点统计区域各类输入输出点的数量。控制系统中，变量和参数可以分为两类。一类是从现场设备中获得的变量，也就是所谓的硬点；另一类控制系统中的软件设定是通过通信获得的，也就是所谓的软点。软点大致有两类。一类是内部软点，如设定值和运算中间值等；另一类是从并列子系统中读取过来的，用于本子系统的变量，称为异域变量或者全局变量。一般地说，硬点是要用接线从现场设备连接到控制器的，将这些变量称为I/O点。连接这些I/O点需要用物理连接端子。这种物理连接端子可能在专门的I/O模板上，也可能在控制器的I/O端口上。所以，硬点一般对应于专门的硬件。要购买这些硬件，就要知道型号和数量。这些设备型号和数量的确定需经过简单的运算。也就是统计区域各类输入输出点的数量，按照每个模板或者控制器拥有的各类输入输出点数量做一个统筹安排。

由于现场设备的接线从技术上和经济上有距离的限制，所以要从这个合理的距离来做模板或进行控制器的合理安排，在统计各类硬点时还要考虑区域的因素。

4. 确定DDC模块的型号和数量

完成区域各类输入输出点的数量统计后，即可选择相应的硬件，按照选定的设备确定DDC模块的型号和数量。在这个过程中可能不得不浪费一些端口。这些被浪费的端口在需要时也可作为一种冗余来使用。这里就需要掌握好一个适当的度。冗余太少，可能不利于将来对设备和系统的改造或者升级；冗余太多，会造成设备浪费，使得造价太高，不利于市场竞争。

5. 确定控制网络架构及联网需要的设备或者模块

知道了各个区域控制模块的数量和型号，就可以确定控制网络架构，以及建立这个控制网络所需要的设备或者模块。在过程控制领域中，常常把网络分为现场总线网络、控制总线网络和管理总线网络。

现场总线网络一般指构成执行实际控制的那些系统的网络。现场总线的种类很多，按照IEC61158国际标准，规定了8种类型的现场总线，如PROFIBUS和FF等。实际工程中，CAN总线产品、LONBUS产品等都很常见。而一些小公司用485总线开发的产品，也具有特别低廉的价格和使用的方便性等特点。

通常一个区域控制系统就是一个现场总线网络。各个I/O模块通过一条LON总线连接到一个DDC，DDC控制下面的I/O模块。I/O模块接收现场的信号，传输给DDC。DDC具备控制的完整功能，内部已经被植入了控制软件，对采集到的数据进行相关的运算后获得一些控制指令。通过DDC和I/O模块的通信，这些指令被发送到I/O模块的输出端，再通过物理连接用电压电流信号或者脉冲信号等传输给现场设备的信号输入端。比如，房间温度由壁挂式温度传感器测得，温度传感器通过两根导线把信号连接给I/O模块的电流模拟量输入端，I/O模块和DDC通信，把温度值传输给DDC，DDC运算后，把一个计算值传输给I/O模块的模拟量输出端，通过两根导线连接到电动风阀的执行机构输入端。电动执行机构带动风阀开闭，其内部的阀位反馈测量系统把阀位转换为对应的电流值，和从I/O那里接收的电流信号进行比较，直到两者一致，才停止转动。这个系统称为现场总线系统。

其特点是实时性要求高，通信速率相对要求不高。与传统的 DCS 系统相比，其优点是 FCS 控制器之间的自由连接替代了 DCS 中板卡和主机安装在一个大柜内的模式。大柜很难随意放置在设备旁边，而轻巧的模块很容易贴近被控设备。

控制总线网络是指由上位机和下面的 DDC 组成的网络，常常是以太网结构。DDC（或者是别的控制模块、智能仪表、PLC 等智能节点）本身能完成对应区域的控制功能，同时还需要和别的 DDC 以及上位机一起来构成一个控制网络。这个网络通过 DDC 相互之间的通信，可以控制一个更大的体系，也就是把 DDC 控制的各个区域连接起来，达到一个整体的控制。比如，用一些 DDC 控制空调系统，用另外一些 DDC 控制制冷系统或者热交换系统，那么当空调系统发生一些变化时，控制这些系统的 DDC 就把相应的信息在控制网络层面上传输给控制制冷系统的 DDC，使得这些 DDC 做出相应的反应，调整它们控制区域设备的工况，来适应大楼空调负荷的变化。此外，这些 DDC 和上位机之间的信息传输使得工程师可以获得整个系统的运行数据，把这些数据显示在屏幕上或者储存在数据库里。工程师还可以在这里管理这些运行数据，处理运行中的报警信号，发出各种调整指令，甚至修改以前发送给 DDC 的控制算法。

管理网络是由一些计算机构成的局域网或者广域网，甚至可以是虚拟网络。这些计算机通过网络相互之间可以组成一个有机的系统，其网络技术已经脱离控制系统，采用了典型的 LAN/WAN 技术，甚至就是 WWW 采用的 TCP/IP 技术。当然，控制网络采用 TCP/IP 技术也很常见。

如果用户具有进入某个控制系统的口令，那么就可以通过网络随时随地进入某个控制系统。如果用户是这个控制系统的服务人员，需要提供服务时恰好不在这个区域或者不在这个城市，此时可通过因特网把自己的便携计算机连接到控制系统以解决出现的问题。

6. 绘制端子接线图

最后，需要绘制端子接线图。无论是控制柜加工厂还是现场工程施工，都需要按照接线图来连接设备。一般控制柜都设置有端子排，现场的线缆首先进入控制柜的端子排。控制柜内的各个设备都要和别的设备连线，通常在设备的接线端子图上标出两个记号：一个是该端子在本设备的端子号；另一个是连接到那个设备的端子号。比如，20 号设备的端子号为 12，连接到 7 号设备的 8 号端子。那么在 7 号设备的端子图一定可以看到它的 8 号端子连接到了 20 号设备的 12 号端子。同时，在原理图上也可以看到接线端子被表示出来。这样便于设计者更清楚地分析和检查调试中出现的一些问题，或者对设备接线做一些修改。

第二节 五星级酒店建筑设备自动化系统设计实例

一、概述

某酒店作为一座集楼宇自控、消防、安保及诸多子系统于一体的综合性智能化建筑，在管理上要达到五星级相应的标准，所以其对楼宇自控管理系统有很高的要求，它不仅需要对酒店建筑内的所有机电设备如 HVAC 设备、供配电及照明设备、给排水设备、电梯等进行统一管理，而且这些设备还需与其他的智能化系统进行通信和必要的联动控制，以创造一个高效、节能、舒适、高性价比、温馨而安全的购物、就餐、会议和娱乐环境。

为此，通过对本工程的初步了解并结合楼宇机电设备自动控制系统的实际工程经验，推荐 Honeywell 楼宇自动化系统 SymmetrE，确保整个工程提供的设备为先进的、节能的、便于维护、操作方便，自动控制、技术经济性能符合规格书的要求，既满足高度智能化和系统集成化的技术要求，又满足系统日后升级换代及系统扩展的需要。

二、设计说明

楼宇自控管理系统在满足现实需要的基础上应有适当的超前性，以满足 21 世纪科技不断发展的潮流。为此，在制定本系统方案时应遵循下列原则：

1. 先进性

楼宇自控管理系统建于信息时代，因此系统方案设计力求与当前科学技术高速发展的潮流相吻合。系统总体结构定位于高起点、开放式、模块化，从而建设一个可扩展的平台，保护前期工程与后续技术的衔接。

2. 实用性

系统设计以实用为第一原则。在符合当前实际需要的前提下，合理平衡系统的经济性和先进性，避免片面追求先进性而脱离实际或片面追求经济性而损害酒店智能化建设的初衷。

3. 可靠性

系统设计每天 24 h 连续工作，局部设备故障不会影响整个系统的正常运行，也不会影响其他智能化子系统的正常运行。关键的系统部件对故障容错和数据备份应提供相应的解决措施。

4. 安全性

系统选用的所有设备、配件及其系统在保证其安全、可靠运行的同时，符合国际和国家的有关安全标准和规范要求，并在非理想环境下能有效工作。

5. 经济性

系统选用的设备及其系统是以现有成熟的设备和系统为基础的，以总体目标为方向，局部服从全局，力求系统在初次投入和整个运行生命周期内获得最佳的性能价格比。

6. 易维护性

系统中需要监视和监控的设备品种繁多，而且位置分散，要保证日常系统正常工作、可靠运行，系统必须具有高度可靠的可维护性和易维护性。尽量做到所需人员少，维护工作量小，维护强度弱，维护费用低。

7. 开放性和可扩展性

系统设计采用国家和国际标准及规范，兼容不同厂家、不同协议的设备和系统。采用符合工业标准的操作系统、网络技术、相关数据和图形系统。各子系统可方便进出总系统，同时具有开放接口，以便用户进行二次开发。

三、系统特点和产品选型

根据楼宇自控管理系统的功能和技术要求，本系统有以下几个最明显的特点：

选用具有集成功能及开放性的自控管理系统，便于实现与安保系统、消防系统的综合联动，实现与上位管理系统及其他相关系统的集成和数据共享。此外，本系统的很多第三方设备都采用软件接口连入本系统，如冷水主机、锅炉、柴油发电机和变配电系统等，要求楼宇自控管理系统具有很好的开放性，可提供丰富多样、符合行业标准的接口设备和软件。

对于本系统，能耗主要集中在动力设施、暖通空调和照明设备等方面，其中暖通空调和照明占了相当大的一部分，也是较易直接控制、实现节能的能耗负荷。因此，系统应在满足建筑使用功能、舒适度要求的情况下对空调和照明进行有效的节能管理。

采用先进的、集散型网络结构实现楼宇自控管理系统的实时集中监控管理功能既符合国际标准，又符合大楼的建筑特点。因其设备较分散，集散型控制分站的控制器通信网络应能实现各分站间、分站与中央站之间的数据通信，分站的运行可独立于中央站，内部网络的通信不会因中央站的停止工作而受到影响。

该酒店对楼宇自控管理系统的设备可靠性要求较高，要求系统运行时不过分依赖某一设备，若设备故障时要求减少其波及面，系统采用三层网络结构。同时可以根据需要在网络范围内预留或设置多个监控分中心的通信接口，便于通过分中心来监控整个系统。

由于采用 SymmetrE 楼宇设备集成系统，该系统具有灵活开放性，提供了多种符合行业标准的接口标准和协议（如 BACnet、Lonwork、OPC、DDE 和 ODBC 等），并具备系统网络数据库，可以满足本系统的特点需求。SymmetrE 系统还可基于内部 Intranet，通过 SymmetrE 服务器实现大楼内的信息交互、综合和共享。实现建筑内信息、资源和任务的综合共享，以及全局事件的处理和一体化的科学管理。

现场控制器选用 Honeywell 在中国应用最广泛的 Excel 5000 控制系统。要求每个新风机组/空调机组由一个独立的控制器进行控制，因此每台新风机组和空调机组选用 XL50 小型集中控制器进行监控，而其他设备如水泵、照明、冷却塔、冷水机组和变配电设备则应用 XCL8010 现场控制器和 Excel 800 现场分布式输入输出模块进行监控。

SymmetrE 系统完全满足本系统关于集成及开放性、成熟及可靠性、可扩展性等要求。Honeywell 的 Excel 800 现场分布式模块化控制器和 Excel 50 小型控制器，集合 SymmetrE 系统将完全实现集散型的监控系统。整个方案设计将基于以上的需求分析，提供一套先进、可靠、设计功能完善的楼宇自控管理系统。

四、系统目标

1. 实现建筑内各种机电设备的自动控制和管理

如送排风机的程序启停，照明回路的自动控制，设备故障报警的自动接收，备用设备自动切换运行等。按管理者的需求，自动形成各种设备运行参数报表，或随时变更设备运行参数（如启停时间和控制参数等）。

2. 降低建筑的运营成本

楼宇自控管理系统只需在管理中心安排 1 ~2 名操作人员承担对建筑内所有监控设备的管理任务，从而大大减少有关管理人员及其日常开支。另外，由于楼宇自控管理系统具有多种有效的能源管理方案，所以建筑在满足舒适性的条件下可大大降低能耗，从而进一步降低建筑的日常运营支出，提高建筑的效益。

3. 延长机电设备的使用寿命以及提高建筑安全性

楼宇自控管理系统可以通过编程实现有关机电设备的平均使用时间，从而提高大型机电设备（如空调机组和各种水泵等）的使用寿命。由于本系统具有极强的系统联网功能，在特定的触发条件下可以和消防报警系统、安保系统等其他智能化子系统实现跨系统的联动功能，使建筑的安全性管理更可靠。

五、系统设计

1. 需求分析

从本项目弱电系统的实际需要考虑，参考相关的建筑图样，本项目楼宇自动控制系统需监控的系统有冷热源系统、空调新风系统、给排水系统、送排风系统、变配电系统、照明系统、电梯系统。

根据有关招标要求，经统计，系统共有 6 657 个左右的监控点，其中物理点 3 653 个，接口点 3 004 个左右（AI 点 467 个，AO 点 78 个，DI 点 1 681 个，DO 点 778 个）。基于工程实际情况，选用 3500 点的 SymmetrE 系统软件。

2. 系统接口

各子系统的运行参数建议通过 TCP/IP 连接至 SymmetrE 主机，并通过配置相应的接口开发与相应的系统集成。

同时，系统提供与上位管理机 IBMS 系统集成的接口。该部分系统接口协议必须由供货商提供，请业主在购置设备时明确要求供货商承诺提供其接口协议，以免后期不必要的投资。

作为五星级酒店，良好的自动控制手段既可保证舒适的环境，又可大大降低能耗，因此精心设计一套楼宇自控系统非常重要。项目作为高技术工程，智能化系统设计应精益求精，楼宇自控系统作为智能化系统的核心，必须具有以下特点：

（1）系统应是一个真正的集散式控制系统。系统的中央站与控制器应使用同一条通信线，可直接进行数据通信。

（2）需选用开放性的楼宇自控管理系统，便于实现与消防系统、安防系统等其他相关系统的集成与联动。系统网络采用标准网络协议，符合远程通信管理及计算机发展技术趋势的要求。系统软件应标准化，以全面实现系统集成目标，并按模块化的方法设计，便于系统规模及应用功能的扩展，并可实现汉化。与消防系统的联动将大大提高整个建筑对火灾的自动防范能力，对超高层建筑来说非常重要。火灾时可用做监测相关设备是否启停的辅助工具。与安防系统的联动将提高建筑的安全防范能力，如可在报警时打开现场的照明回路，尽快捕捉到入侵者。

（3）需采用先进的、集散型网络结构实现楼宇自控管理系统的实时集中监控管理功能。集散型控制分站的控制器通信网络应能实现各分站间、分站与中央站之间的数据通信。酒店作为智能建筑，某些设备之间距离较远，由不同的控制器控制，控制分站间的通信将可实现这些距离较远设备间的联动控制。监控界面应为全中文 Windows 界面，便于操作人员的学习和掌握，监控界面直观、形象。

（4）需采用灵活的模块化现场控制器对不同楼层的现场设备分布配置相应的输入/输出模块，保证系统良好的集散性和后续的扩展性。

（5）需尽量采用同一厂家的设备和高可靠性的设备，以保证各设备间良好的协调性且长期运行良好。

（6）需采用优化的控制方案，实现节能控制。空调系统是建筑能源消耗最多的部分。采用优化的控制方案不但可以为建筑创造一个舒适环境，而且能大大节约能源。

第三节　冷源系统

一、冷冻机组的监控点

1. 数字量输出点　（DO）

冷冻机组启停控制、阀门开关控制、冷冻水泵启停控制、冷却水泵启停控制、冷却塔启停控制和蝶阀启停控制。

2. 模拟量输出点 （AO）

供回水总管旁通阀控制。冷冻水泵和冷却水泵的开关控制。

3. 数字量输入点 （DI）

冷冻水泵和冷却水泵的运行状态、故障报警和手动/自动状态，冷却塔的运行状态、故障报警和手动/自动状态、蝶阀开关状态、水流指示、电力供应状态。

4. 模拟量输入点 （AI）

冷冻水系统供回水温度、冷却水系统供回水温度、供回水压力、水流量、热水泵、循环水泵的供回水温度等。

通过 RS485 Modbus 接口，采集冷冻机组、锅炉机组的运行参数，在 BAS 系统界面上显示。业主在订购设备时，要求设备提供商免费提供该接口，以免以后追加费用，给业主带来不必要的经济支出。

图 7—1 所示为冷热源系统的控制原理图。

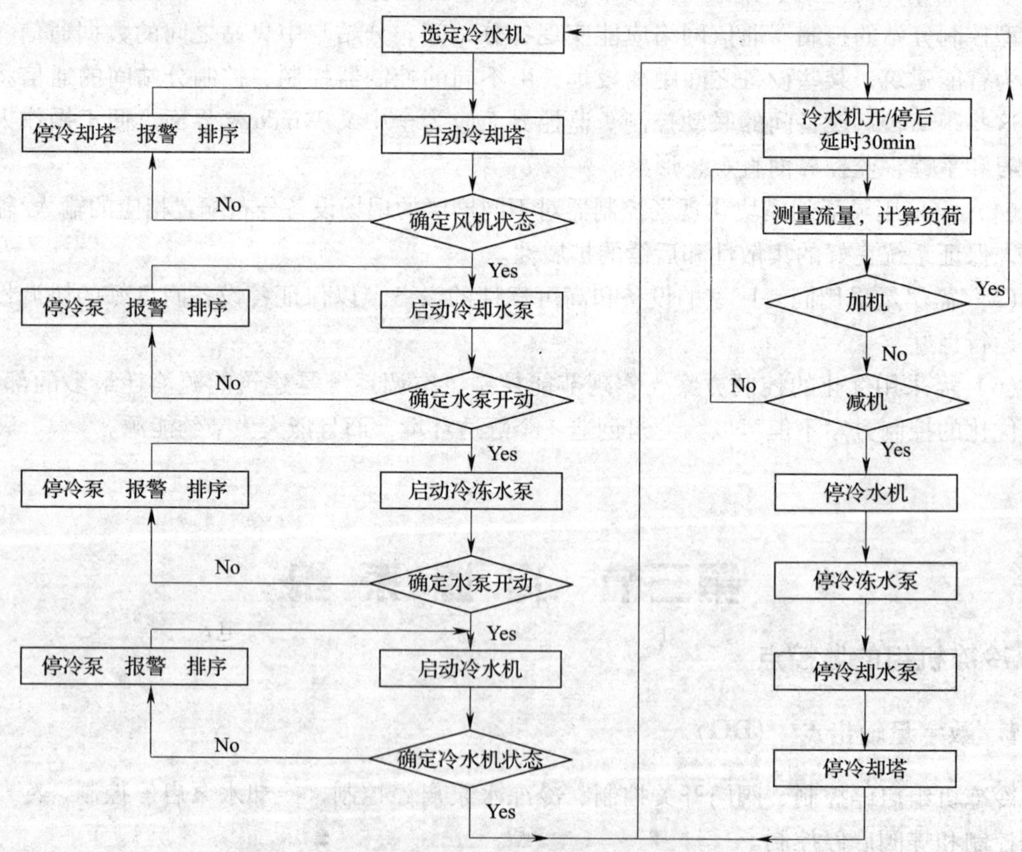

图 7—1 冷热源系统的控制原理图

二、冷冻机组的监控内容

1. 冷冻机组的台数控制

控制系统监测冷水机组集水器和分水器的出水和回水温度。控制系统通过分析温度变化与时间变化的趋势来判断当前满足系统负荷所需的冷水机组开启数量，从而进行冷源系统的自适应调节。

2. 冷冻系统的连锁控制

机组的投入或退出运行过程是按预先编制的控制程序进行的。当机组需要投入时，控制程序首先打开该机组对应的冷冻水蝶阀、冷却水蝶阀和冷却塔进出水蝶阀。在得到各蝶阀打开状态信号后，延时 30 s 启动相应的冷却水泵，延时 30 s 启动相应的冷冻水泵，在得到相应的水流状态信号后，延时 5 min 启动冷冻机组。

3. 设备的自动切换及故障设备的自动锁定

为了保护冷源设备，延长设备的使用寿命，因此需要累计每台设备的运行时间，使同类设备进行交替运行，并在发生故障时自动切换。在冷水系统中有某一设备发生故障时，系统立即发出警报到终端，同时锁定该设备以防再次启动。同时，自动启动另一个可得到的备用设备或一组可得到的设备。

当故障排除后，设备需要重新加入自控行列时，必须在 BAS 终端手动复位相应的锁定点，这样才能使锁定的设备再次进入自控行列，以防止设备未经确认就突然动作。

4. 冷却塔控制

冷却塔的投入使用是冷冻机启动时，由控制程序打开相应的冷却塔进出水蝶阀确定的。投入运行的冷却塔风机是由冷却水总回水管的温度传感器决定的。当温度在一定范围内时，依次投入风机运行。当风机发生故障时，将发出警报到 BAS 终端，并且锁定该风机。在排除风机故障后，必须在控制软件相应的复位点复位后才能重新投入自动运行。

为了避免冷却塔的冷却水供水温度在设定值附近变化时冷却塔频繁开启，需设定一个调节死区温度值。目前初定为 1℃，也可以与设计者进一步商定，对该数值进行调整。

当冷却水回水温度低于某设定值时，冷却水供回水旁通管上的电动蝶阀开启，使冷却水旁路后直接流回冷冻机。

第四节　热源系统

该酒店采用电热水锅炉生产的蓄热水系统作为空调热源，其中热水供热应符合

2 250 kW,供水温度 55℃，回水温度 45℃。

常压型电热水锅炉生产的蓄热水系统用于新风处理机组、空气处理机组和风机盘管。电热水锅炉在晚间电价低谷时段运行，将热水由 55℃加热至 75℃，并储存热量于蓄热水箱内。

系统通过 DDC 和前端传感器对锅炉机组进行集中控制，设备工作状况均可在管理站进行图形显示、记录和报表打印。

1. 热源系统的监控内容

监测锅炉的运行状态、故障报警，监测锅炉机组的供回水温度，锅炉给水泵的开关状态、锅炉高低水位报警，锅炉燃烧器故障报警，锅炉的排烟温度、蒸汽出口压力、供水流量、燃气耗量、水阀开关度。

对热水泵、水阀的运行状态、故障报警和手动、自动状态进行监测，并进行控制。常用泵如发生故障，备用泵将自动切入。

记录设备的运行时间累计，每次启动时都选择运行时间最短的设备，使设备交替运行，平衡分配各设备的运行时间。

2. 热源系统的节能措施

根据大楼的实际热负荷量和每日定时停机设定时间，提前关停主机，热水泵持续运行，充分利用空调水余留热量为大楼供热，以达到节能的效果。

根据大楼实际热负荷需求的变化，提供机组运行台数的选择参考，以达到节能效果。

第五节 空调系统

楼宇自控管理系统对室外温湿度等进行监测，作为系统联动、新风量优化控制的运行参数。本系统通过 DDC 及预先编制的程序对各楼层空调设备进行监视和控制，设备的工作状况以图形方式在管理机上显示，并打印记录所有故障。

根据要求，对每个新风机组/空调机组各采用一个 XL50 小型集中控制器进行监控。

1. 空调机组监控

空调机组带有水阀调节控制，过滤网压差传感器，送风温度和回风温度监测，水阀、新风阀、回风阀调节控制，以及紫外光杀菌灯状态、加湿器和新风量箱的控制。

中央空调是该项目中大楼空调的主要形式，分别提供冷热源，是变风量空调机组，空气源来自新风和回风的混合。

变风量控制和定风量控制不同。当控制区域热、湿负荷变化时，不是在送风量不变的

条件下依靠改变送风参数（温度、湿度）来维护室内所需要的温湿度，而是保持送风参数不变，通过改变送风量来维持室内所需的温湿度。这是基于送风量与热、湿负荷之间存在下述关系：

（1）送风量与室内热负荷的关系

$$Q = Q_r / C_p \gamma (t_N - t_S)$$

式中 Q——送风量，m^3/h；

Q_r——室内显热负荷，kJ/h；

C_p——干空气比定压热容，kJ/（kg·K）；

γ——空气密度，kg/m^3；

t_N——室内温度，K；

t_S——送风温度，K。

（2）送风量与室内湿负荷的关系

$$Q = D/\gamma[(d_N - d_S)/1\,000]$$

式中 Q——送风量，m^3/h；

D——室内热负荷，kg/h；

γ——空气密度，kg/m^3；

d_N——室内含湿量，g/kg；

d_S——送风含湿量，g/kg。

由上述关系可知，当室内热负荷减少时，只要相应地减少送风量，即可维持室温不变，不必改变送风温度。这样做一方面可以避免冷却去湿后再加热以提高送风温度这一冷热抵消过程所消耗的能量；另一方面，由于被处理的空气量减少，相应地又减少了制冷机组的制冷量，因而节约了能源。

对于变风量系统采用的离心式风机：

风量与转速的关系为 $Q_1/Q_2 = n_1/n_2$；

风压与转速的关系为 $H_1/H_2 = (n_1/n_2)^2$；

风机所需轴功率与转速的关系为 $P_1/P_2 = (Q_1H_1)/(Q_2/H_2) = (n_1/n_2)^3$。

由上述关系可知，随着风量（或转速）的下降，轴功率将急剧下降。例如，风量下降到50%时，轴功率将下降到12.5%。节约的能源相当可观。因此，用调节风机转速控制风量取代风门或挡风板的节流调节是节能的有效措施。

（3）送风温度的最佳控制。根据与空调控制器的通信，收集控制信号，达到室内的制冷要求度或采暖要求度，根据最高制冷要求度或采暖要求度变更送风温度设定值。每1 min将复位值的1/10加给送风温度设定值，进风温度的下限值为11℃。

供冷时，如果有一个风门全开，该区域温度高于上限，则降低供冷温度0.5℃，如果该区域温度低于下限，则增加供冷温度0.5℃。

（4）回风湿度的控制。由回风管道内的湿度传感器实测出回风湿度，输入DDC，与湿度设定值比较，得到偏差，湿度大于设定值，关闭加湿器；湿度小于设定值，开启加湿器。

(5) 连锁控制。根据新风风阀开关控制，并与风机、水阀连锁控制，风机停止时，自动关闭新风阀及水阀，风机启动时，延时自动打开风阀。

(6) 预冷和预热控制。空调机启动时，关闭新风和排风阀，风机频率设为100%，根据回风温度对冷水和热水盘管的二通阀进行比例积分控制。停机时，全部关闭电动二通阀和新风管上的电动风阀，冷热水盘管上的电动二通阀全闭采用时限控制（10 min 左右）。

(7) 风管静压监测。通过测量风管末端静压，对风管静压进行监测。

系统静压监测的目的是为了在送风量发生变化的情况下保证系统压力正常，防止超压现象，同时也保证了系统有足够的新风量。

过滤网的压差报警提醒用户应清洗过滤网。

(8) 风机运行状态及故障状态监测，启停控制。

(9) 升温控制。空调机开始运转时将新风阀全闭 1 h，进行空调机的运转。升温运转中禁止加湿控制。

(10) 空气质量的控制。根据空气中 CO_2 的浓度，控制新风量，当空气中的 CO_2 含量超标时，增加新风量，减少回风量，直到空气质量达标。

启停时间控制从节能目的出发，编制软件，控制风机启/停时间。同时累计机组工作时间，为定时维修提供依据。例如，正常日程启/停程序，按正常上、下班时间编制；节、假日启/停程序；制定法定节日、假日及夜间启/停时间表。间歇运行程序：在满足舒适性要求的前提下，按允许的最大与最小间歇时间根据实测温度与负荷确定循环周期，实现周期性间歇运行。编制时间程序自动控制风机启停，并累计运行时间。

2. 新风机组监控

该机组带有水阀调节控制、新风风阀开关控制以及过滤网压差传感器、送风温度监测功能。

主要监控功能如下：

(1) 机组定时启停控制。根据事先排定的工作及节假日作息时间表定时启停机组。自动统计机组运行时间，提示定时维修。

监测机组的运行状态、手动/自动状态、风机故障报警和送风温度。

(2) 过滤网堵塞报警。当过滤网两端压差过大时报警，提示清扫。

(3) 送风温度自动控制。冬季自动正向调节热水阀开度，夏季自动反向调节冷水阀开度，保证送风温度维持在设定值。

(4) 连锁控制，风机启动。新风风阀打开、水阀执行自动控制；风机停止：新风风阀关闭、水阀关闭，在冬季水阀保持30%的开度，以保护热水盘管，防止冻裂。

3. 报警功能

如机组风机未能对启停命令作出响应，则发出风机系统故障警报；风机系统故障、风机故障均能在手操器和中央监控中心上显示，以提醒操作人员及时处理。待故障排除，将

系统报警复位后，风机才能投入正常运行。

4. 室温控制

供冷时根据区域温度控制调节进风量，当达到供冷设定点时维持新风需求的最小进风量不变。变风量设备的控制环路分为两个环节。

（1）室内温度控制环路。通过房间温度传感器测得室内温度，将之与温度控制器中的设定值作比较，然后给出一个电信号送至风量控制器，从而根据房间温度的变化调节送风量。室内温度控制环路如图 7—2 所示。

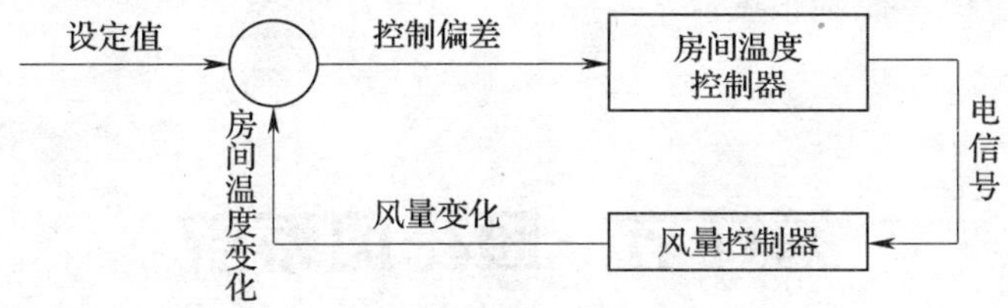

图 7—2 室内温度控制环路

（2）风量串级控制环路。风量串级控制环路是闭环控制环路（测量—比较—调整）。通过测得的动压，由压差变送器转换成电信号给风量控制器，风量控制器将之转换成风量值，将此实际测量值与设定值（温度控制器给出）比较，得出的偏差为一个电信号，给执行器后调节阀片，从而改变风量，直到与设定值相同。冷热转换如图 7—3 所示。

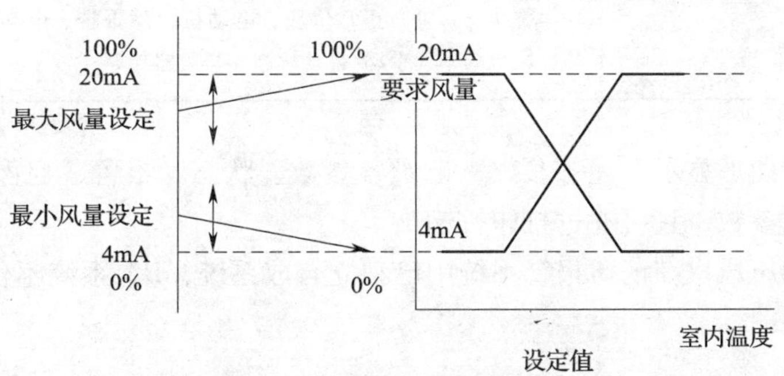

图 7—3 冷热转换

（3）送风温度的控制。上述送风静压的改变是对某一个固定的送风温度而言的，因此针对某个送风温度的静压值对另一个送风温度来说就不能说是合理的静压了。所以，送风温度的设定问题与送风静压的设定问题一样，也是此次工程需解决的问题之一。

于是，此处选择了统计法的控制方法。其原理是：对于某一空调的显热负荷，若该末端存在送风量允许范围，则势必相应地存在送风温度允许范围。若系统中各末端的允许送风温度范围存在共同的区间，则该区间内的任意一个送风温度均可使各末端满足负荷要求。若不存在共同的区间，则可在最多的统计区间内选择送风温度以满足多数末端的要求，或折中选择送风温度以使系统中的各末端平摊损失。这时重新设定送风温度可能影响静压的设定。这两者之间的参数有一种耦合关系。工程上的做法一般是当送风静压稳定一段时间（如 10～15 min）后，再来改变送风温度值。

（4）室温控制。末端装置是调节房间送风量、控制室内温度的重要设备。根据此项目的实际情况，选择末端控制装置为压力无关型控制器。它除有温控器外，还有风量传感器和温度控制器。温控器为主控制器，风量控制器为副控制器，两者构成串级控制环路。温控器根据温度偏差设定风量控制器的设定值；风量控制器根据风量偏差调节末端装置内的风阀。当末端入口压力变化时，通过末端的风量变化，压力无关型末端较快地补偿这种压力变化维持原有的风量，而压力有关型末端则要等到风量改变了室内温度才动作。所以，压力无关型末端响应快，控制精度高。

第六节　通排风系统

通排风系统控制内容见表 7—1。

表 7—1　　通排风系统控制内容

监控设备	监控内容
送风机	运行状态、电力正常供应、电动机故障报警、电动机过载报警、设备故障、风机频率、手动/自动状态、开关控制等
排风机	运行状态、电力正常供应、电动机故障报警、电动机过载报警、设备故障、风机频率、手动/自动状态、开关控制等

中央站用彩色图形显示上述各参数，记录各参数、状态、报警、启停时间（手动时）、累计时间和其历史参数，且可通过打印机输出。

排烟风机、加压风机在消防报警系统中已独立自成系统，BA 系统不作任何控制，只作状态监测。

第七节　给排水系统

监视排水泵、生活水泵、消防栓泵、喷淋泵的运行状态，有故障时报警，控制器为遥控状态，并可进行启停控制。监视集水坑的液位状态，如液位高于设定的超高水位时，及时报警。

监视水池、水箱的高低液位状态和超高、超低液位状态。

中央站用彩色图形显示上述各参数，记录各参数、状态、报警、启停时间、累计时间和其历史参数，可通过打印机输出。

第八节　变配电系统

通过通信接口方式，采集配电柜部分所需监测的三相电流、三相电压、功率因数和频率等电力参数。按照要求，电力监控及能源管理系统配置通信接口，采集上述参数，并配备通信网关，对柴油发电机进行监测。

为了安全考虑，对变配电系统的运行状态和工作参数，由楼宇自控系统实施监视而不作任何控制，一切控制操作均留给现场有关控制器或操作人员执行。

第九节　照明监控系统

照明控制内容见表 7—2。

表 7—2　　照明控制内容

监控设备	监控内容
公共照明回路	开关状态，开关控制，情景模式组合控制

中央站用彩色图形显示上述各参数，记录各参数、状态、启停时间、累计时间和其历史参数，可通过打印机输出。

按照建筑物业管理部门的要求定时开关各种照明设备，以达到最佳管理、最佳节能的效果。

统计各种照明的工作情况并打印成报表，供物业管理部门使用。

根据用户需要，可任意修改各照明回路的时间控制表。

泛光照明可设休息日、节假日和重大节日 3 种场景进行控制。

累计各开关的闭合时间。

建筑设备自动化系统按照制定的时间程序和室外照度条件自动启停公共区域照明，监测其开关状态。

第十节　电梯系统

通过通信网关方式采集每部电梯的楼层显示、上下行状态、故障报警。若为同一个品牌，配置一个网关即可；若为不同品牌，就要根据现场的实际情况选定。该酒店案例中，按同品牌配置网关。

监测内容如下：

通过通信网关方式监视每部电梯的运行状态、楼层显示，有故障时报警。

统计电梯的工作情况并打印成报表，以供物业管理部门使用。

统计各种电梯的工作情况并打印成报表，以供物业管理部门使用。

中央站用彩色图形显示上述各参数，记录状态、报警、累计时间和其历史参数，且可通过打印机输出。

电梯系统采用通信接口方式采集数据。电梯系统承包商应将所有电梯联网，以一个硬件接口的形式供 BAS 访问，并免费向 BAS 提供通信协议。

第十一节　网络结构描述

SymmetrE 服务器处于楼宇设备自控系统的最高监视与管理层，它通过双绞线通信网络连接各楼层的现场控制设备，将各种楼宇机电设备的实时运行状况集成到 SymmetrE 服务器统一的浏览器界面，实现对各机电子系统的集中监视与管理。统一的浏览器界面可以支持构架显示窗口推出、动画和参数变量值动态显示，支持查询，实现带有口令验证的安全管理操作控制，也可以支持多媒体技术，应用视频、图像和音响等技术，使报警监视和设备管理图形界面生动、直观。

SymmetrE 系统结构具有三层网络结构，即管理层网络（以太网）、自动化层网络及现场层网络。三层网络可以有效地覆盖能源中心和建筑内各设备的自动化控制及管理。该三层网络结构代表了当今楼宇自动化系统的典型实例，符合国家行业标准，具有全数字化集散型系统的优势，如图 7—4 所示。

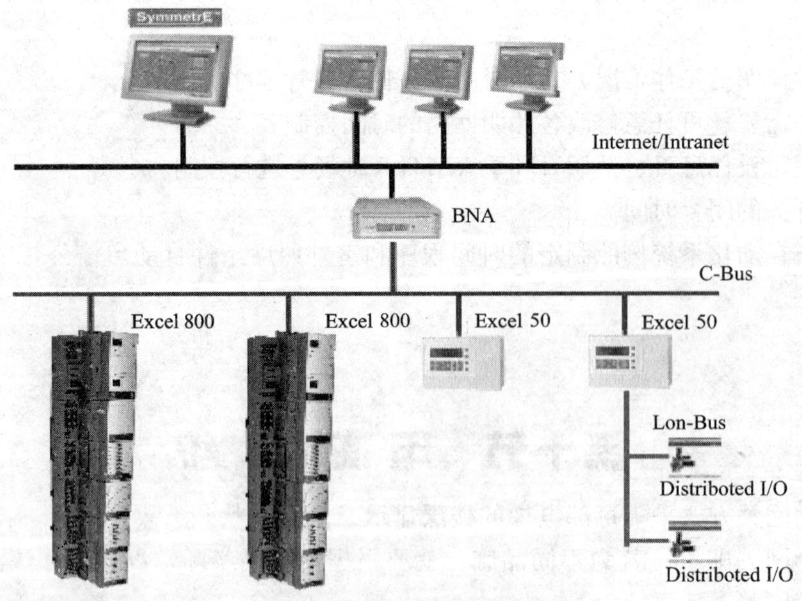

图 7—4　数字化集散型系统架构图

管理层网络可以通过以太网与建筑计算机网络进行通信，完成系统集成的功能，根据网络服务请求实现空调、照明等相关设备的控制与管理。

自动化层网络采用总线技术 C－Bus 可实现建筑内 DDC 控制器之间的通信，既可满足传送监控中心下达指令的任务，又可及时向监控中心反馈建筑各设备的信息。

现场层网络可以通过相应的控制器如 LonWorks 现场总线产品来控制分布在楼层的各种设备。通过该层网络可以有效、快速地执行控制器的指令。采用该层网络可减少自动化层网络不必要的通信负担，降低设备与控制器之间接线及施工的成本。

同时，自动化层及现场层控制器还可在中央站故障时继续按预定的程序工作，从而保证系统的正常使用。

SymmetrE 系统软件包括系统服务器平台和图形客户端软件。SymmetrE 服务器是对 BAS 进行管理的主要窗口。运行 SymmetrE Server 服务器平台，是 Excel 5000 现场控制网络 C－Bus 的节点，系统数据均储存在服务器的实时数据下和 SQL 的数据下。服务器同时还可运行 SymmetrE 客户端界面，通过全动态彩色图形对整个建筑的设备运行状况进行显示、报警、控制和管理。

SymmetrE 操作站可根据物业管理的实际需要设置在任何地方，其与服务器通过 TCP/IP 连接，连接路由可以是局域网或广域网。操作站只运行 SymmetrE 客户端界面，并可将 SymmetrE 系统的运行管理权限如显示内容、修改参数、设备控制等分别授权，以提高系统运行的安全性。

第十二节　与第三方设备的接口

对于冷水机组、热力系统、电梯系统梯等提供通信接口的第三方设备，SymmetrE 系统配置相应的接口软件将它们接入 BA 系统，实现对这些设备的二次监控。由于第三方设备距离 BA 监控中心有一定距离，所以需采用 RS485 或以太网的形式与 SymmetrE 实现通信接口。

第三方设备如不能提供标准协议，则需开放详细的通信协议，在获取第三方设备的通信协议后，可以对 SymmetrE 进行接口开发，实现设备运行数据的共享。

本设计的第三方设备接口形式如下：

（1）冷水机组、锅炉机组。RS－485 或 RS－232 协议。

（2）变配电系统。Modbus 协议。

（3）柴油发电机。Modbus 协议。

（4）电梯系统。RS－485 或 RS－232 协议。

（5）各种净水设备。RS－485 或 RS－232 协议。

第十三节 节能效果

一般而言，一幢高层建筑的控制系统所控设备的能量消耗占整个建筑能量消耗的绝大部分，特别是循环水泵、空调机组和照明系统。如何使这些设备高效运行，是楼宇自控系统必须考虑的问题。因此，采用最优化的控制模式来满足建筑的功能要求，会为业主带来很大的经济效益。

据初步测算，建筑的运营成本每平方米每年为 1 200 ~ 1 600 元，构成大致如下：固定成本占 73.22%，能源占 7.11%，维护占 10.85%，清洁占 6.82%。

对于机电设备总投资的推算，BAS 的成本大约为 6%。采用 BAS，节能的具体表现如下：

1. 设备控制加强了能量管理

空调主机系统采用优化启停控制和预测负荷控制。

设备的优化控制措施加入了室外气象边界条件。

可通过与变配电系统的集成实现负荷控制。

通过照明时间段控制，实现节能效果。

用上述方法，BAS 可为新的办公建筑节能 20% 左右。在旧建筑中可以节能 30% ~ 35%。

2. 节约人力， 提高工作效率

作为一幢大型超高层建筑，建筑内的机电设备数量和型号众多，并且分布于建筑的各个楼层，采用楼宇自控系统统一管理这些设备，只需在工作站上就可监控所有设备的运行情况，并且可以通过设定时间让 BA 系统自动对设备进行定时控制。无须过多的管理人员，即可对建筑进行完善的管理，节省人力资源的成本。

3. 延长设备使用寿命

利用 BAS 系统的软件功能，自动累计各种机电设备的运行时间，在可以利用备用设备的情况下，自动循环使用常用设备和备用设备，如冷水机组和循环水泵等，这样可以延长它们的使用寿命，降低平均故障发生率，以节省维修费用。另外，BAS 实现了设备的统一管理，快速反映故障，使危险降至最小。

4. 保证舒适的环境

建筑设备自动化系统的优点不仅在于对设备的监控，还可对特定的对象，如环境温度进行精确的自动控制。对空调系统就可通过回风温度与设定温度的比较，采用 PID 方式调

节水阀来保持回风温度的恒定，以创造一个舒适的环境。舒适的环境相对提高了建筑物业的整体形象。

鉴于上面分析，BAS 可在 5～10 年内收回本身的投资。

第十四节　建筑设备自动化系统设计的特殊说明

根据本项目弱电系统的具体特色需求，参考了相关的设计图样和文件，针对本项目为高档次建筑，其机电设备较为分散的特点，为便于整个物业管理，在设计过程中有以下几点需特殊说明。

1. 分布式模块控制器

图 7—5 所示为仿实物结构图。

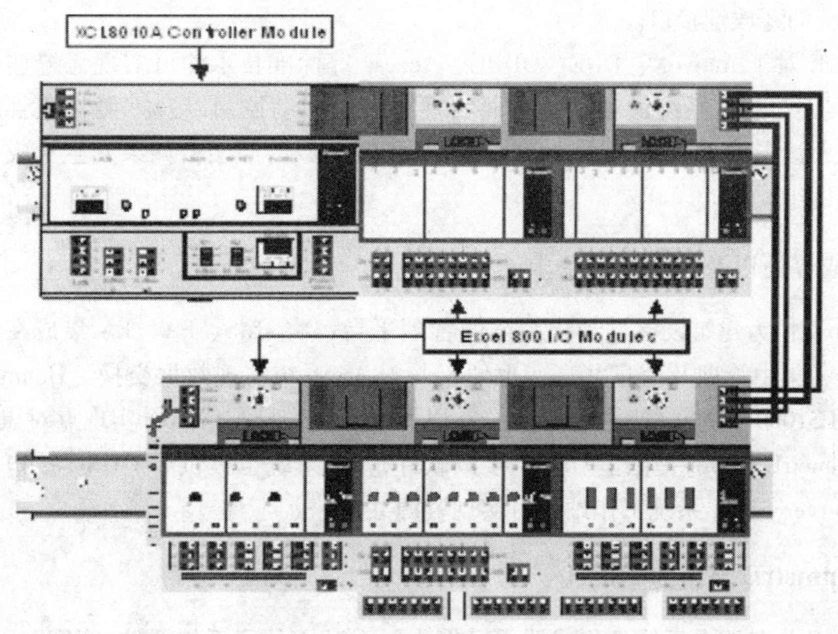

图 7—5　仿实物结构图

控制器选用 LonWorks 技术的 XL800（分布式、模块式）控制器，所采用的控制器及系统软件都是具有目前世界最新技术的产品。

Excel 800 采用了全新专利技术的 Panel 总线，通过使用“即插即用”的 Panel 总线 I/O 模块，极大地节省了安装和调试的成本。与此同时，控制器仍可采用 LonWorks 技术的 LonWorks 总线 I/O 模块。I/O 模块包括了一个端子底座和一个可插拔的模块，这使得在模块安装之前就可以在底座上进行接线工作。所有的模块可以在不断电、不断网的情况下进行维护更新，包括软件更新、配置和调试；对于 Panel 总线 I/O 模块，这些工作都可以自动完成。

XL800 控制器可连接操作终端、调制解调器及手提式操作终端，可接受便携式终端的实时操作，而不影响永久连接在上等调制解调器等终端的正常工作。监控点的设定、软件修改可在现场经操作终端直接输入而实现，不需到生产厂家去修改。

XL800 控制器的使用寿命可达 13. 7 年，C – Bus 的通信速率达 1 Mbit/s，Lon – Bus 标准的通信速率达 76. 8 kbit/s。

模块化设计使系统易于扩展，在所控设备比较分散的情况下其优点尤其突出，它可将模块放置于不同的设备附近，然后只需通过连接模块靠简单的双层线与控制器相连，这样既可满足系统扩充的需求，又满足了布线简洁方便的要求。

2. SymmetrE 系统

SymmetrE 系统具有高效能、集成化的特点，该系统根据需要可将建筑的楼宇控制系统、消防报警系统及安保自动化系统集成在 SymmetrE 软件平台上，并适用于本建筑特点及先进的控制和管理要求，包括选用最先进的 LonWorks 技术的数字控制器，以及与其他供应商系统及 OA 系统的开放性接口。

SymmetrE 对于 ActiveX、DDE、ODBC、Access 等标准技术均可实现无缝连接。SymmetrE 系统可实现与这些系统的通信，从而实现有关的联动控制以及方便物业管理和系统集成，如持卡人读卡进入某区域时，可自动打开相应区域的照明；如果发生火灾，则关闭火灾层的空调机组。

3. 集成界面以及接口协议要求

SymmetrE 作为建筑设备自动化系统的管理平台，将 BAS、SA、FA 集成在一起，便于控制域的统一集中管理及信息共享，也便于与 IBAS 系统实现数据交换。Honeywell 消防报警控制器 XLS1000 通过 LAN_ Interface 挂在以太网上，直接与 Server 实现点对点的通信。

SA SymmetrE Server 提供了 ODBC 接口软件，SA 系统也提供了 ODBC 接口软件，这样 SymmetrE Server 与 SA 系统工作站就可实现资源共享。

4. SymmetrE 系统的集成性

SymmetrE 为各弱电系统的集成器，可作为一个独立的子系统或统一的集成系统。通过选择不同的软件接口或选项，可满足以下子系统的要求：

（1）楼宇自动化系统。SymmetrE 通过接口监控 Excel 5000 系列控制器，如 XL800 等 LonWorks 产品。

SymmetrE 通过软件接口监控 Honeywell Interface 软件，综合各子系统，共用 SymmetrE 的实时数据库，因而可轻易实现无缝的系统集成，提供辅助信息管理和查询等。

该项目的其他机电系统，如消防报警系统、安保系统等都可以与中央监控系统联网，实施系统监控或实施系统联动，使中心内的各机电设备、各系统连成一个有机的整体，统一、有序地处理各种日常的或突发的事件，使中心在各种情况下都能安全、高效、稳定地

运行。

BAS系统可以与其他系统通过通信接口及通信协议，实现系统间的监控和联动，充分体现各弱电系统的综合集成等。

（2）消防系统。SymmetrE通过软件接口监控火灾消防系统，提供对所有报警的实时响应，及时做出相应的联动处理。消防系统本身应具备软件数据接口、硬件设备通信接口，并提供与BA、SA等的系统联动。

（3）提供ODBC、OPC、API等接口与其他系统数据库进行信息交换。可根据客户需求开发系统接口，提供第三方设备及系统的接入。

第十五节 系统的主要设备

系统方案采用SymmetrE，现场直接数字控制器采用Excel 5000系列控制器，DDC的硬件及软件配置均能保证分站按独立方式运行，真正实现危险分散的集散型控制。分站软件包括系统软件（含监控程序和实时操作系统）及所需的一系列应用软件，提供编程用的CARE软件，以方便用户日后修改程序。

DDC所配置的软件支持现场的各种控制功能，支持最主要的HVAC节能控制，同时也能实现与SymmetrE中央及DDC间的同层通信。

一、中央工作站

1. 监视功能

SymmetrE以Windows 2000（NT）为操作平台，采用工业标准的应用软件，全中文图形化的操作界面监视整个BA系统的运行状态，提供现场图片、工艺流程图（如空调控制系统图等）、实时曲线图（如温度曲线图，可同时显示几根，时间可任意推移）、监控点表、绘制平面布置图，以形象直观的动态图形方式显示设备的运行情况。可根据实际需要提供丰富的图库，并提供图形生成工具Display Builder软件，绘制平面图或流程图并嵌以动态数据，显示图中各监控点的状态，提供修改参数或发出指令的操作指示。

可提供多种途径查看设备状态，如通过平面图或流程图，通过下拉式菜单，或10个特殊功能键进行常用功能操纵，以单击鼠标的方式逐级细化地查看设备状态及有关参数。

画面的转换不超过两个按键，画面的全部数据刷新小于2 s。

SymmetrE系统软件能提供一个多任务的操作环境，使用户可同时运行多个应用程序。在运行多个实时监控程序的同时可同时运行如Word或Excel软件，也可浏览互联网网页。通过使用工业标准的软件来支持并行访问和系统监控操作。

2. 控制功能

能在SymmetrE中央通过对图形的操作对现场设备进行手动控制，如设备的ON/OFF控制；通过选择操作可进行运行方式的设定，如选择现场手动方式或自动运行方式；通过交换式菜单可方便地修改工艺参数。

SymmetrE 对系统的操作权限有严格的管理，以保障系统的操作安全。SymmetrE 对操作人员以通行字的方式进行身份的鉴别和管制。根据不同的身份将操作人员分为 6 个安全管理级别。

SymmetrE 软件能自动对每个用户产生一个登录/关闭时间、系统运行记录报告。用户自定义的自动关闭时间，以保证操作人员离开后时的系统安全。

3. 报警功能

当系统出现故障或现场的设备出现故障及监控的参数越限时，SymmetrE 均产生报警信号，报警信号始终出现在显示屏最下端，为声光报警（可选择），操作人员必须确认报警信号后才能解除报警，但所有的报警都将记录到报警汇总表中，供操作人员查看。报警共分 4 个优先级别。

报警可设置实时报警打印，也可按时或随时打印。

4. 综合管理功能

SymmetrE 对有研究与分析价值、应长期进行保存的数据建立历史文件数据库：用流行的通用标准关系型数据库软件包和 SymmetrE 服务器硬盘作为大容量存储器建立 SymmetrE 数据库，并形成棒状图、曲线图等。

SymmetrE 提供一系列汇总报告，作为系统运行状态监视、管理水平评估、运行参数进一步优化及作为设备管理自动化的依据，如能量使用汇总报告，记录每天、每周、每月各种能量消耗及其计算值，为节约使用能源提供依据；又如，设备运行时间、启停次数汇总报告（区别各设备分别列出），为设备管理和维护提供依据。

SymmetrE 可提供图表式的时间程序计划，可按日历订计划，制定楼宇设备运行的时间表，可提供按星期、按区域、按月历及节假日的计划安排。

5. 通信及优化运行功能

SymmetrE 中央站采用 Windows NT 操作系统、以太网连接和 TCP/IP 通信协议，通过 ODBC 等接口方式与其他子系统及 IBAS 服务器通信，传送综合管理、能源计量、报警等数据，并接收其他系统发出的联动及协调控制命令，以便控制整个建筑设备的优化运行。

SymmetrE 中央站与 DDC 间可直接通信，无须采用其他任何转接设备，提高了整个系统的可靠性及运行的速度。C－Bus 的通信速率为 1 Mbit/s，能够满足画面刷新对通信速率的要求。

二、Excel 800 控制器

Excel 800 控制器（包括 XCL8010A 控制器模块、Excel 800 Panel 总线和 LonWorks 总

线 I/O 模块）提供了针对加热、通风和空调系统的，高性能价格比的自由编程控制。它在能源管理方面有广泛的应用，包括最优化启停、夜间扫风，以及最大负荷需求等。Excel 800 在安装和长期运行方面具有良好的适应性，其模块化的设计理念也使得系统可扩展性较好。

Excel 800 采用了全新专利技术的 Panel 总线，通过使用“即插即用”的 Panel 总线 I/O 模块，极大地节省了安装和调试成本。与此同时，控制器仍可使用采用 LonWorks 技术的 LonWorks 总线 I/O 模块。I/O 模块包括了一个端子底座和一个可插拔的模块，这使得在模块安装之前就可在底座上进行接线工作。所有的模块可以在不断电、不断网的情况下进行维护更新，包括软件更新、配置和调试；对于 Panel 总线，I/O 模块的这些工作都可以自动完成。

开放的 LonWorks 标准使得控制器可以很容易地集成第三方控制器，或与其 Honeywell 控制设备如 Excel 10 和 Excel 12 区域控制器进行通信。

通过一个调制解调器或 ISDN 终端适配器连接到楼宇管理平台以实现远端服务。

通过 Honeywell 的 OpenViewNet 设备（通过 C－Bus 连接到 Excel 800 控制器）可以实现直接的 Web 服务。

1. 特性

即插即用的 Panel 总线 I/O 模块，易于安装维护。

LonWorks 总线 I/O 模块（FTT10－A，兼容电源线收发）易于集成进入其他系统。

I/O 模块更改维护无须断电和断开总线连接。

可以重新使用现存的应用程序（如 Excel 500 等）。

达到最新技术发展水平的压入式端子和桥接头使得接线迅速。

支持的传感器范围广泛（PT3000，Balco500，NTC20k，PT1000－1/－2…，0/2…10 V，0/4…20 mA）。

可选配件，如辅助端子、手动端子切断模块和交叉接头（Cross－Connector）等，使得接线具有最大的灵活性。

可安装在小型安装箱体内。

灵活的 I/O 模块组合能适应用户所有的应用需求。

可以通过可选件 OpenViewNet 设备进行 Web 访问。

通过专用的调制解调器进行远程操作。

支持人机接口（HMI）、膝上型计算机连接。

端子底座与电子模块分离设计，降低安装期间的损害风险。

XCL8010A 控制器模块配备有一个 HMI 接口（RJ45 插座，作为串行端口），可以连接 HMI 设备，如 XI582AH 手操器，或者膝上型计算机（装有 XL－Online/CARE 软件）。

C－Bus 接口：最多 30 个 C－Bus 设备（如控制器等）可以相互进行通信，或者通过 C－Bus 接口与中央管理 PC 进行通信。C－Bus 必须由独立的控制器连接组成（开放的环网拓扑结构)。

Web 接口:可选的 OpenViewNet (OVN) 设备是一个智能的 BMS (楼宇管理系统) 接口,它为 Excel 800 控制器与其他设备之间的访问提供了一个 TCP/IP 接口。该设备是一个 IP 设备,可以在世界上的任何地方对其进行访问。

OpenViewNet 设备的处理器和内存运行了相关的操作系统和应用程序,可以允许用户远程监视和管理楼宇设备。设备提供了报警和事件通知功能。用户也可通过它生成报表,通过时间表定时管理设备,或者通过定制图形对重要数据进行在线或离线的监视、趋势管理。设备与客户端之间的数据处理过程是分布式的,资源利用的合理而有效。

LonWorks 接口:The LonWorks 总线是一种 78 kbit 的使用变压器隔离的串行线路,因此总线接线没有极性;也就是说,连接到双绞线的两条线接到 LonWorks 端子的位置并不重要。

LonWorks 总线可以连接成菊花链形、星形、环形或混合型,只要符合相关的最大接线距离要求即可。建议配置为使用了两个终端电阻的菊花链形(总线)网络结构。这种设计允许的 LonWorks 总线距离最长,并且这种简单的架构出问题的可能性最小。当扩展现存的总线时,这一优点更明显。

调制解调器接口:XCL8010A 控制器模块配置有一个调制解调器接口(RJ45 插座,作为一个串行端口),用于连接调制解调器或 ISDN 终端适配器。

Panel 总线接口:XCL8010A 控制器模块具有一个有特色的 Panel 总线接口(最大为 40 m),其极性的无关性使接线更容易。确定性总线设计的时间周期为 250 ms;需扫描所有连接的 Panel I/O 总线模块。

2. 编程

Excel 800 系统包含广泛的软件包,设计适应用工程师的需求,简单易用。菜单驱动的软件具有以下几个功能特点:

(1) 数据点描述。数据点是 Excel 800 系统的基本要素。数据点包括系统特定信息,如数值、状态、限定值以及默认设置等。用户可很容易地访问和修改数据点及其所包含的信息。

(2) 时间程序。时间程序可用来针对任意数据点设置任意时间内的状态与数值的设定。可以使用的时间程序有每日程序、每周程序、年度程序、当日(TODAY)功能、特使日期列表。

每日程序可用于创建每周程序。年度程序可以通过每周程序自动创建,再与每日程序结合形成。当日(TODAY)功能允许直接改变开关程序。它允许用户对选定的数据点赋予一个预定时间段内的数值和状态设定。

(3) 报警处理。报警处理功能可保证系统的安全性。例如,报警信号可提醒操作者进行定期维护工作。所有发生的警报都会即时报告,并存储在数据文件内。如果系统配置允许,用户还可以在打印机上打印报警列表或通过本地总线、调制解调器将报警传递

到更高级别的设备上。系统有两种类型的报警：紧急报警和非紧急报警。紧急报警（如由通信故障引起的系统报警）比非紧急报警具有更高的优先级。为了区分报警类型，用户可创建自己的报警信息或利用预先编好的系统信息。生成报警信息的原因有：超出限定值，维护工作超期，累加器读数，数字数据点状态改变。报警缓冲区可以包含最多77个报警。

（4）应用程序编程（DDC程序）。用户可以使用Honeywell CARE编程工具为自己的系统创建应用程序。一系列预定义的应用程序（MODAL）无须额外的编程就可提供反映最新技术发展水平的应用程序。

（5）密码保护。Excel 800系统也受到密码保护，这确保了只有经授权的人员才能访问系统数据。操作员级别分为四级，分别通过其自身的密码进行保护。

操作员级别1：只读。操作员可以查看显示有关设定、切换点和运行时间等信息。

操作员级别2：可读取信息并可适当修改。操作员可查看显示系统信息并可修改某些预设的数值。

操作员级别3：可读取信息并适当修改。系统信息可被查看显示并修改。

操作员级别4：编程工具（如CARE、XL－Online软件等）的访问级别。

（6）趋势记录。Excel 800系统提供了基于控制器的趋势记录。这一特性运行历史数值保存在控制器模块中，可以进行基于时间或基于历史数值的趋势记录。

三、Excel 50控制器

Excel 50控制器可以用于单独的、不联网的就地控制，同时，它还具有通信功能的选择，与Excel 5000系统集成在同一个网络上。

Excel 50控制器是专门用于加热系统、区域供暖系统、小型餐厅、小型商店、办事处、银行分支，连锁商店及小型城镇住宅的小型空调控制系统。

Excel 50可替代Excel 20控制器，它内含通信模块，并可自由编程控制，编程非常简便。其固化软件、系统软件永久储存在一个EPROM中或一个Flash－EPROM中，EPROM/Flash－EPROM被设置在应用模块中。一个独立的模块插在控制器壳体内，每组应用程序放在独立应用模块中。每组程序具有一个代码，它通过PC中的应用程序软件包LIZARD来产生应用代码并通过MINI接口输入指令代码。可变通信口及选择开关在控制器后盖上，无须打开箱壳。

1. 特点

（1）8个功能键，4个快速访问键，4行液晶显示，每行16个字符，方便现场操作。

（2）简单应用程序编程，可与Honeywell Excel 5000控制器使用同一软件。

（3）预先配置应用程序模块，可以直接调用。

（4）可以单独工作或与Excel 5000 C－Bus联网功能，与ISDN/GSM卡通信接口，同时带有LON及M－Bus通信功能。

（5）Flash EPROM 可方便地进行应用软件的修改与下载程序，可通过 B - Port 或 C - Bus 完成下载。

2. 应用

Excel 50 控制器具有两种型号：一种是人机接口（MMI）；另一种是无人机接口。外部人机接口通过 MMI 或 XI584 便携式计算机都可与所有型号进行通信，箱体可装在 DIN 导轨或控制屏门上。

控制器壳体背面有直接连接导线的接线端子，也可以将同一控制屏的 DIN 导轨用 Phoenix 接线端子连线。

计算机应用工具软件包可以帮助用户得到最佳配置，通过人机接口 MINI 可把预先配置的应用程序放置在固化软件中，同时把现场设备的特性也装入固化软件中。

Excel 50 提供了 3 种应用类型：单独工作 Flash - EPROM 和具有 C - Bus 功能的 Flash - EPROM。版本 Flash - EPROM 可以提供新的固化软件程序，具有远程通信功能。有单独工件的 Flash - EPROM 和带有 C - Bus 通信模块的硬件具有远程通信功能，并且可与 Excel 5000 系统联网。

3. 控制软件

主要控制功能如下。

（1）焓值控制。对每种空气源进行全热值计算，并进行比较决策，自动选择空气源，使被冷却盘管除去的冷量或增加的热量最少，来达到所希望的冷却或加热温度。

（2）最佳启动。根据人员使用情况，提前开启 HVAC 设备。在保证人员进入时，环境舒适的前提下，提前时间最短为最佳启动时间。

（3）最佳关机。根据人员使用情况及航班动态，在人员离开之前的最佳时间关闭 HVAC 设备，既能在人员离开之前使空间维持舒适的水平，又能尽早地关闭设备，减少设备能耗。

（4）减小再加热控制。对使用集中供冷、分区再加热方法进行温度控制的多区单位空调系统，根据区域状态计算再加热需要量，并据此进行优化，重新设定冷冻水最佳温度（或冷盘管出口最佳温度）的控制算法，最大限度地减少冷热抵消所引起的能源消耗。

（5）设定值再设定。根据室外空气温度、湿度的变化对新风机组和空调机组的送风或回风温度设定值进行再设定，使之恰好满足区域的最大需要，以将空调设备的能耗降至最低。

（6）负荷间隙运行。在满足舒适性要求的极限范围内，按实测温度和负荷确定循环周期与分断时间，通过固定周期性或可变周期性间隙运行某些设备来减少设备开启时间，减少能耗。

（7）分散功率控制。在需要功率峰值到来之前，关闭一些事先选择好的设备，以减少高峰功率负荷。

(8) 夜间循环程序。分别设定低温极限和高温极限，按采样温度决定是否发出“供热”或“制冷”命令，实现加热循环控制或冷却循环控制。在凉爽季节，夜间只送新风，以节约空调能耗。

(9) 夜间空气净化程序。采样测定室内、室外空气参数，并与设定值进行比较，依据是否节能，发出（或不发出）净化执行命令。

(10) 零能量区域。设置冷却和加热两个设定值，有一个既不用冷也不用热的区域，实现空间温度在该舒适范围内不消耗冷、热能源的控制。

(11) 循环启停程序。自动按时间循环启停工作泵及备用泵，以维护设备。

(12) 非占用期程序。在夜间及其他非占用期编制专门的非占用期程序，自动停止必要运行的设备，以节约能源。

(13) 例外日程序。为特殊日期，如假日提供例外日程序安排计划，中断标准系统处理，只运行少数必须运行的设备。

(14) 临时日编程。如遇特殊情况，可编制临时日编程，提前一天编制好下一天的临时日程序，停止运行一些不必要运行的设备，只运行一些必须运行的设备。临时日程序优先于其他时间程序。

第十六节　CARE 的编程

1. CARE 编程步骤

(1) 打开编程软件并单击“确认”按钮，如图 7—6 所示。

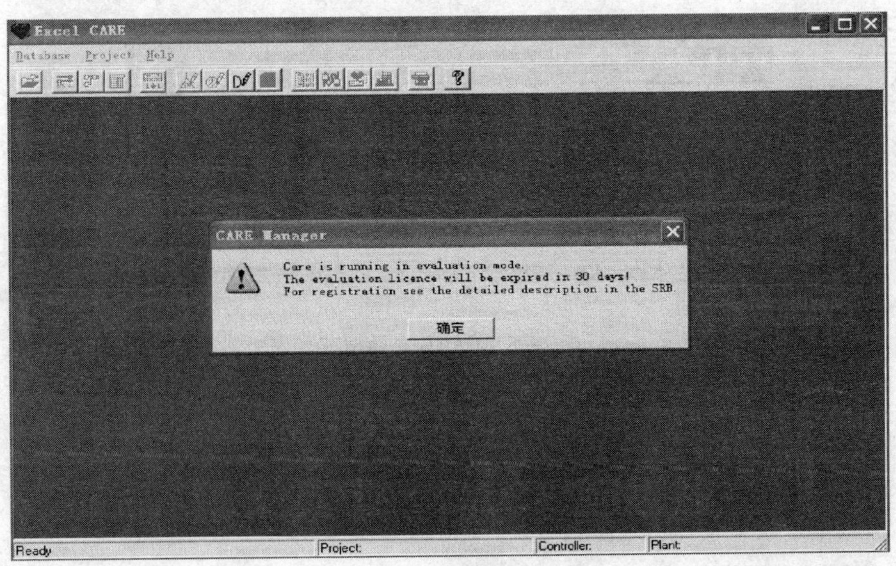

图 7—6　CARE 对话框一

（2）进入编程软件界面后，建立一个新工程项目，如图 7—7、图 7—8 所示。

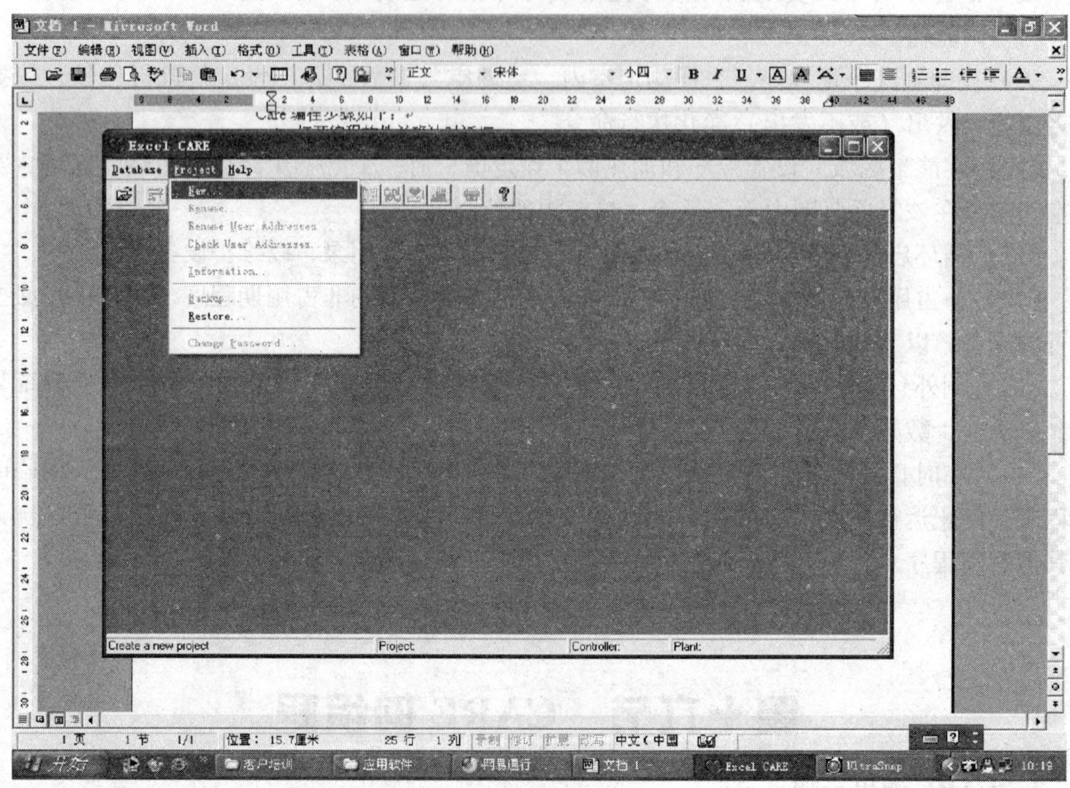

图 7—7　CARE 对话框二

图 7—8　CARE 对话框三

（3）填写相关信息，如图 7—9 所示。

（4）建立控制器，并进行相关设置，如图 7—10 ~ 图 7—13 所示。

（5）CADE 基本设置对话框如图 7—14 ~ 图 7—16 所示。

New Project

Project Name: shddc

Description: -上海印刷厂

Reference 0

Client: -

Order Number : 0

Discount: 1 %

Job Factor: 1

Project -胡山刚

Date: 01. August. 2006

User Addresses: Unique

Units of Measurement

International　Imperial

Project Subdirectory

c:\care\projects\ shddc000

OK　Cancel　Help

图 7—9　CARE 对话框四

New Controller

Controller Name: DDC1

Controller Number: 2

Controller Type: Excel 50

Controller OS Version 2.03

Country Code: UNITED ST

XL50

Default File Set:

Original Default files for 2.03 XL50 controller.

xl50_203

Units of Measurement

International

Imperial

Power Supply

XP501

XP502

Wiring

Screw Terminals

Flat Strip Cabling

OK　Cancel　Help

图 7—10　CARE 对话框五

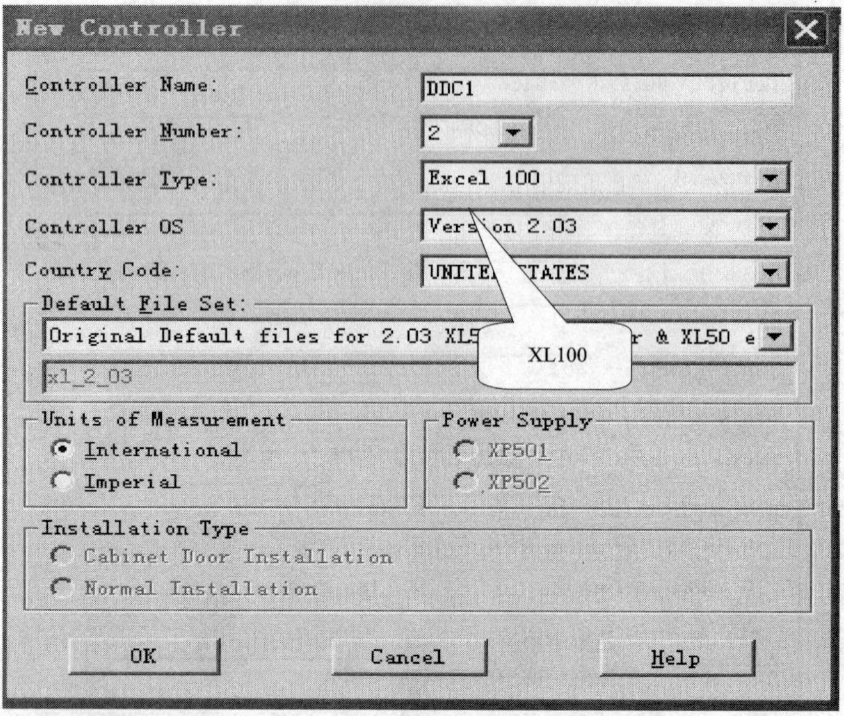

图 7—11　CARE 对话框六

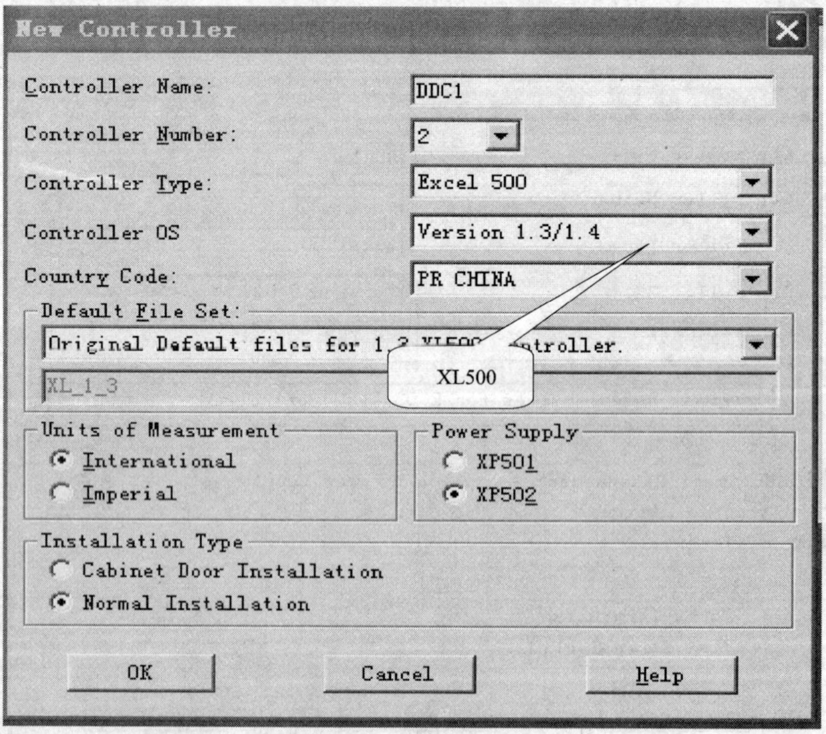

图 7—12　CARE 对话框七

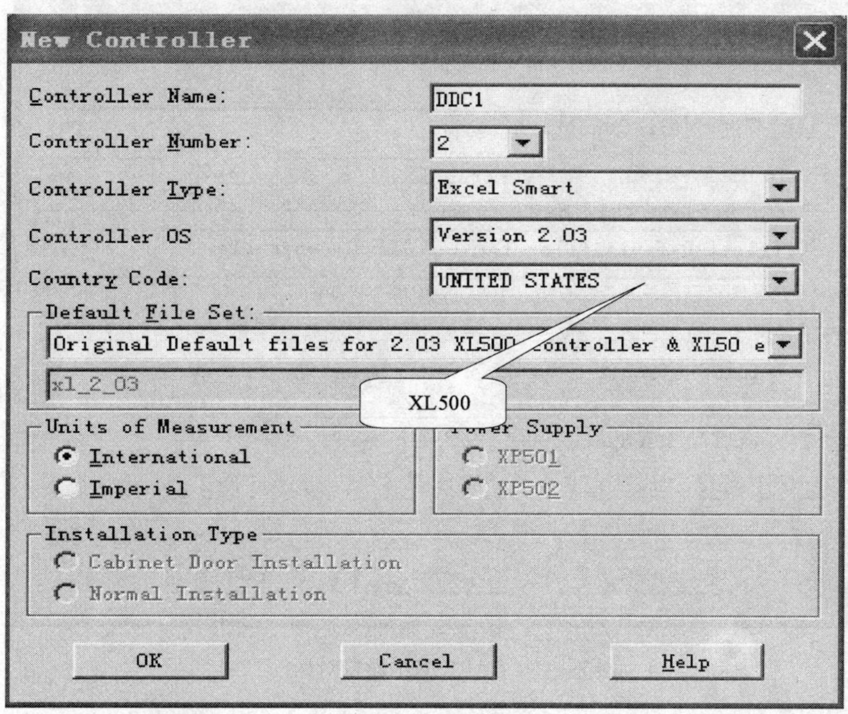

图 7—13　CARE 对话框八

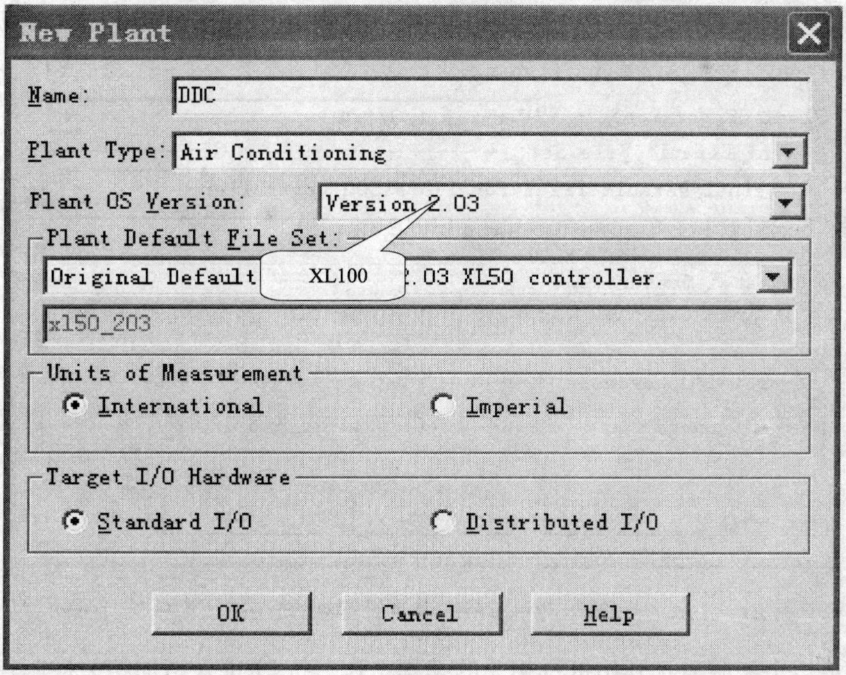

New Plant
Name: DDC
Plant Type: Air Conditioning
Plant OS Version: Version 2.03
Plant Default File Set:
Original Default ... 2.03 XL50 controller.
XL100
xl50_203
Units of Measurement
International　Imperial
Target I/O Hardware
Standard I/O　Distributed I/O
OK　Cancel　Help

图 7—14　CARE 基本设置对话框一

设置完成以上步骤后，开始进行相关的编程工作，按

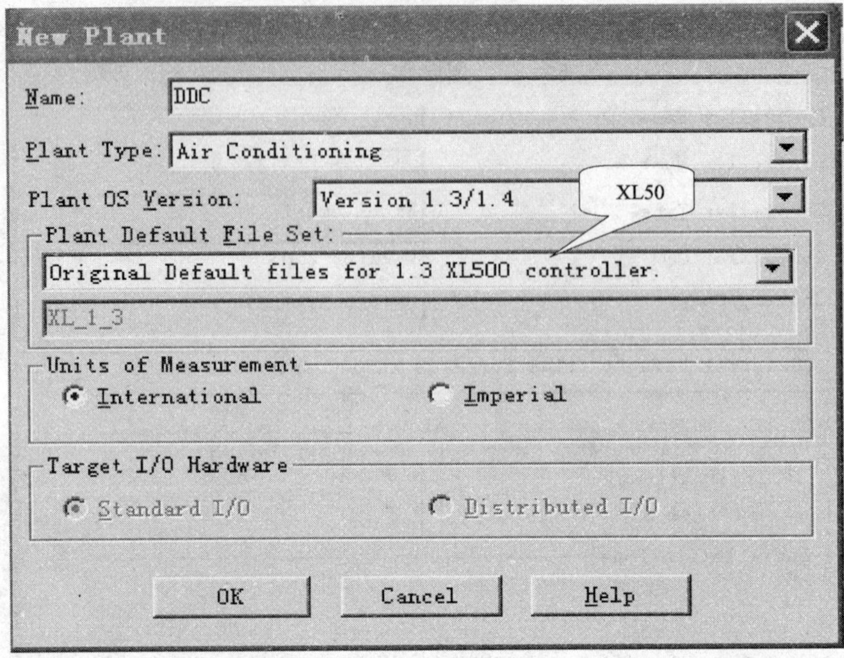

图 7—15　CARE 基本设置对话框二

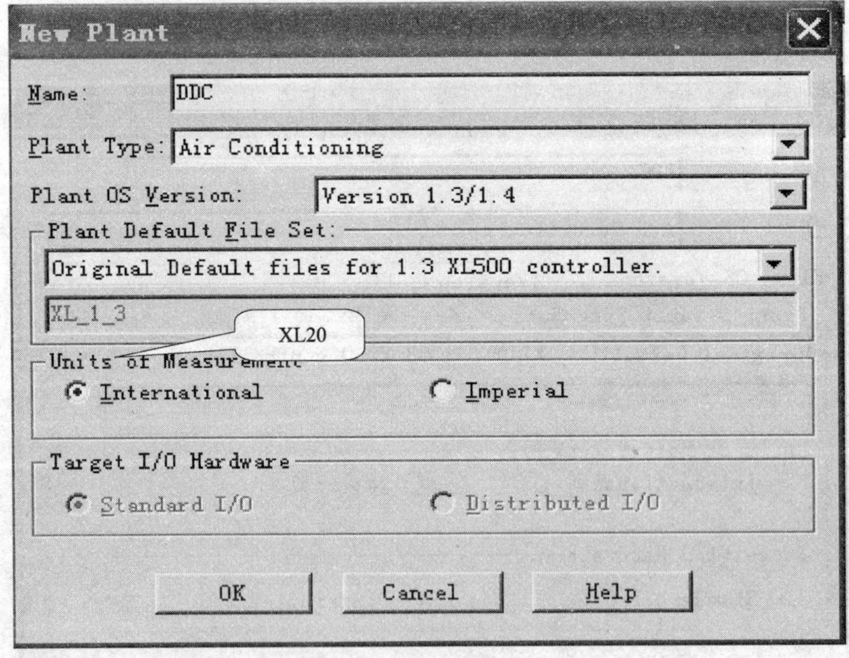

图 7—16　CARE 基本设置对话框三

设置完成以上步骤后，开始进行相关的编程工作，按进入增加相关控制点界面。

（6）建立数据点，如图 7—17 所示。

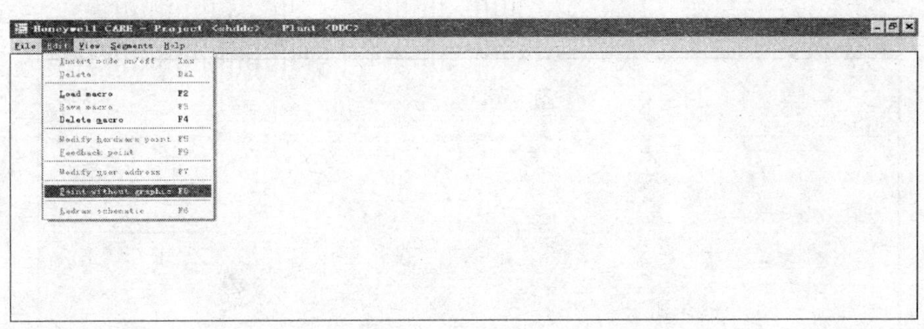

图 7—17　建立数据点

（7）建立模拟点，如图 7—18 所示。

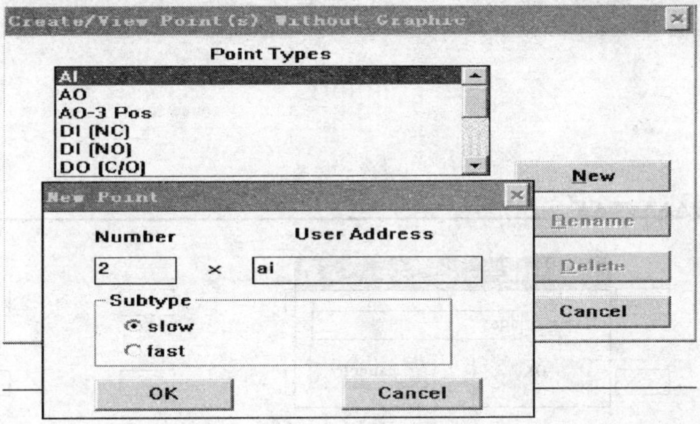

Create/View Point(s) Without Graphic

Point Types

AI
AO
AO-3 Pos
DI (NC)
DI (NO)
DO (C/O)

New
Rename
Delete
Cancel

New Point

Number　User Address

2　×　ai

Subtype
slow
fast

OK　Cancel

图 7—18　建立模拟点

数据点建立完成，如图 7—19 所示。

其中，AI 点为模拟输入点，AO 点为模拟输出点，DI 点为数字量输入点，DO 点为数字量输出点。DI（NC）为数字量常闭点，DI（NO）为数字量常开点，DO（C/O）为数字量常闭点，DO（NO）为数字量常开点。正常使用以上点就可以，其他可以不用。编写 XL20 控制器程序时，点的名称可以为中文字。如果想更改点的名称，先按 F5 键，然后单击该点即可修改。

图 7—19　数据点建立完成

（8）退出此界面，单击 按钮进入控制策略界面，并建立控制名称，如图 7—20 所示。

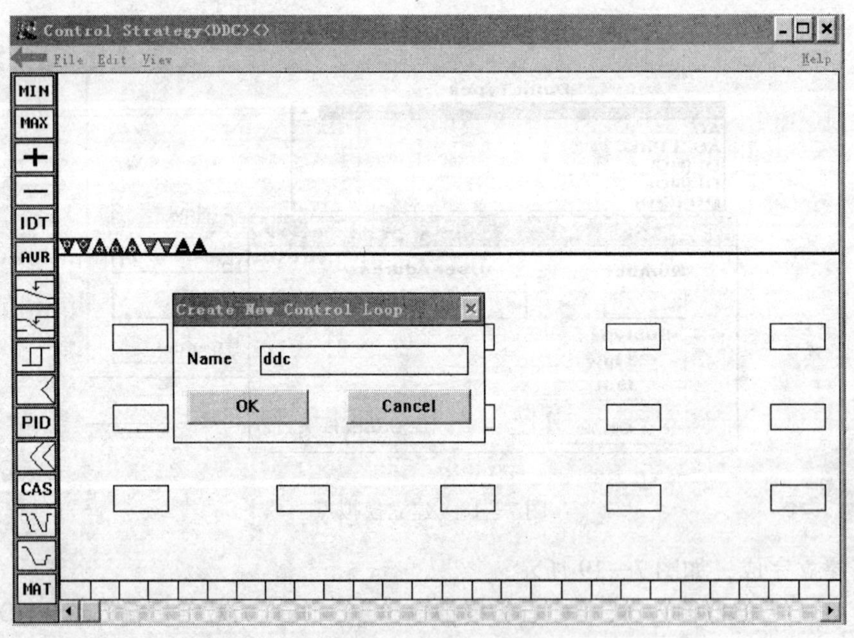

图 7—20　控制策略的建立

建立控制名称后即可进行相关的编程工作，如图 7—21 所示。

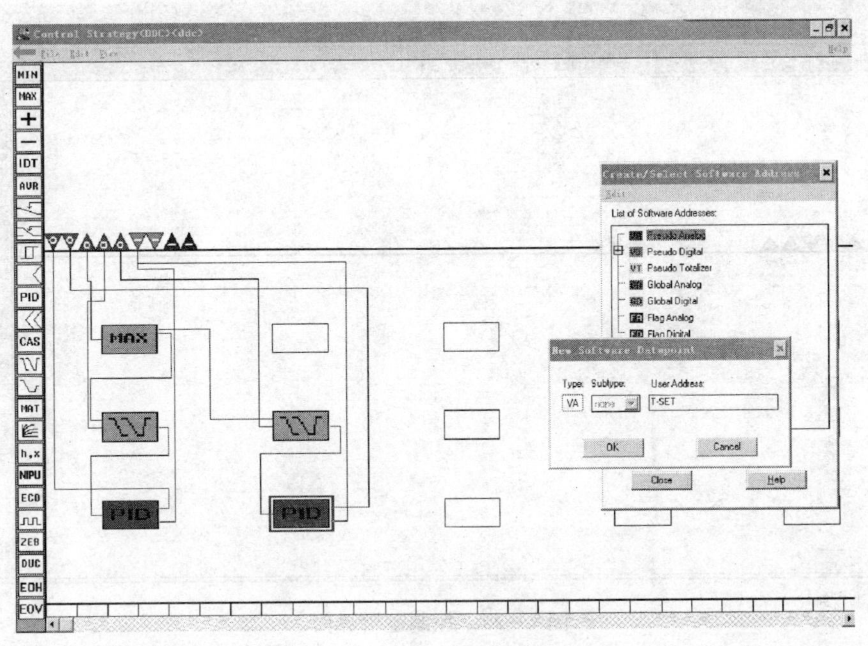

图 7—21　进行相关的编程工作

控制策略建成，如图 7—22 所示。

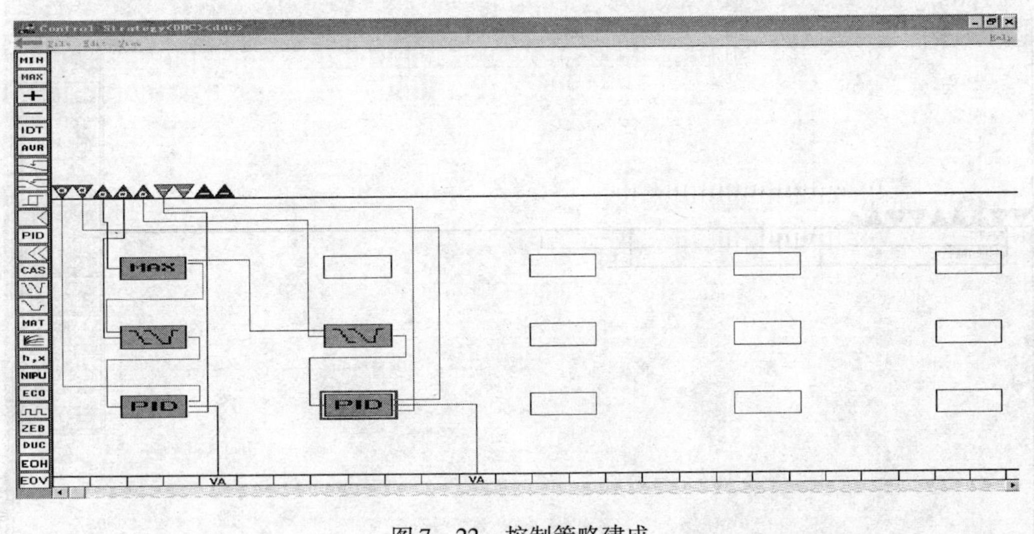

图 7—22　控制策略建成

所有模块为绿色时，说明该程序编写完成。另外相关模块的功能说明见附件。

在控制策略中建立设定值之类的伪点时，选中下边的空格栏即可增加。如要删除某功能模块，先选中该模块，同时按“Ctrl + Del”组合键即可删除。

（9）完成控制策略编写后，关闭该界面，单击按钮进入控制逻辑界面，如图 7—23 所示。

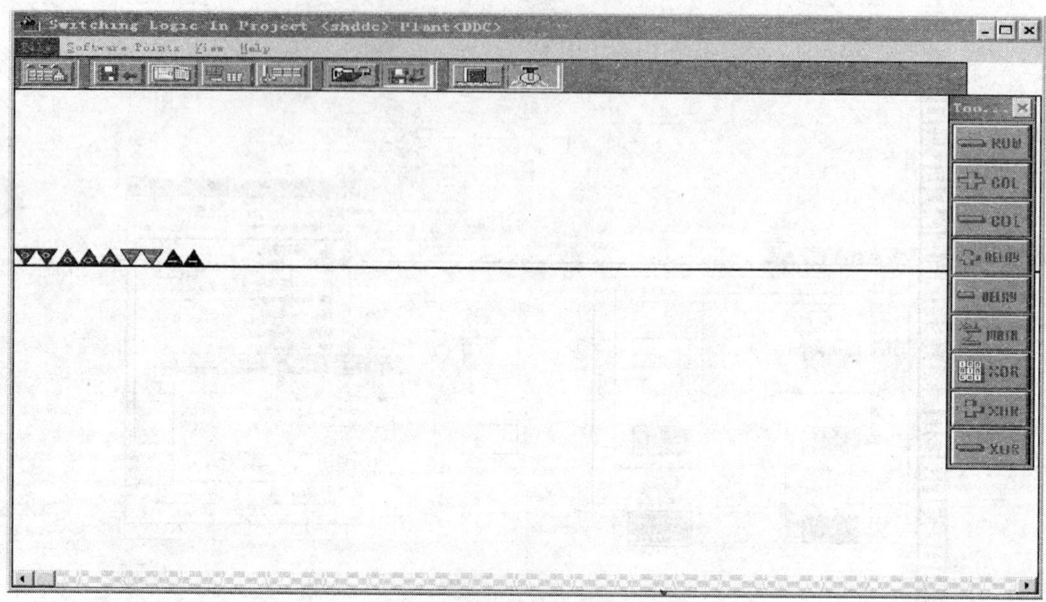

图 7—23 控制逻辑界面

逻辑关系的建立如图 7—24 所示。

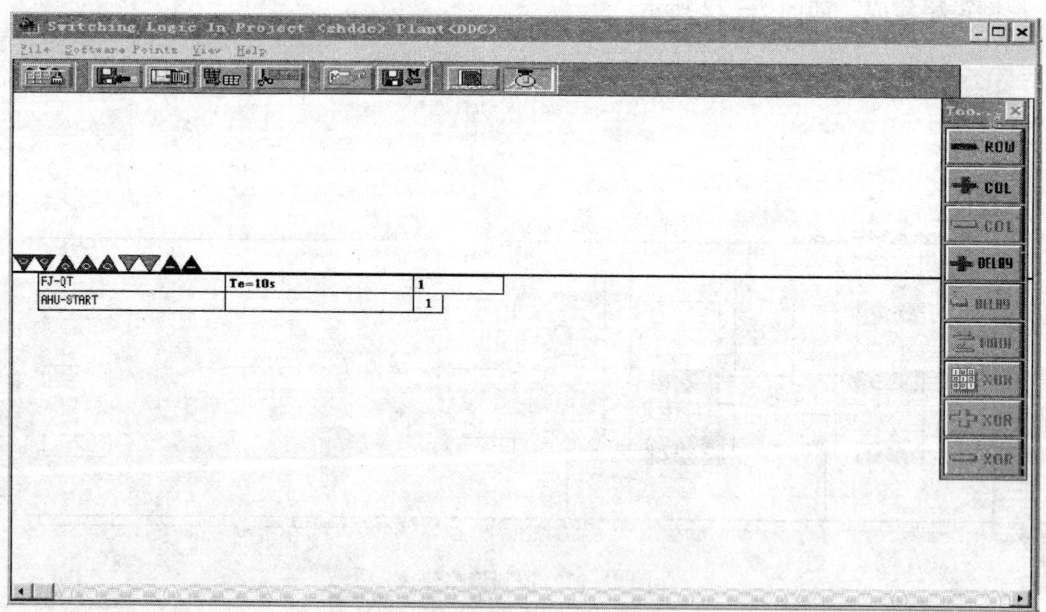

图 7—24 逻辑关系的建立

控制逻辑中主要运用了数字电路知识进行相关控制编写，同时与 PLC 的编写相近。

控制逻辑编写完成后，关闭该界面。单击按钮进入下一界面。该界面的作用是把编写好的程序与控制器绑定，即程序与控制器相对应。发送 PLANT 如图 7—25 所示。

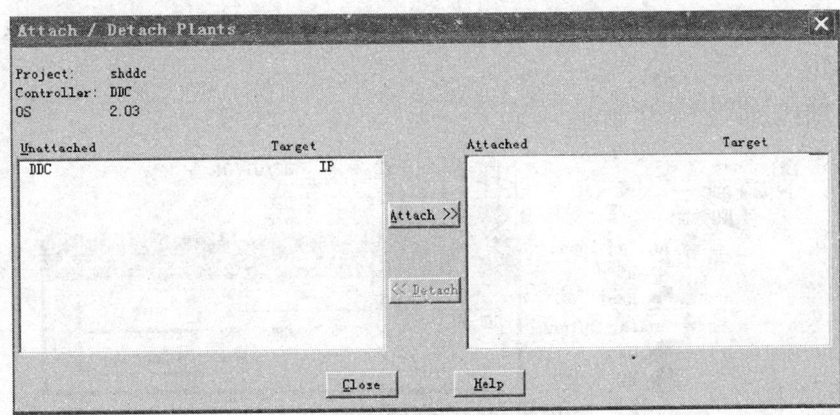

图 7—25　发送 PLANT

PLANT 发送完毕如图 7—26 所示。

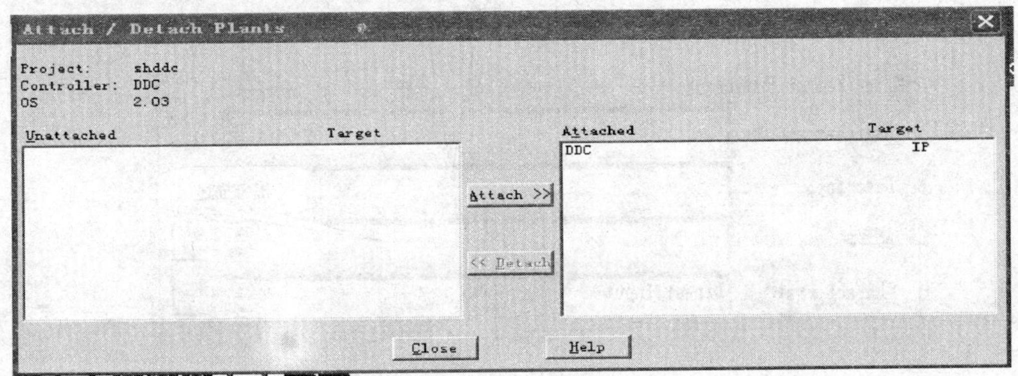

图 7—26　PLANT 发送完毕

（10）关闭界面后，单击按钮进入控制点属性定义界面，如图 7—27 所示。

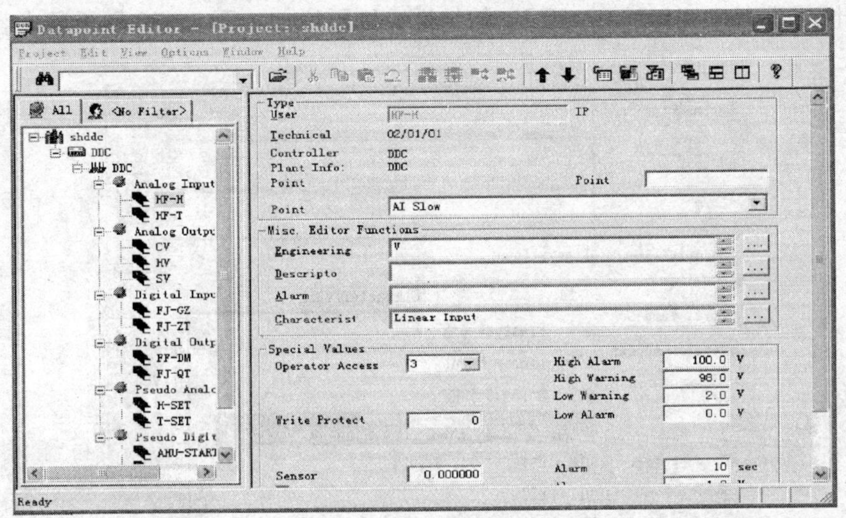

图 7—27　控制点属性定义界面

控制点定义时，如需更改点的名称，选中点后右击即可更改名称。如果为 XL20，其单位也可为中文。

编辑用户地址如图 7—28 所示。

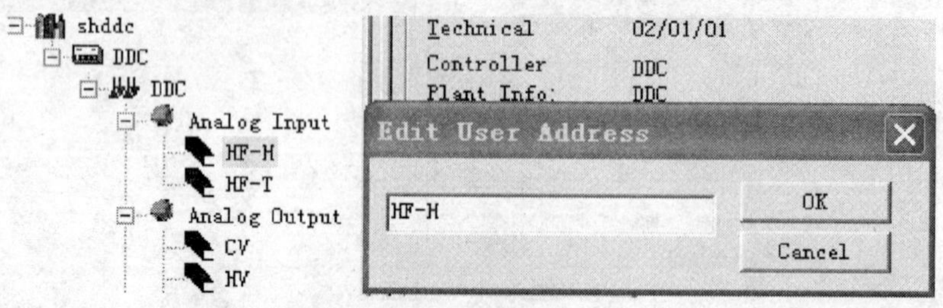

图 7—28　编辑用户地址

增加定义单位符号如图 7—29 所示。

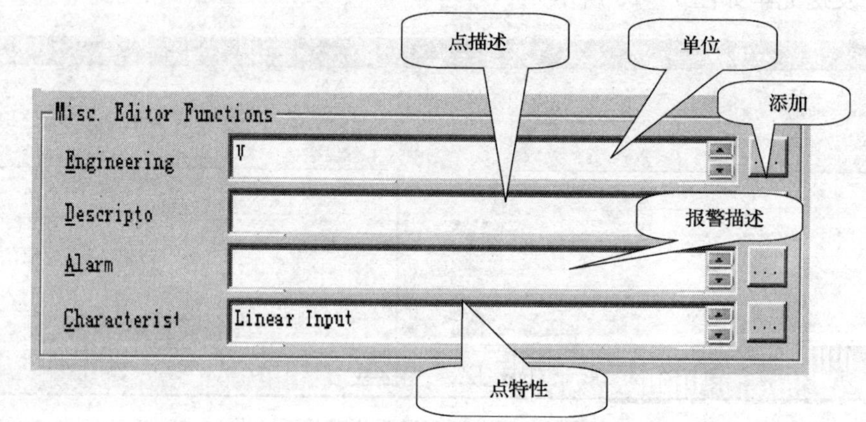

图 7—29　增加定义单位符号

如果在相应的选项中没有自己需要的特性及相关信息，可以根据实际需求进行增加，如在点的特性里没有 0－10V＝0－50 Hz 的特性，则需增加如图 7—30 所示的内容。

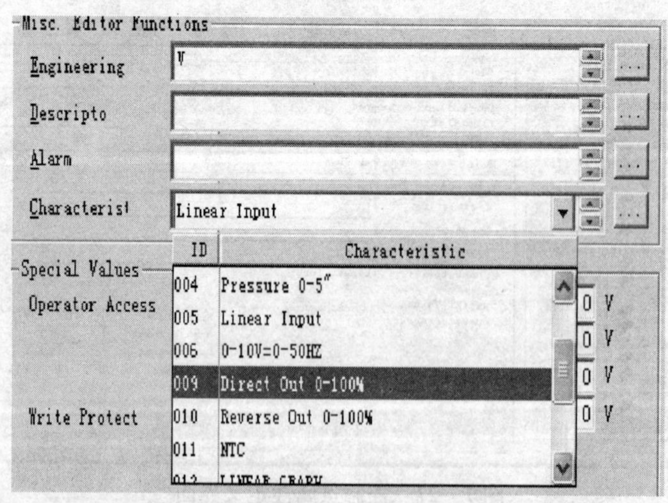

图 7—30　增加一种传感器特性

图 7—31 所示为对传感器的输入输出特性进行数据定义。

Miscellaneous Text Editor / Input/Output ...

Slow Input/Output Characterist　Other Source　OK　Default　Cancel　Help

Reference				
	0	V	0	
	0	V	0	
	10	V	50	
	10	V	50	

ID	I/O Characteristic	Used	Defaul
1	Pressure 0-3"		✓
2	2-10V = 0-100%		✓
3	Pressure +-0.25"		✓
4	Pressure 0-5"		✓
5	Linear Input	✓	✓
6	0-10V=0-50HZ		
7			✓

图 7—31　对传感器的输入输出特性进行数据定义

其他增加方法同上。对于控制点，要求必须有点名称的描述，因为这样才会为以后的维护工作提供方便。对于模拟点，要求其分辨率为 0.1，因为如果为默认值 1，如温度信号变化且变化不大于 1，其显示可能不变，如图 7—32 所示。

Alarm	10	sec
Alarm	1.0	RH
Trend	0.1	RH
Trend	0	minut

图 7—32　输入参数分辨率设定

对于要求提供报警的，其相关设置如图 7—33 所示。

设定一个参数的上下限和报警值，如图 7—34 所示。

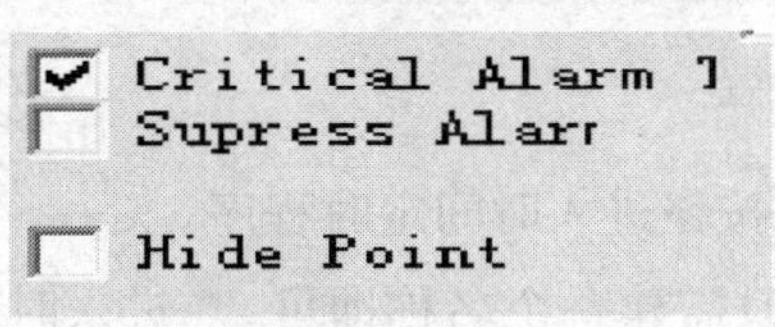

图 7—33　CARE 对话框

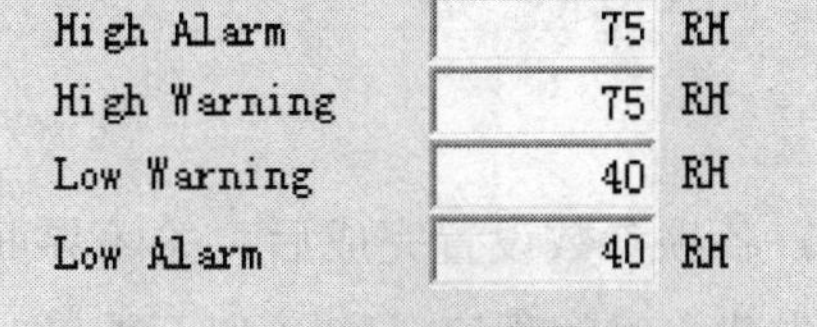

图 7—34　设定一个参数的上下限和报警值

当传感器有偏差时，可通过设置偏差修正，如传感器实际偏差为 3 时，其修正方法如图 7—35 所示。

如果某点无须在控制器上显示，其操作方法如图 7—36 所示。

图 7—35　传感器偏差修正　　图 7—36　隐藏一个数据点

当选中此处后，控制器将不显示该点，但如果该点要求在其他控制器上共享，则不能隐藏该点，否则将无法共享。

对于 DI 点，如果需要提供报警功能，则设置如图 7—37 所示。

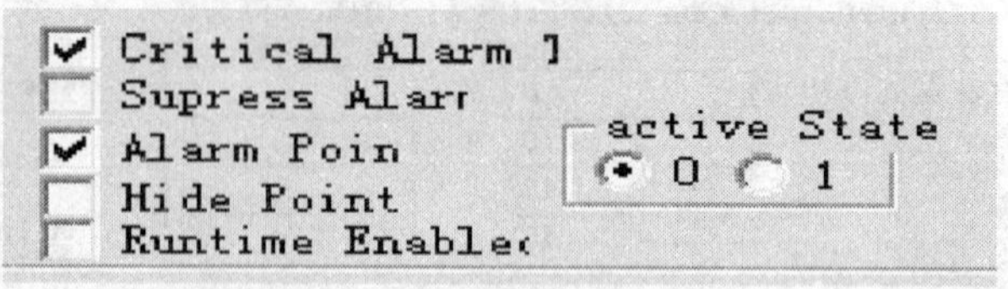

图 7—37　设置某点为需要报警

当需要做时间累计程序时，需设置的参数如图 7—38 所示。

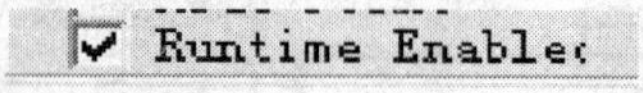

Runtime Enablec

图 7—38　设置某点具有运行时间统计功能

对于模拟点，有时需设定初始值，如温度设定等，具体设置如图 7—39 所示。

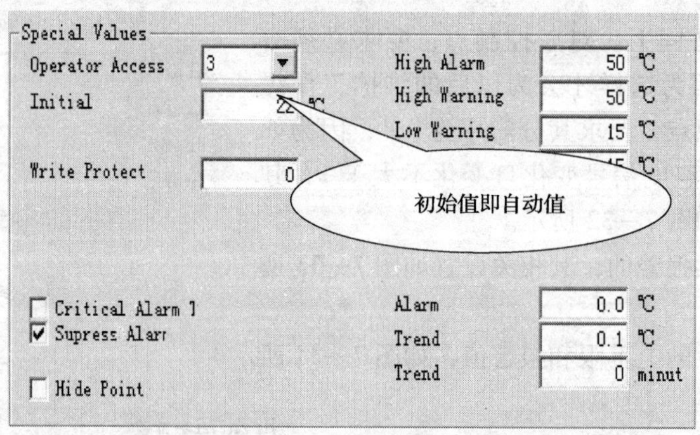

图 7—39　初始值设置

（11）各项参数设置完成后，关闭界面。单击按钮进入时间定时程序。

1）先建立时间程序名称（如不需做时间程序，只需建一个名称即可）。进入时间程序和命名一个时间程序如图 7—40 和图 7—41 所示。

图 7—40　时间程序初始画面

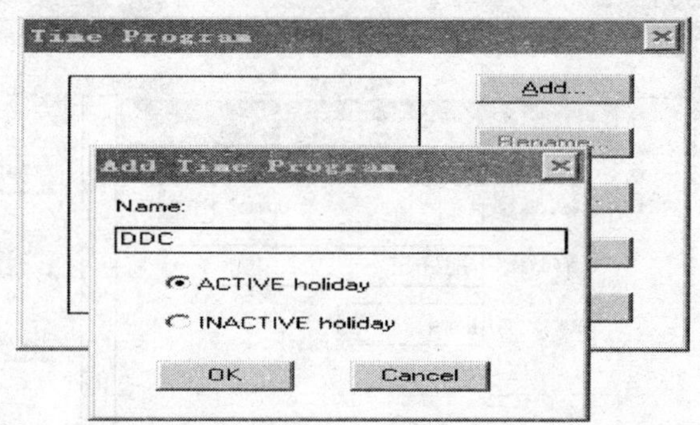

图 7—41　命名一个时间程序

2）进入编辑界面，选择时间程序的点，如图 7—42 所示。

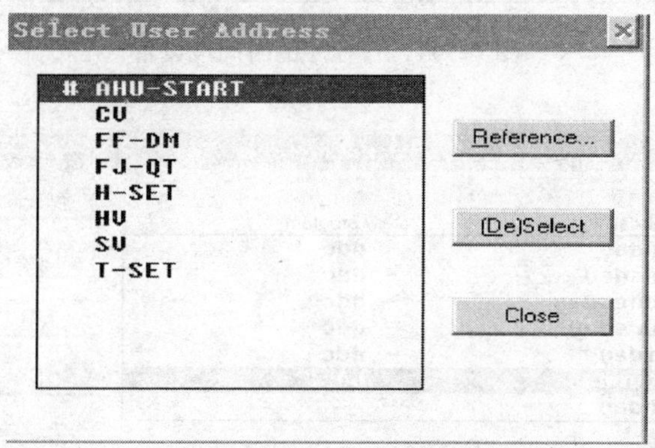

图 7—42　选择需要进行时间程序控制的点

3）建立某日时间运行的名称，如图 7—43 所示。

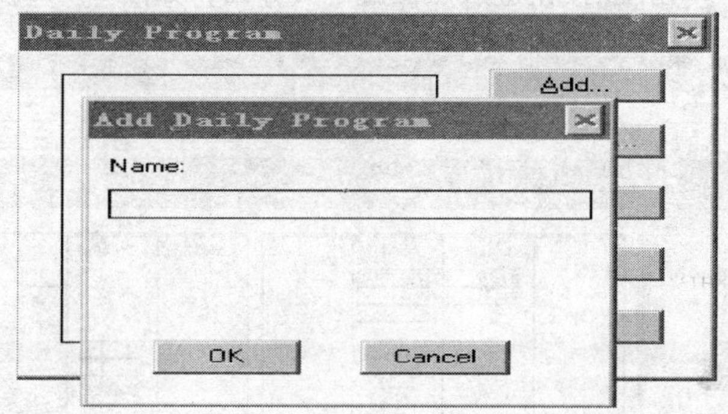

图 7—43　日程序

4）进入编辑界面，添加点的时间程序，如图 7—44 所示。

5）定义每周时间运行程序，如图 7—45 所示。

如需进行其他相关时间程序，请参考帮助文件。

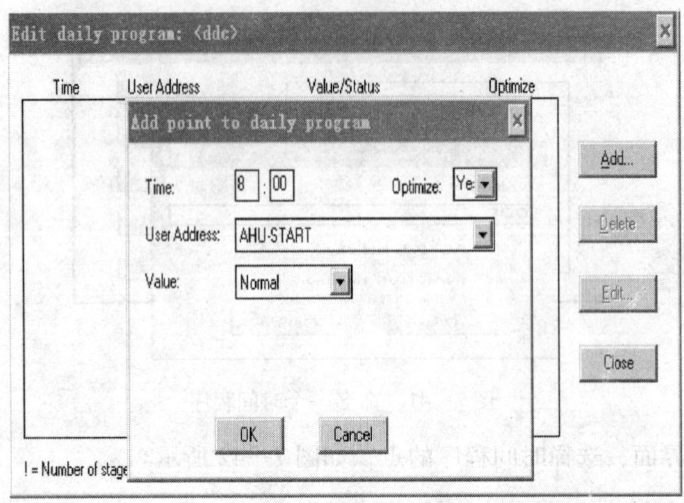

图 7—44　日程序的时间段设置

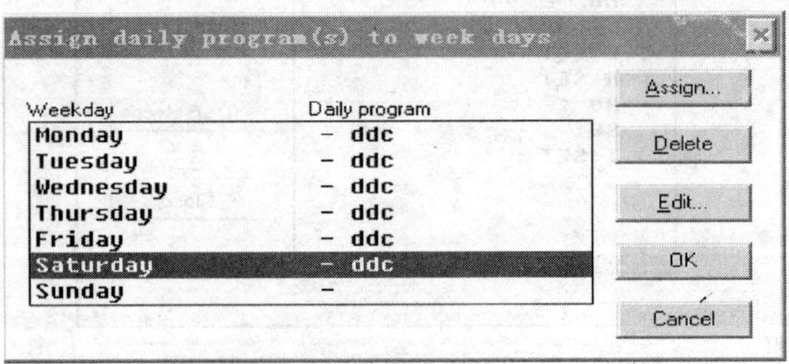

图 7—45　周程序

（12）关闭界面，单击按钮进入点位置定义界面，如图 7—46 所示。

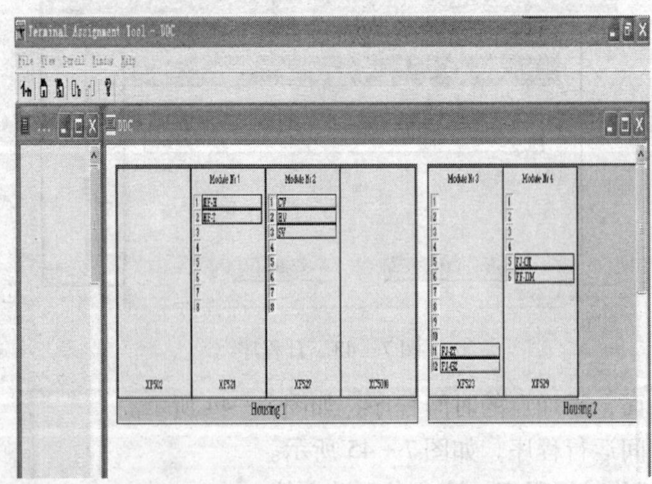

图 7—46　点与模块端子配对设置

根据现场接线情况进行点位定位。如果控制器为 XL500 控制器时，对模块的设置方法为：模块上的开关拨的位置 +1 即为模块程序地址。另外的 DI 点可放置在 AI 模块上。

DO 点可放置在 AO 点上。同时需注意的是，AO 点做 DO 点用时，需加 AO 转 DO 装置。

相关设置完成后，关闭界面，单击按钮进行程序编译，如图 7—47 所示。

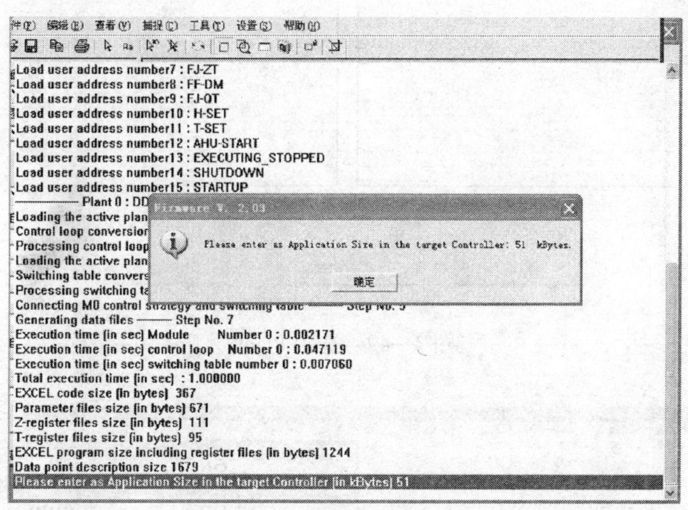

图 7—47　程序编译

（13）关闭如图 7—47 所示对话框，单击按钮进入程序仿真界面，进行程序仿真，如图 7—48 所示。

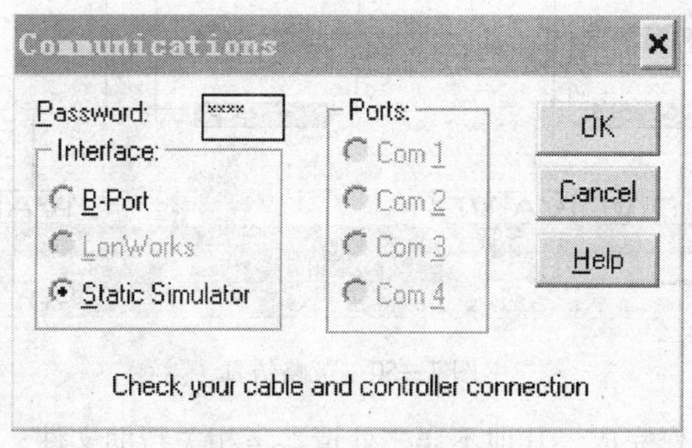

图 7—48　实时仿真

选中 Plant 如图 7—49 所示。

当程序为在线仿真时，选中 B－PORT 即可。策略仿真如图 7—50 所示。

经仿真，程序正常可用后即可进行程序下载，如不行，则根据出错情况进行相关更改，直至程序正常。

（14）关闭程序仿真界面，单击按钮进入程序下载界面。连接 DDC 进行下载，如图 7—51 所示。

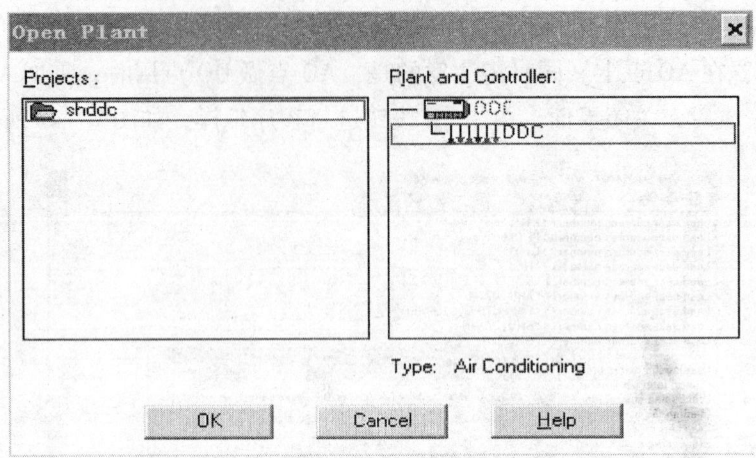

图 7—49 选中 Plant

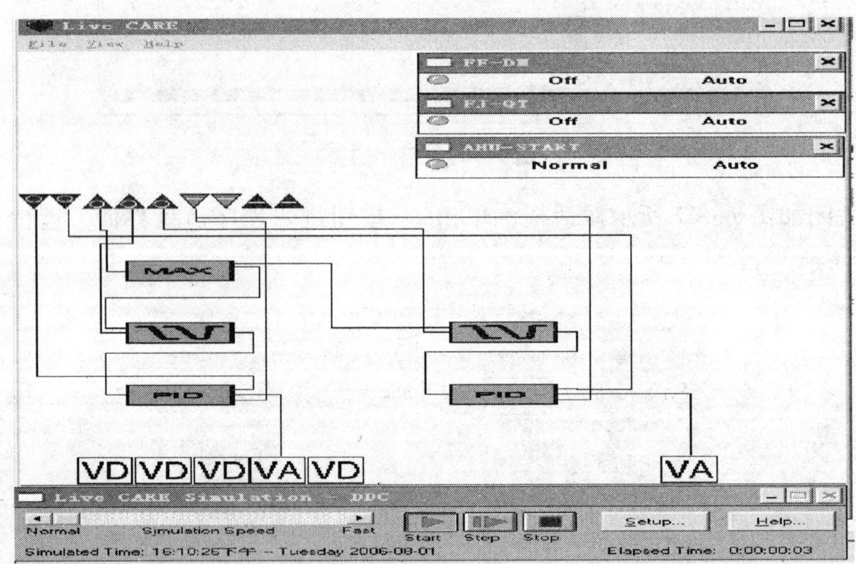

图 7—50 策略仿真

到此，程序编写工作完成，其他不详之处请参考相关帮助文件。

2. 通信卡的设置方法

目前通信卡的设置主要有两种方式。

(1) 用 COM 端的端口设置（通信卡一般为 A53/A52/CE－002H）。具体方法如下：

打开控制面板，再打开 C－BUS 菜单，设置如图 7—52 所示。

运行注册表 Regedit，打开 HKEY_LOCAL_MACHINE\SYSTEM\CURRENTCONTROLSET\SERVICES\SERENUM。将 Start 的数值数据项由 3 改为 4，如图 7—53 所示。

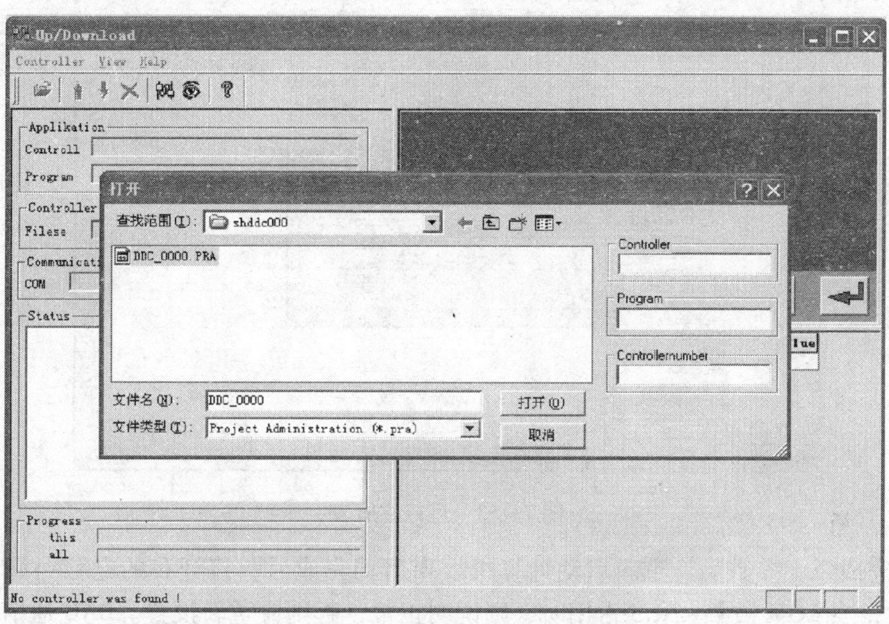

图 7—51　连接 DDC 进行下载

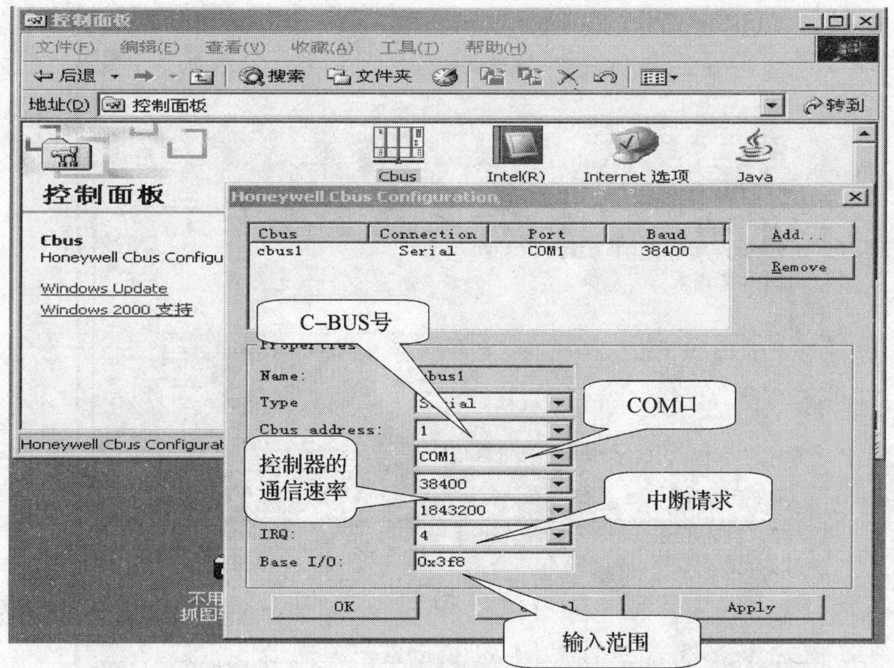

图 7—52　通信卡的设置

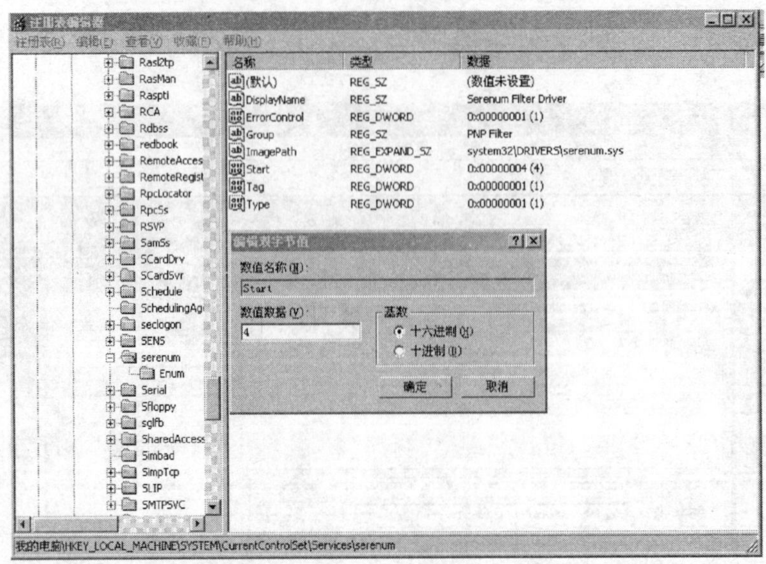

图 7—53　运行注册表

设置完成以上参数后，重新启动计算机。当启动完成后，打开我的电脑→属性，查看COM 属性，当 COM 被 C－BUS 占用时，则说明正常，否则应重新设置。BAC 通信设置如图7—54 所示。

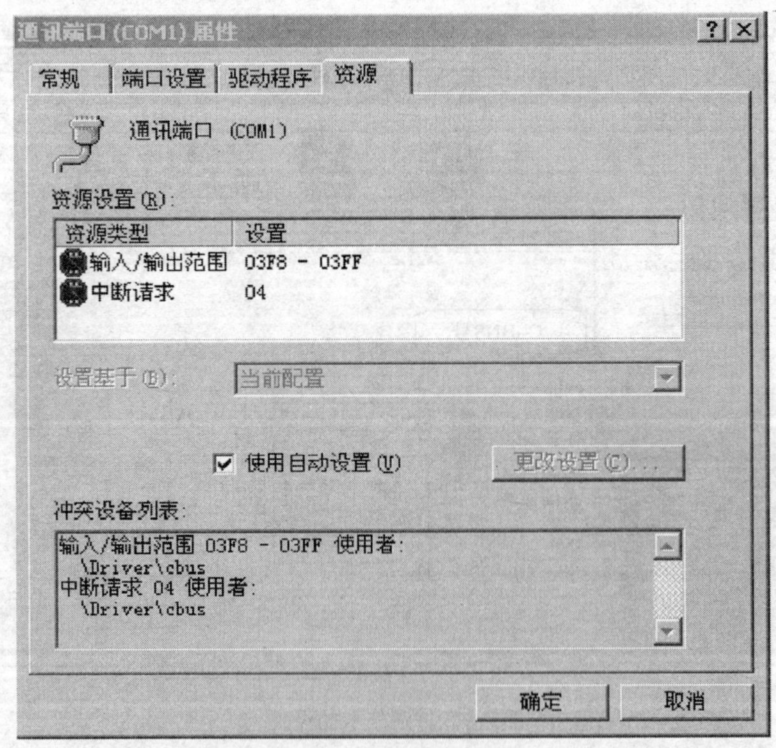

图 7—54　BAC 通信设置

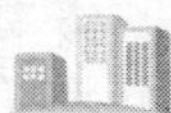

（2）BNA通信卡设置。BNA通信卡的设置方法如下：

打开控制面板，再打开C-BUS菜单，设置如图7—55所示。

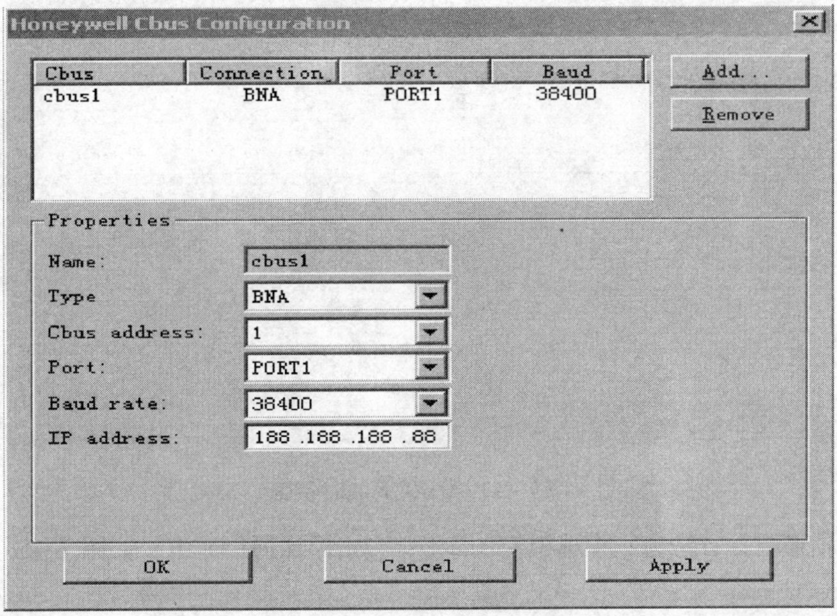

Honeywell Cbus Configuration
Cbus
Connection
Port
Baud
cbus1
BNA
PORT1
38400
Add...
Remove
Properties
Name:
cbus1
Type
BNA
Cbus address:
1
Port:
PORT1
Baud rate:
38400
IP address:
188 .188 .188 .88
OK
Cancel
Apply

图7—55 BNA通信卡的设置

注意：当使用BNA通信卡时，不用更改注册表，同时要求服务器IP地址的前三位要与BNA相同。

3. Quick Builder编写方法

从开始菜单中打开Quick Builder，新建项目并命名，如图7—56所示。

Create New Project
保存在(I):
abstract
历史
桌面
我的文档
我的电脑
网上邻居
文件名(N):
hsg
保存类型(T):
Quick Builder Projects
保存(S)
取消

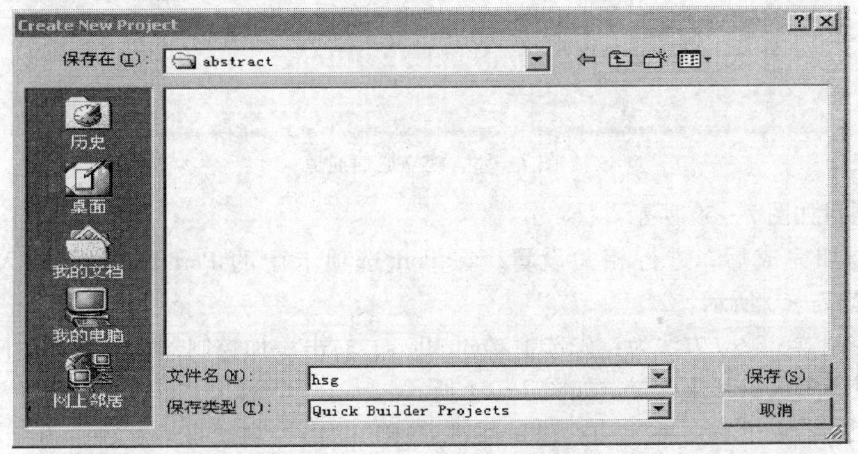

图7—56 新建项目并命名

进入 Quick Builder 界面，如图 7—57 所示。

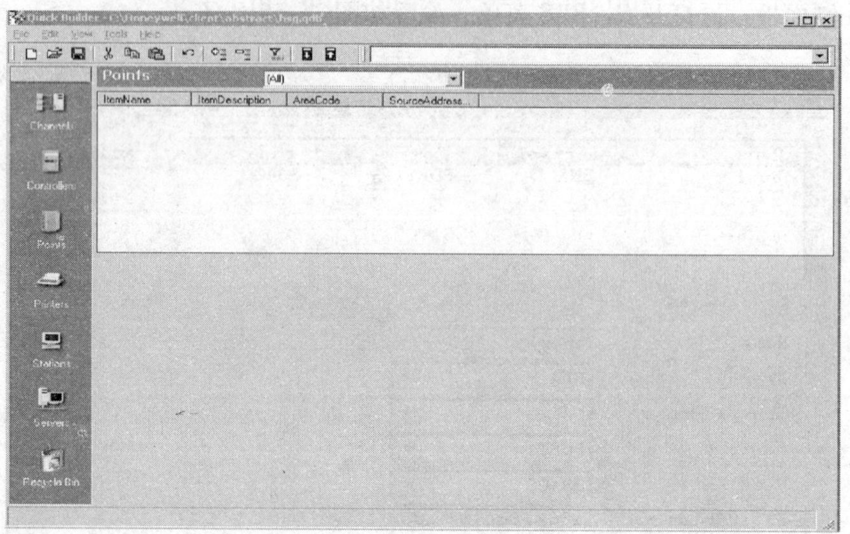

图 7—57　Quick Builder 界面

建立通信通道，方法为：先选中 Channels，右击添加通信通道，如图 7—58 所示。

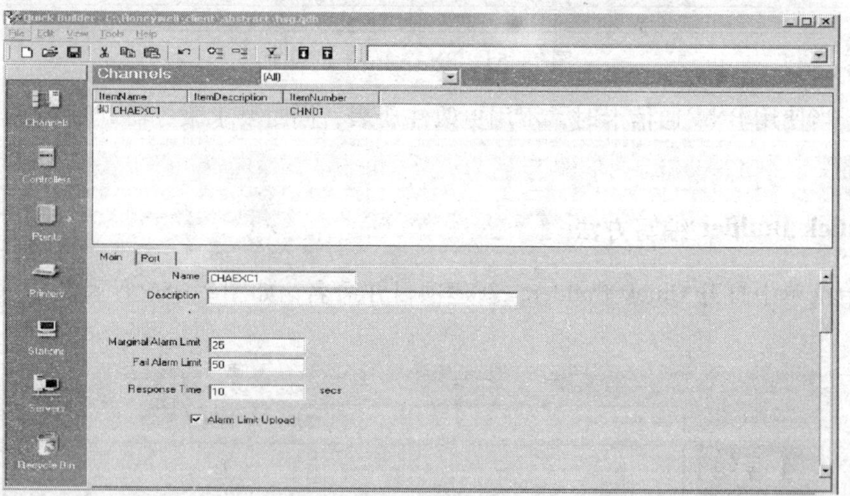

图 7—58　建立通信通道

添加项目如图 7—59 所示。

通道添加完成后，进行相关设置，在 Port 选项卡中的 Port Name 中输入 localhost：cbus1，如图 7—60 所示。

建立控制器，建立方法为：先选中 Controllers，右击添加控制器，具体方法同上。添加完成后，进行相关的参数设置，如图 7—61 所示。

添加控制器点位有两种方法：一是通过 CARE 输出控制器报表文件，直接导入即可；二是添加一个控制点，其点的做法与导入点的做法一致即可。这里只介绍报表导入。

打开菜单栏中的 Tools，如图 7—62 所示。

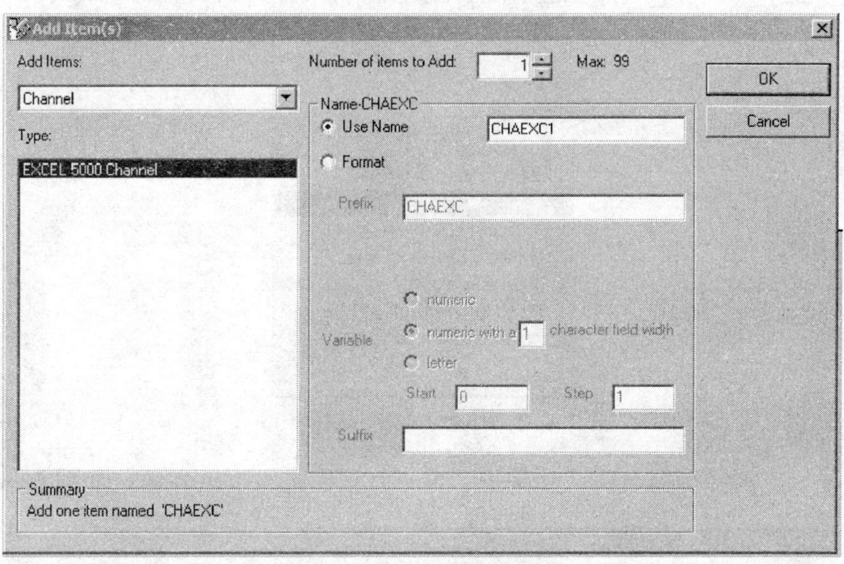

图 7—59 添加项目

Main Port
Port Type LANVendor
Port Name loclahost:cbus1

图 7—60 输入 Port Name

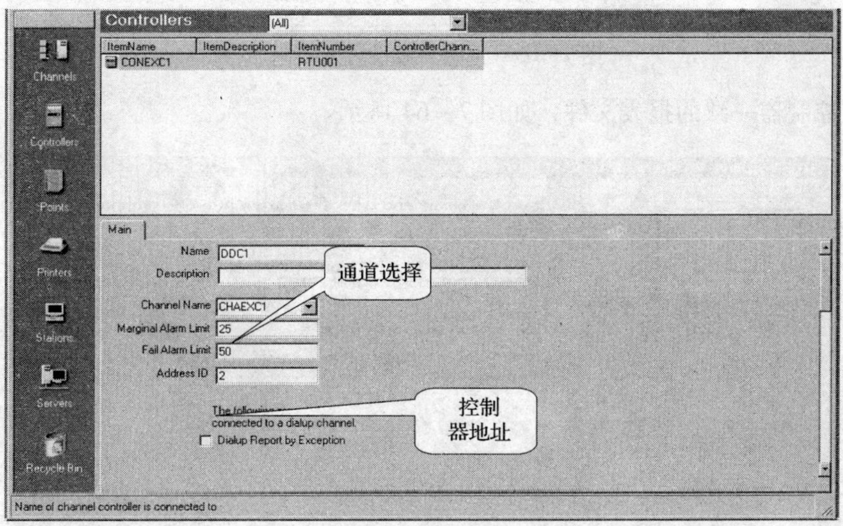

图 7—61 设置控制器的参数

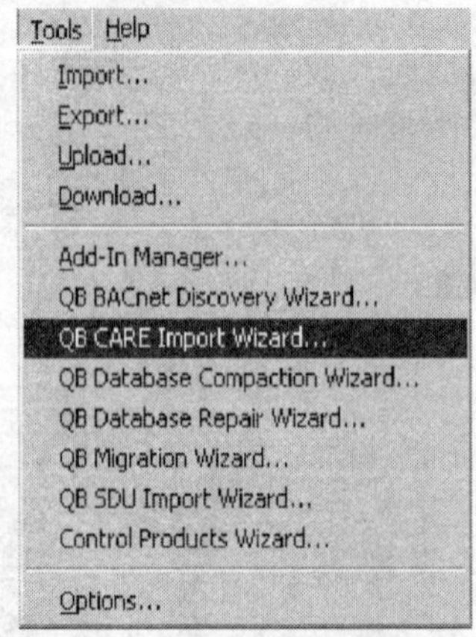

图 7—62　报表导入

选择要导入点的控制器名称，并单击“Next”按钮进入下一界面，如图 7—63 所示。

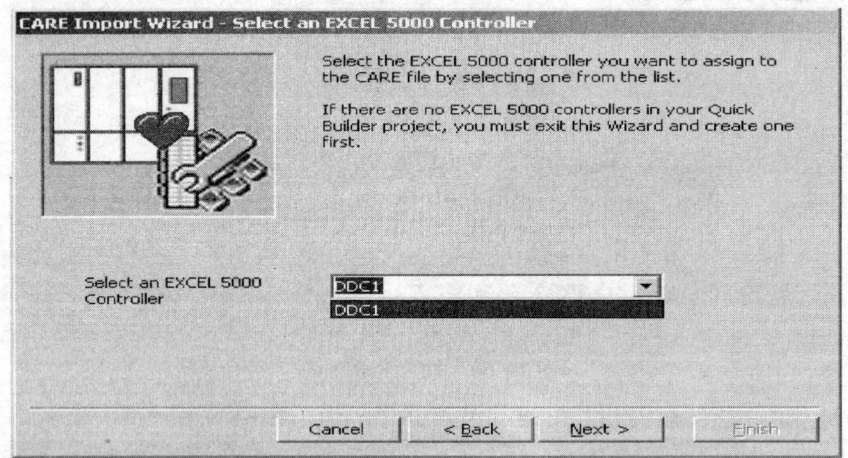

图 7—63　选中需要设置的控制器

选择与控制器一致的报表文件，如图 7—64 所示。

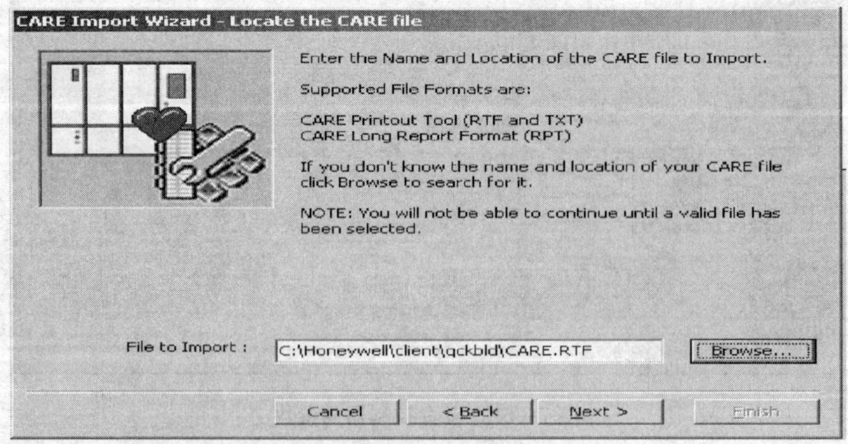

图 7—64　选择报表文件

选择导入的文件，如图 7—65 所示。

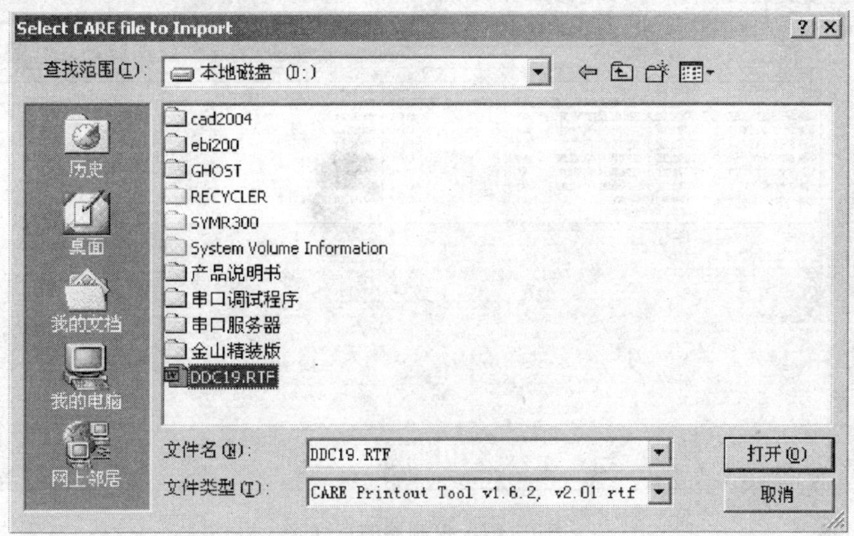

图 7—65　选择导入的文件

选择后直接单击“Next”按钮进到最后的界面，单击“Finish”按钮即可。图 7—66 所示为数据导入控制器的显示画面，图 7—67 所示为导入后的点列表。

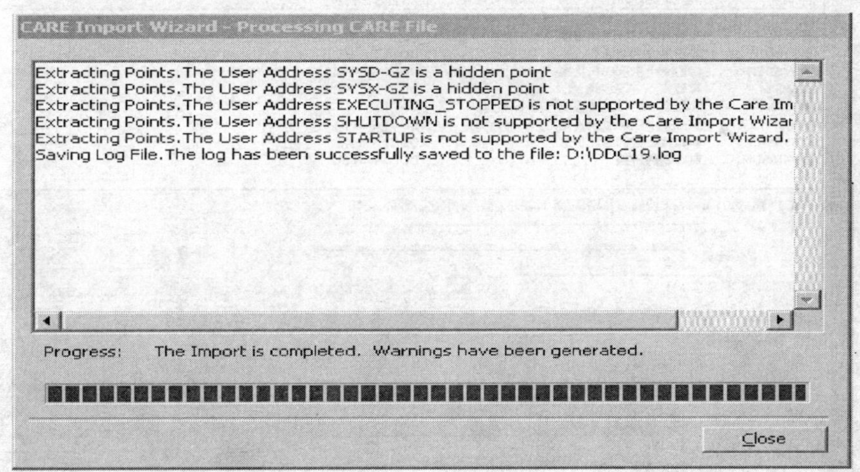

图 7—66　数据导入控制器的显示画面

如需对点做历史记录数据，其操作方法如下：

选择要做历史数据的点，如图 7—68 所示。

选中下栏中的“History”进行相关选择即可，如图 7—69 所示。

要取消某个数据点的历史数据记录，如图 7—70 所示。

添加完成后，其“point”即可看到与控制器中的点一致。如需添其他控制器的报表文件，方法同上。

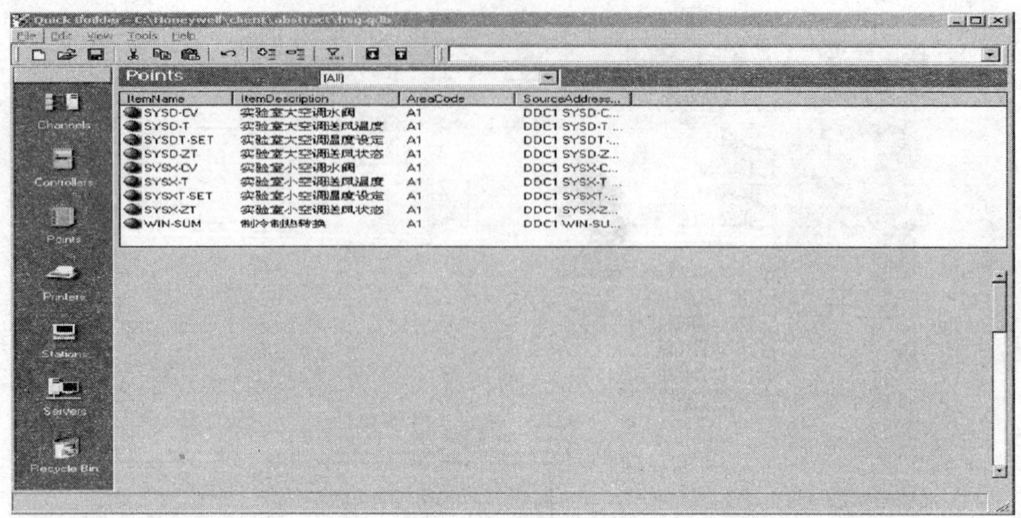

图 7—67 控制器的点列表

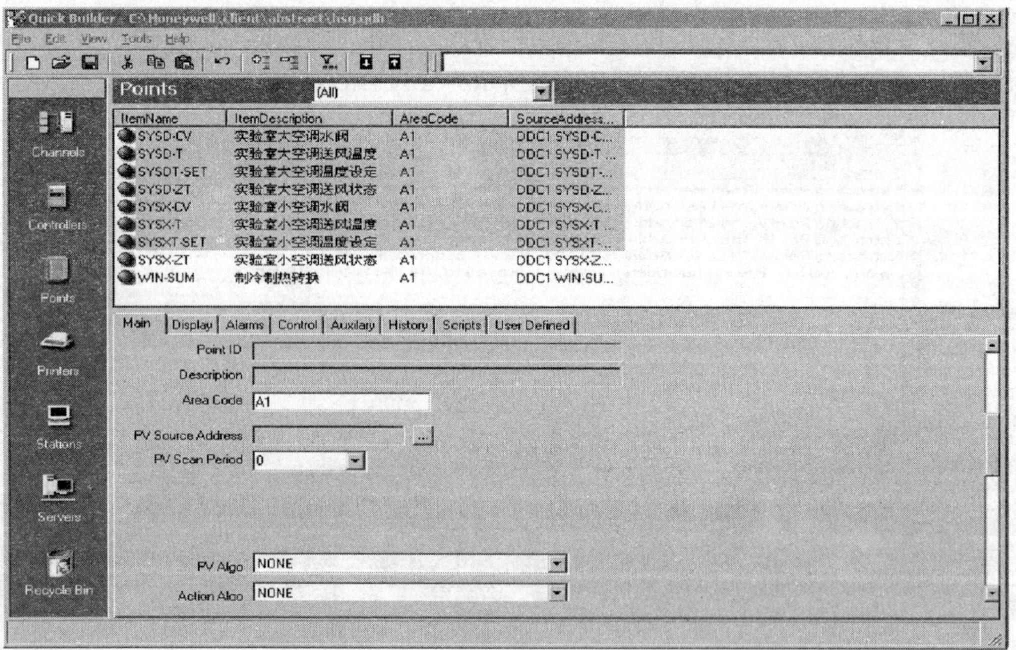

图 7—68 选择要做历史数据的点

添加打印机“Printers”的方法与添加控制点一致，其不同之处是不需要进行设置。

添加工作站“Stations”的方法同上。工作站必须为静态工作点。

添加项目如图 7—71 所示。

添加项目后需对项目级别进行设置，如图 7—72 所示。

如用户操作要求密码保护，则需在 Station 中设置好操作者。

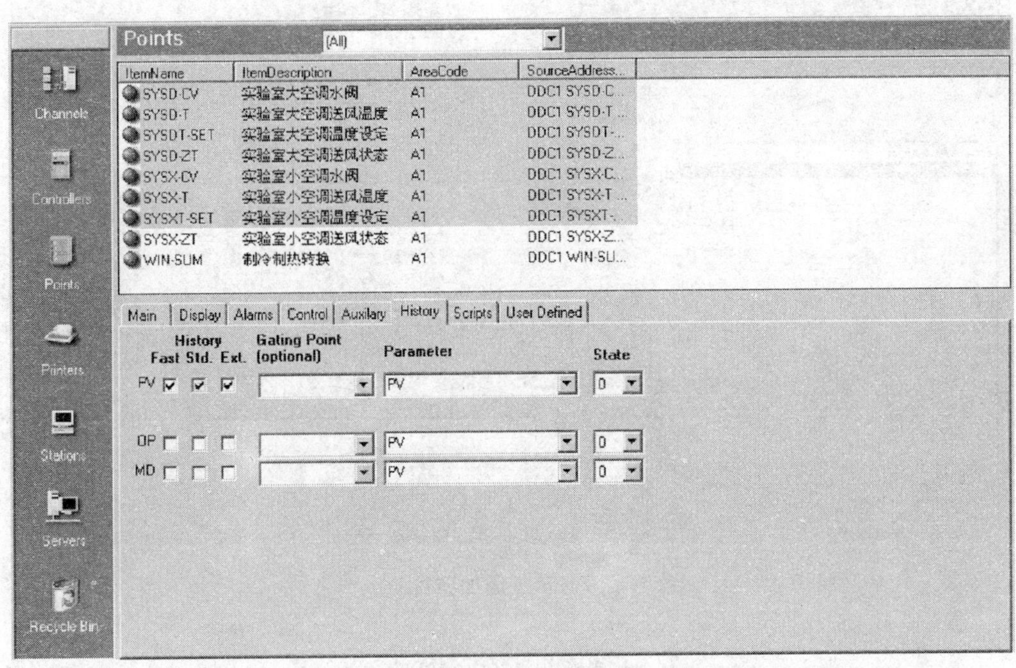

图 7—69 需要做历史数据记录的点的记录类型设置

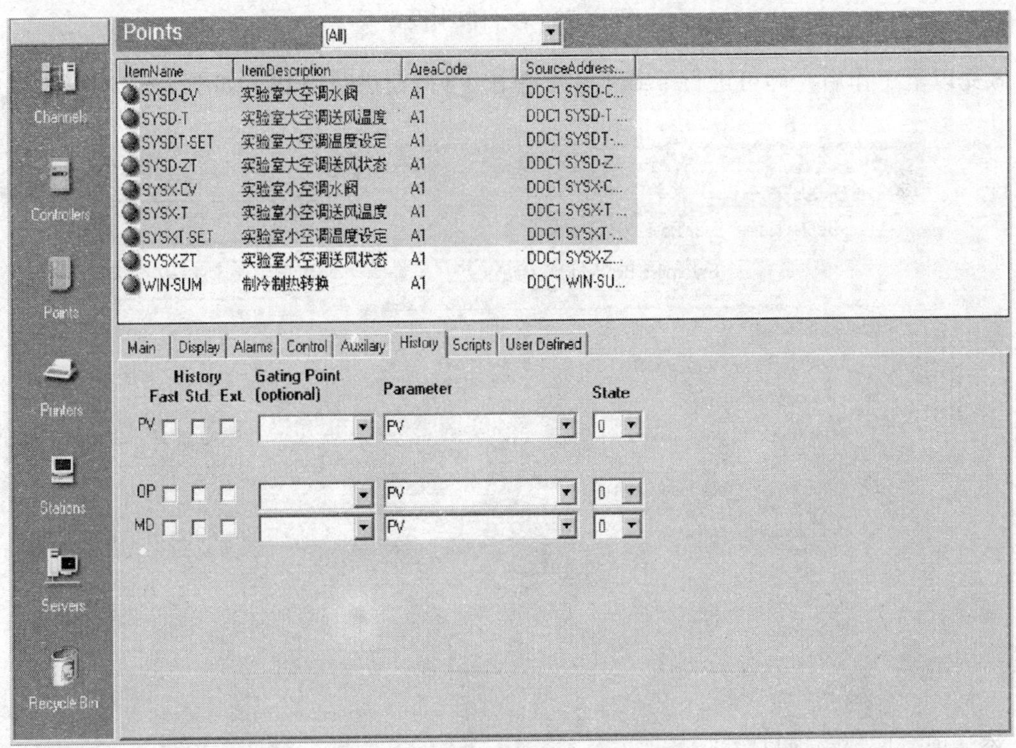

图 7—70 历史数据记录点的删减

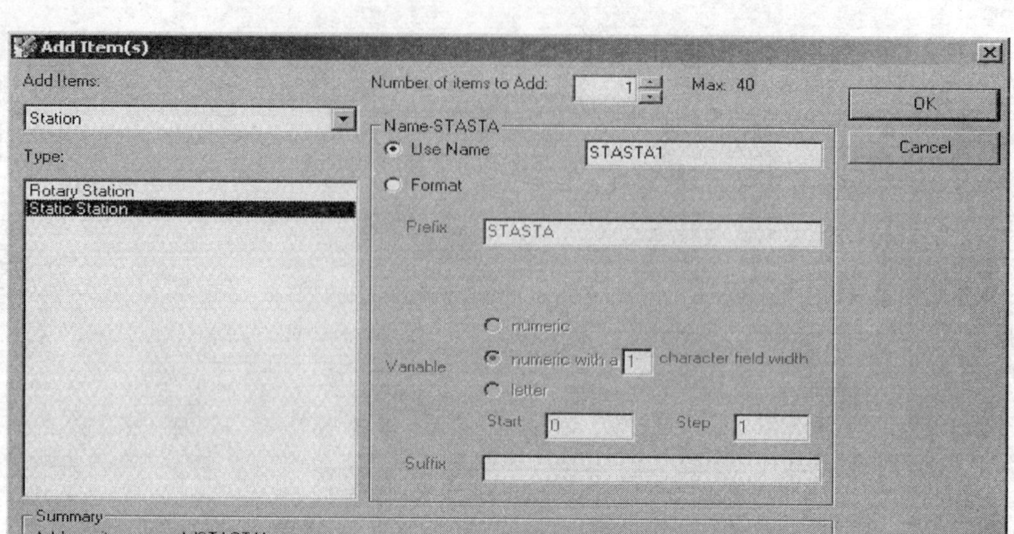

图 7—71　添加项目

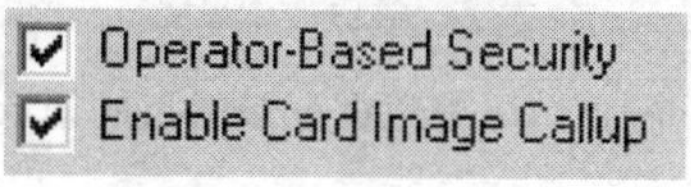

Operator-Based Security
Enable Card Image Callup

图 7—72　项目级别设置

做完以上工作后，即可进行下载工作。单击按钮进行下载，如图 7—73 所示。

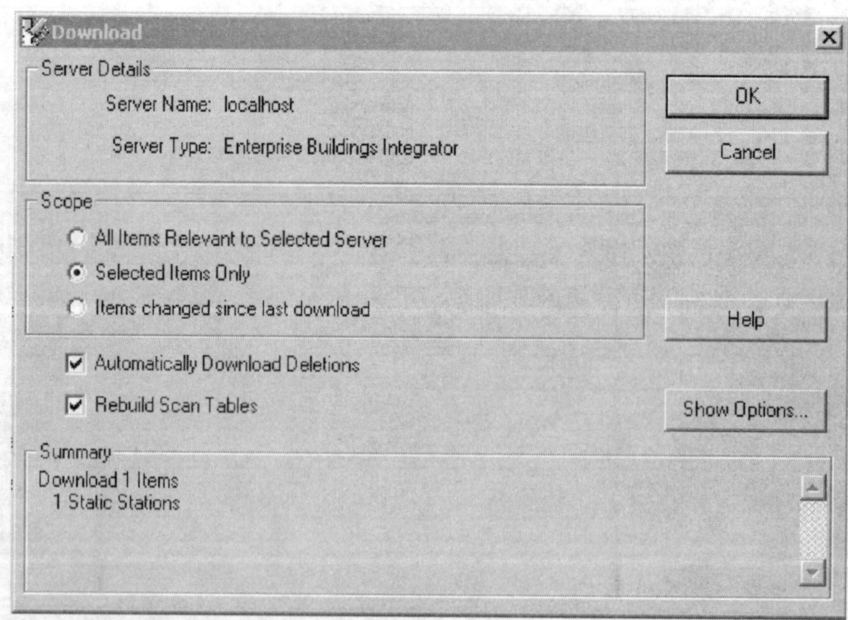

图 7—73　下载

至此即完成了 Quick Builder 的编写工作。

第十七节　Display Builder 的编写方法

通过菜单命令打开 Display Builder 软件，如图 7—74 所示。

图 7—74　打开 Display Builder 软件

新建文件并命名，或打开已有的文件，如图 7—75 所示。

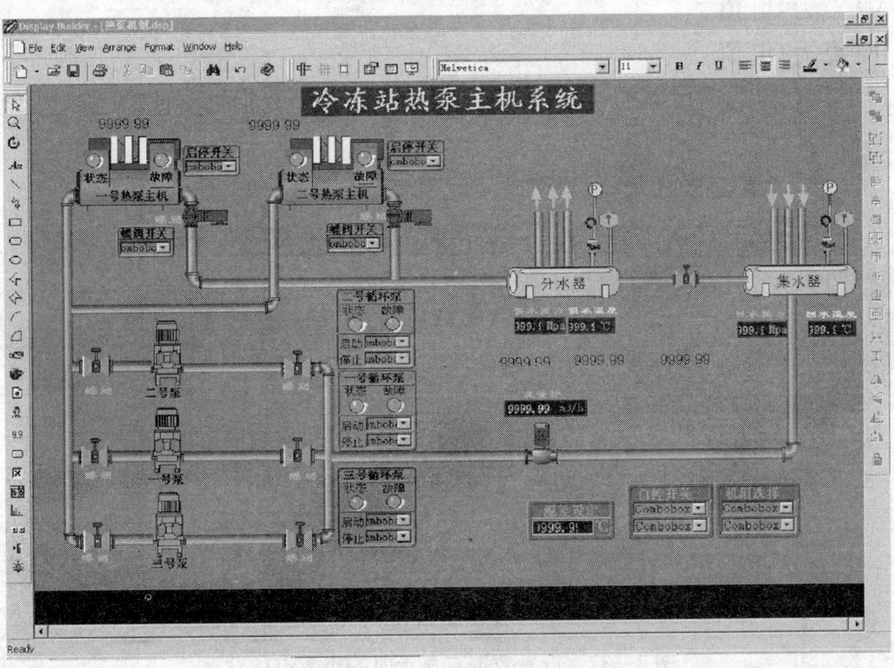

图 7—75　打开已有文件

在界面中画出需要的图形模式。可以自己画，也可以从图库中复制。

在图形中添加点，如模拟点，则添加形式为

，元并把该图与数据库中的数据点建立链接，方法为选中该图元，右击键选择属性。对选中的点进行属性编辑，如图 7—76 所示。

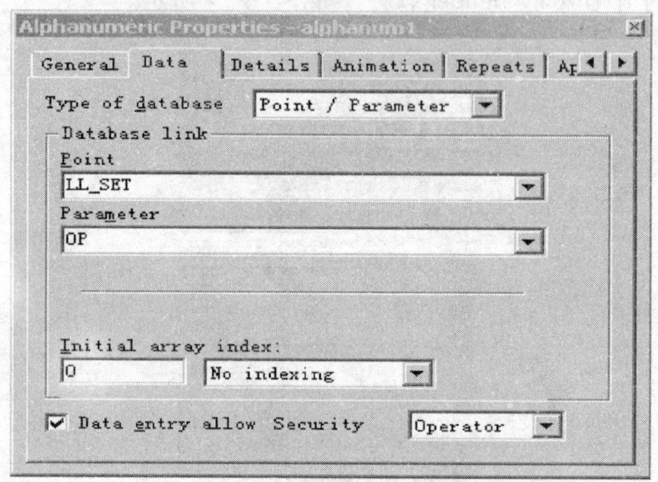

图 7—76　对选中的点进行属性编辑

在 Point 中输入点的名称或选择已有名称。

注：AI/DI 点为 PV 值

　　AO 点为 OP 值

　　DO 点为 OP 值

用户对小数点位数进行更改（见图 7—77），小数点位数根据不同的要求可变，其他参数请自学。

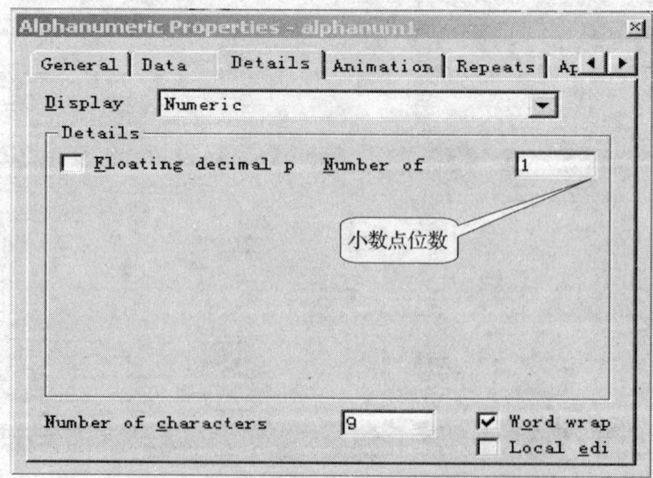

图 7—77　设置数据点显示时的小数点位数

状态点的操作方法同上。

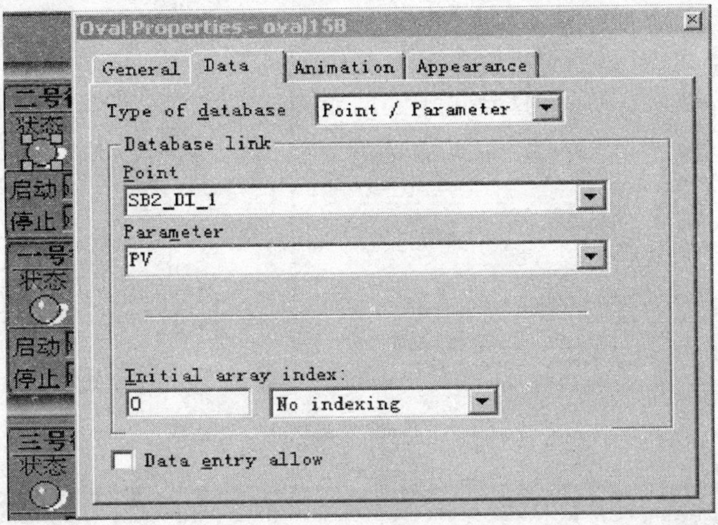

图 7—78　状态点的属性编辑

风机动画的操作方法如下：

先画好风机动画图形并保存到一个文件中。在画图界面中调入，如图 7—79 所示。

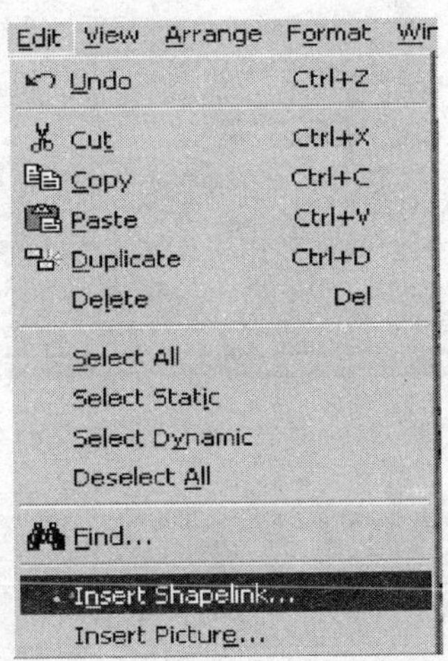

图 7—79　选中 Insert Shapelink 命令

打开“Insert Shapelink”对话框，如图 7—80 所示。

对导入的动画定义命名，如图 7—81 所示。

定义一个风机状态点来激活动画，如图 7—82 所示。

设置数据库链接，如图 7—83 所示。

编写动画语句如图 7—84 所示。

选择风机动画并单击 按钮，弹出的对话栏中对相关信息进行编辑，如图 7—85 所示。

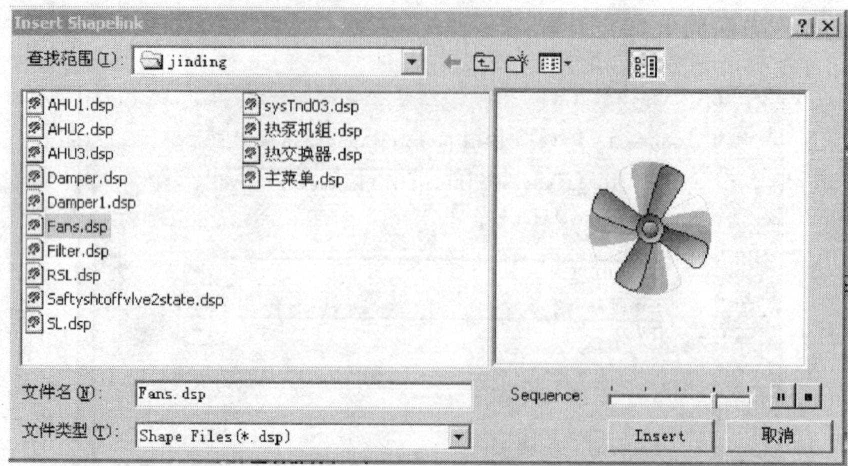

图 7—80 “Insert Shapelink” 对话框

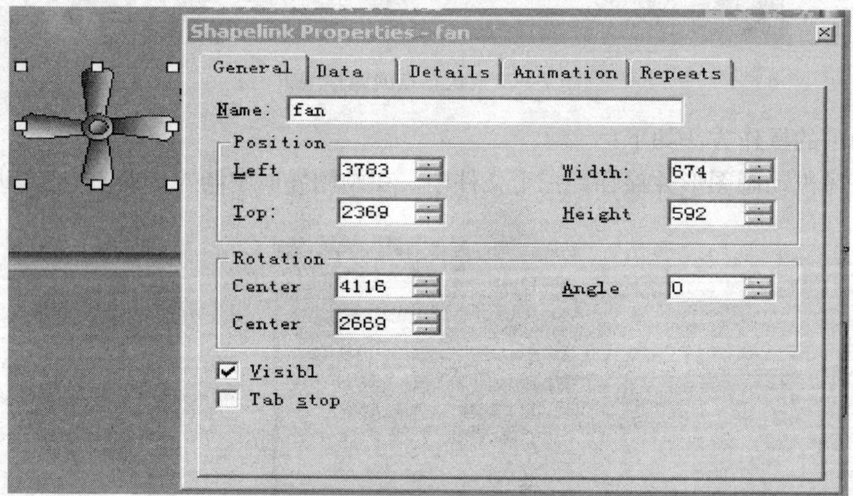

图 7—81 对导入的动画定义命名

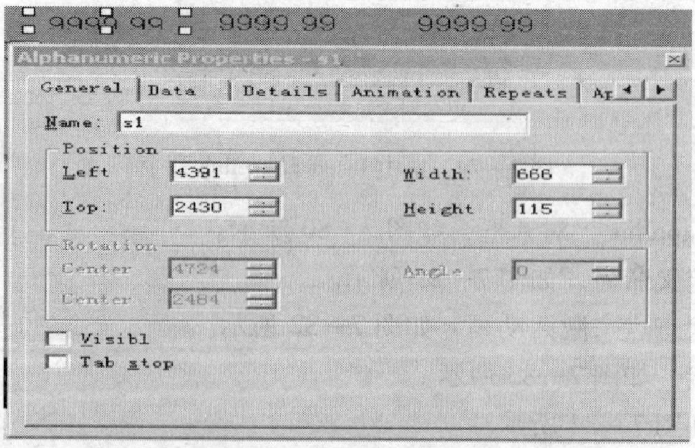

图 7—82 定义一个风机状态点

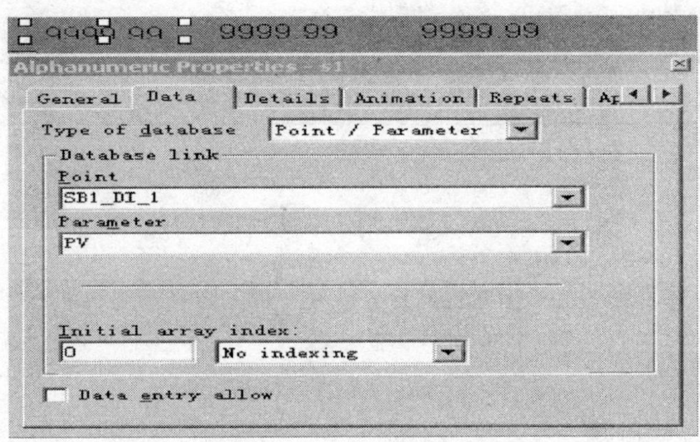

图 7—83　设置数据库链接

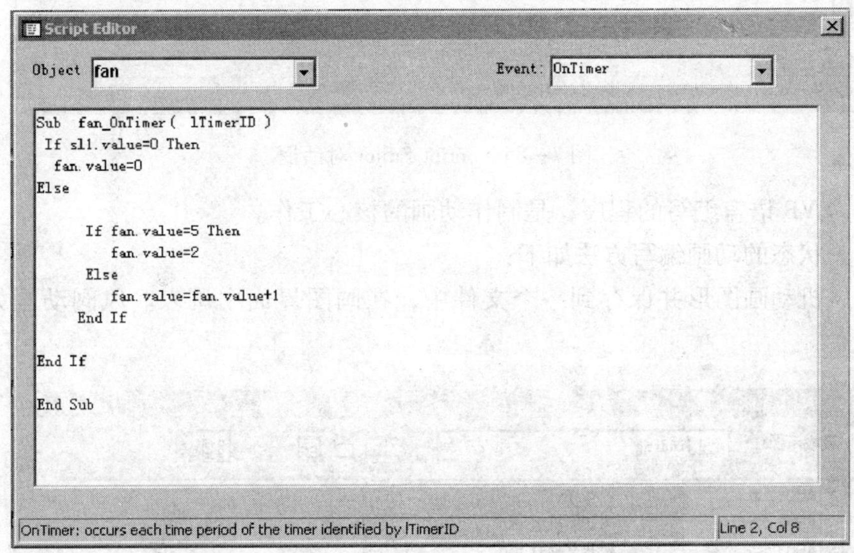

图 7—84　编写动画语句

说明：OnLoad 下 createtimer 1，150 中的“1”为第几个时钟，“150”为动画间隔时间段。

OnTimer 中的 If sl1. value =0　　Then　SB1_ DI_ 1 =0 时那么

fan. value =0　　风机不动作

Else　　否则

If fan. value =5 Then　　当风机运行到第五画面时

fan. value =2　　风机自动返回到第二画面

Else　　否则

fan. value = fan. value +1　　风机动画在前一画面累加

End If 返回　　End If 返回

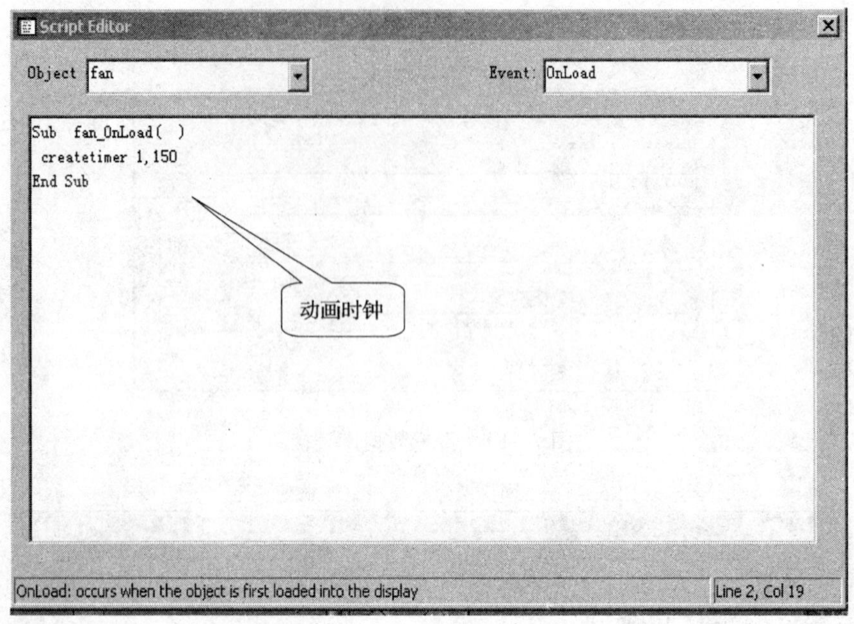

图 7—85 Script Editor 对话框

此程序为 VB 语言编写的程序，是制作动画的核心工作。

风阀开关状态的动画编写方法如下：

先画好风机动画图形并保存到一个文件中，在画图界面中调入。风阀动画如图 7—86 所示。

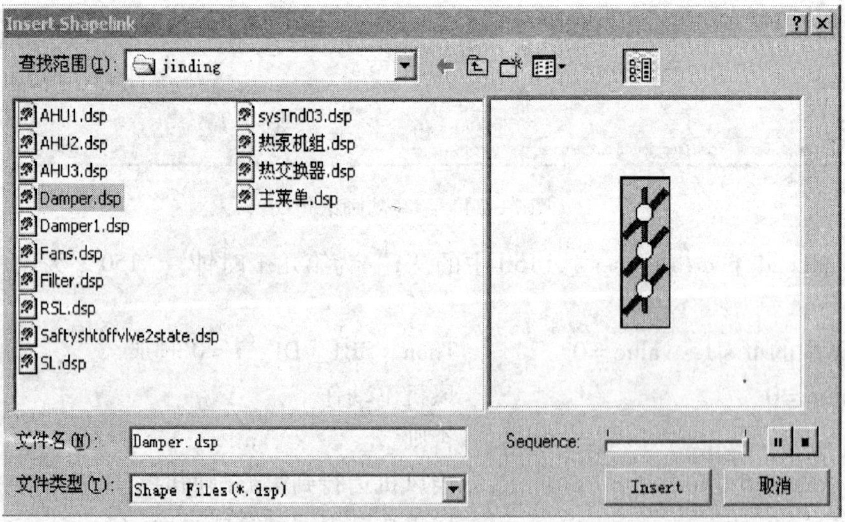

图 7—86 风阀动画

选中 Insert Shapelink 命令，如图 7—87 所示。

定义一个风机状态点来激活动画，如图 7—88 所示。

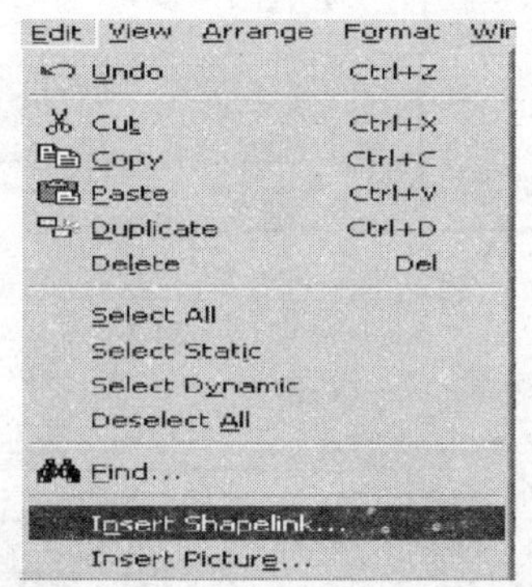

图 7—87 选中 Insert Shapelink 命令

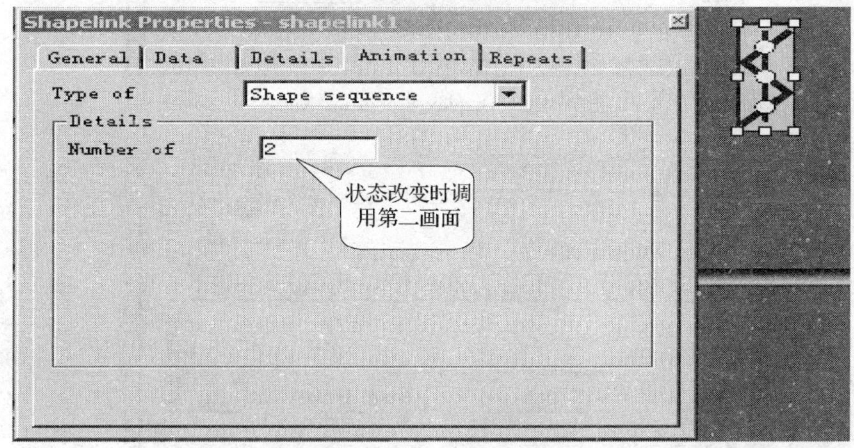

图 7—88 定义一个风机状态点

设置数据库链接，如图 7—89 所示。

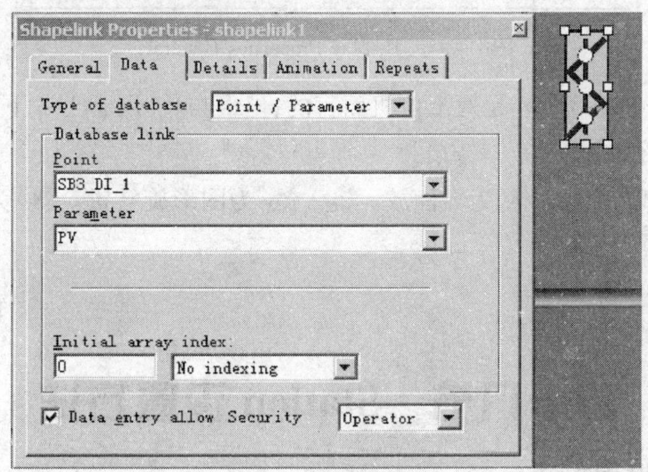

图 7—89 设置数据库链接

当风阀状态反向时，打开此文件调整画面位置即可。

编写完界面图形后，设置画面显示页码。操作方法如下：

打开 File 菜单栏中的 Properties 属性，如图 7—90、图 7—91 所示。

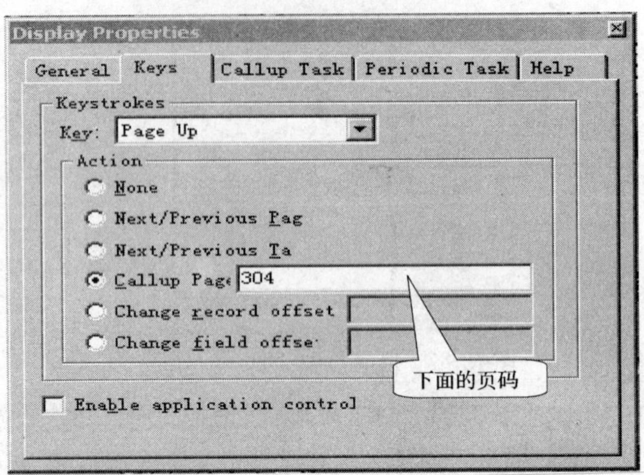

图 7—90　Display Properties Keys

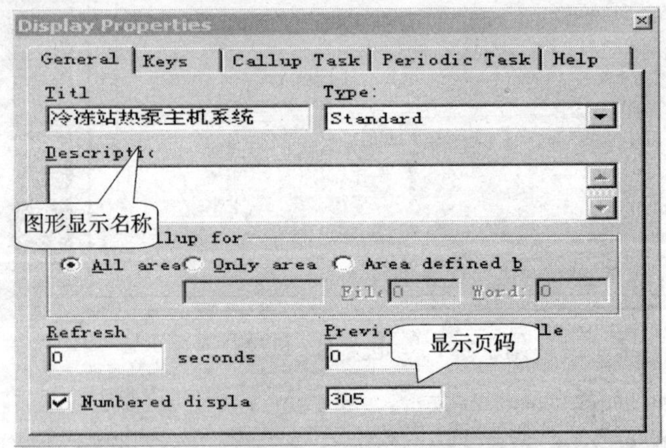

图 7—91　Display Properties General

注：Page Up 与 Page Down 是对上位机而言的， 与 用于上、下页转换。

功能键应用介绍如下：

 为其他功能取消键。 为界面放大镜。 为图形旋转键。 为文字输入键。 为画线键。

第十八节　Station 设置方法

一、Station 基本设置方法

首先打开 Station 工作站，如图 7—92 所示。

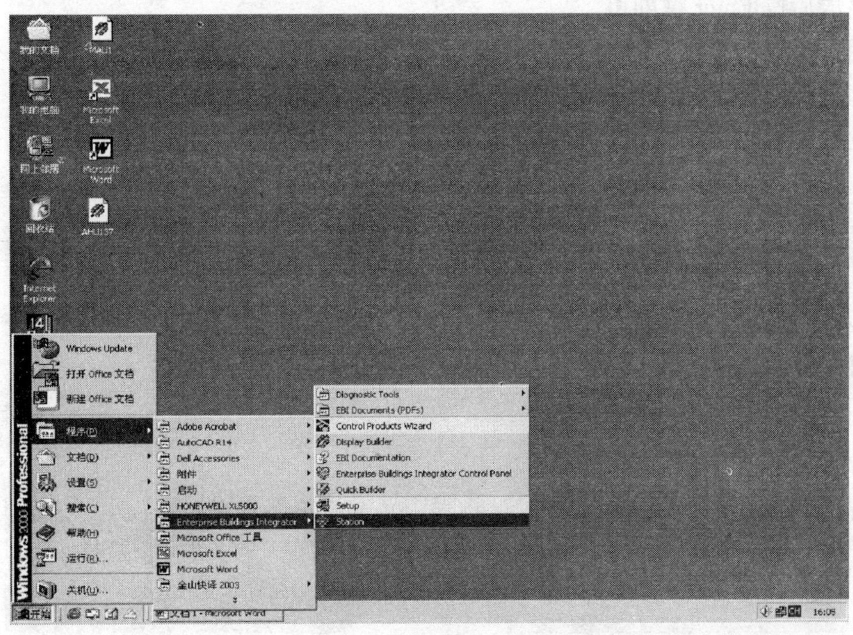

图 7—92　打开 Station 工作站

图 7—93 所示为 Station 主界面。

图 7—93　Station 主界面

当出现“SIGN ON”时，输入用户名及密码。

输入的方法为：

用户名 +，+ 密码。用户名及密码都以“ * ”形式出现。

输入完成后按 Enter 键即可。

更改用户密码的方法为在命令区内输入“CHGPSW”后按 Enter 键。再输入原密码按 Enter 键确认。而后输入新的密码按 Enter 键确认。再次输入确认密码按 Enter 键确认。两次输入相同的密码时才可被接受。即进入空调自控系统主界面，如图 7—94 所示。

图 7—94　空调自控系统主界面

选中相应编号的按钮，即可进入相应的系统，图 7—95 所示为某个监控画面。

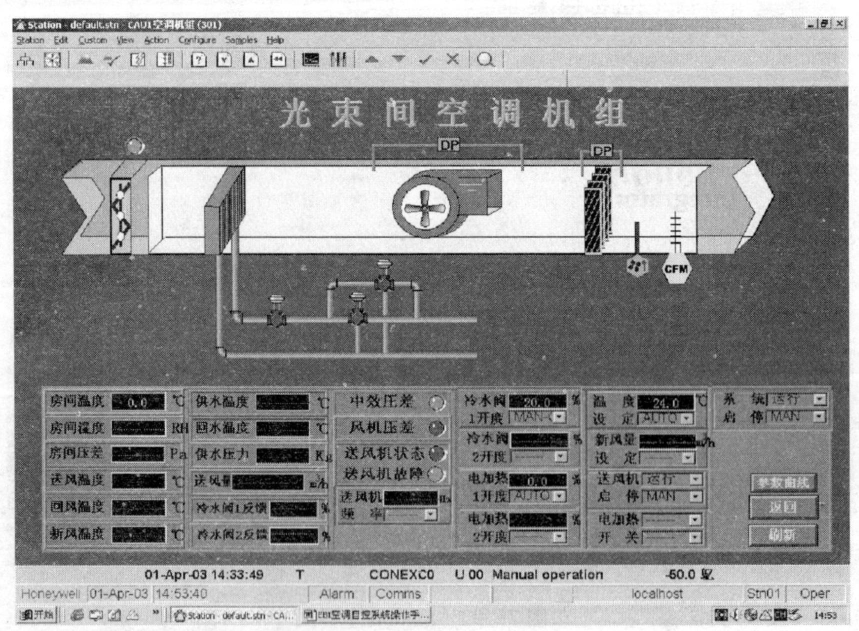

图 7—95　某个监控画面

退出 SymmetrE 系统时直接单击右上角的“×”或在 Station 中单击“Exit”选项退出。退出窗口如图 7—96 所示。

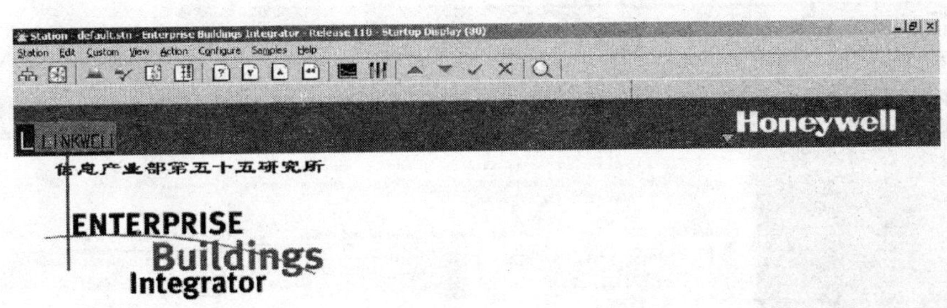

图 7—96　退出

实际上，本操作的目的是更改操作员。需要说明的一点是，软件可以对不同的操作员设置不同的操作级别，如图 7—97 所示。

级别说明：级别分为 1、2、3、4、5、6。其中 6 级别为最高级别。

Lvl1　1：只可以查看数据。

Lvl2　2：可以修改低级别的数据（如时间程序）。

Oper　3：可以修改中间级别的数据（如点的属性）。

Supv　4：可以修改高级别的数据（如参数 Parameters）。

Engr　5：可以定义操作员和本地所有操作。

Mngr　6：可进行软件的所有操作。

同时，Control Level 为 0 ~ 255 等级。

单击主菜单中的 System Configuration 进入下一界面。

主菜单功能介绍如图 7—98 所示。

在主菜单中单击 Operator，进入用户添加修改，如图 7—99 所示，单击空白处添加用户，也可单击已有的可修改用户名及密码。

建立用户并更改需用的参数，如图 7—100 所示。

二、Station 通道参数的设置方法

通道设置前，必须在 Quick Builder 中先建立好通道，并下载至 Station。

1. 在系统配置菜单中单击“Channels”进入下一界面（见图 7—101）。
2. 选择现有的通道，单击进入下一界面（见图 7—102）。

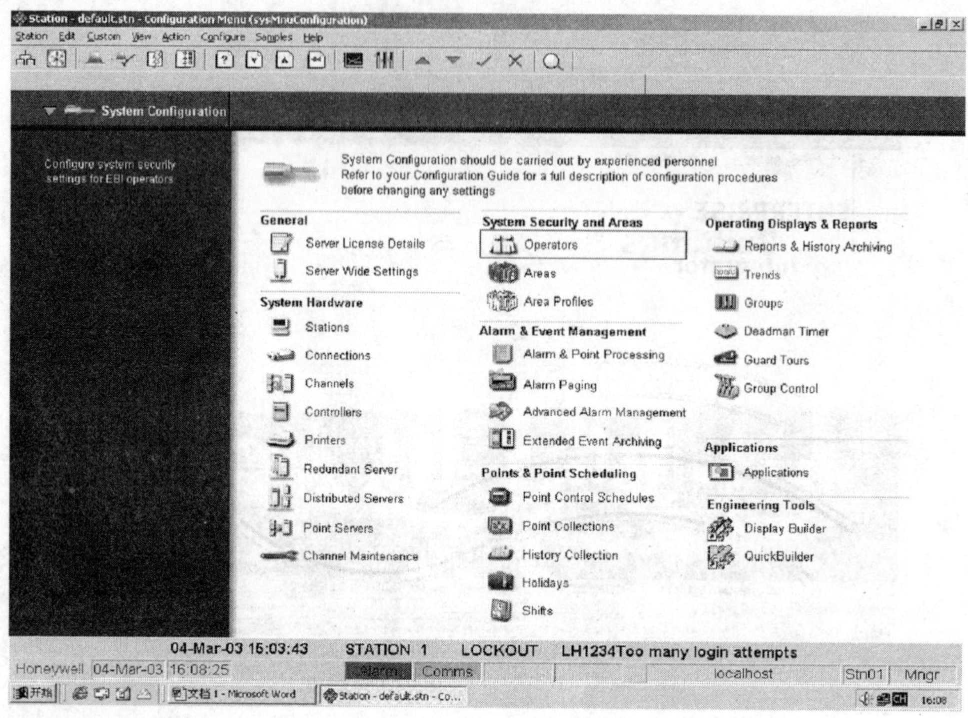

图 7—97　为操作员设置级别

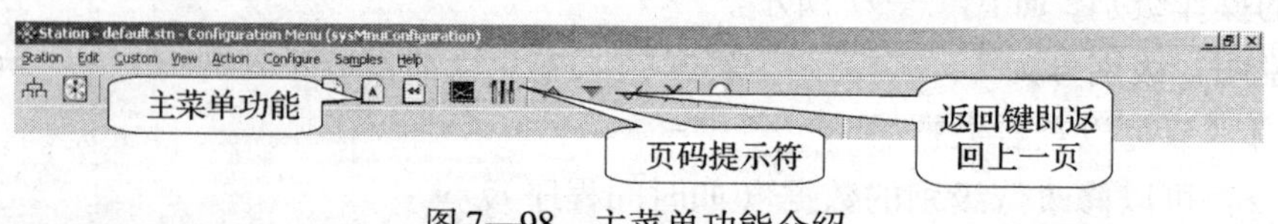

图 7—98　主菜单功能介绍

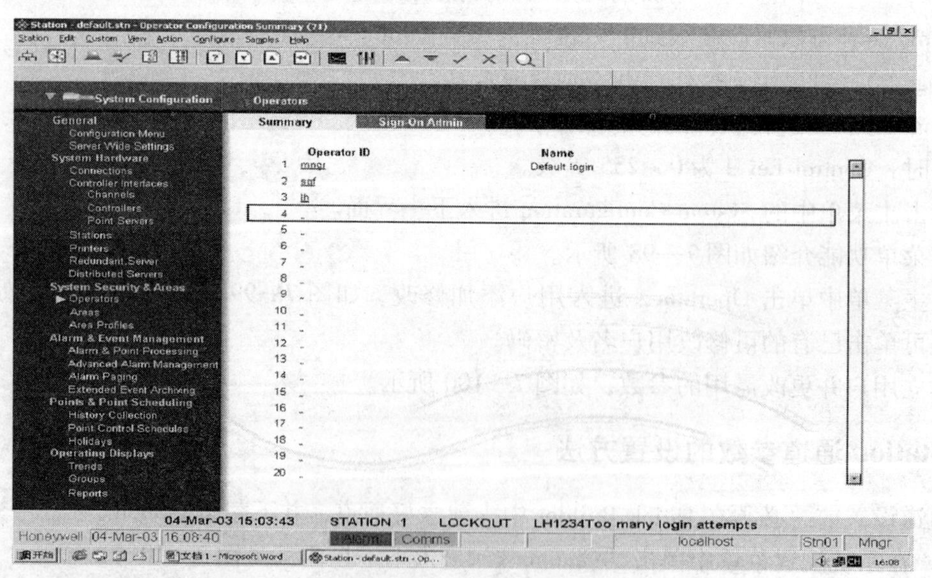

图 7—99　用户添加修改

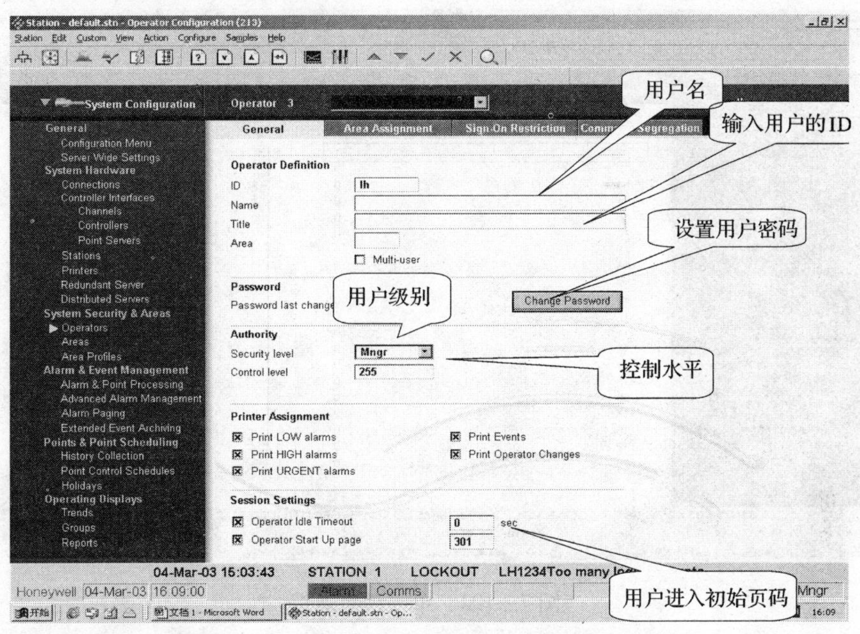

图 7—100　Station 对话框

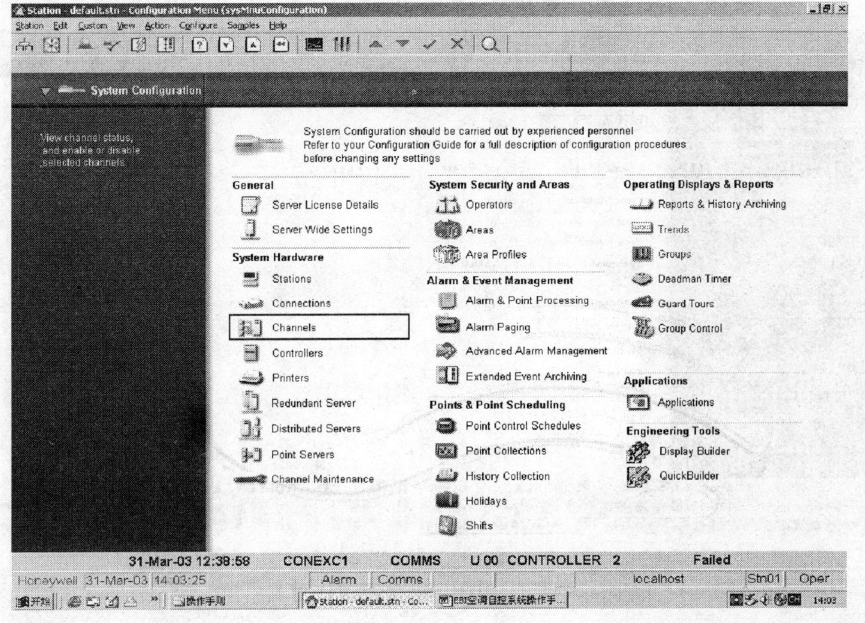

图 7—101　单击 Channels

3. 在“Status”中选择“Enable”（见图 7—103）。

设置通道参数，如图 7—104 所示。

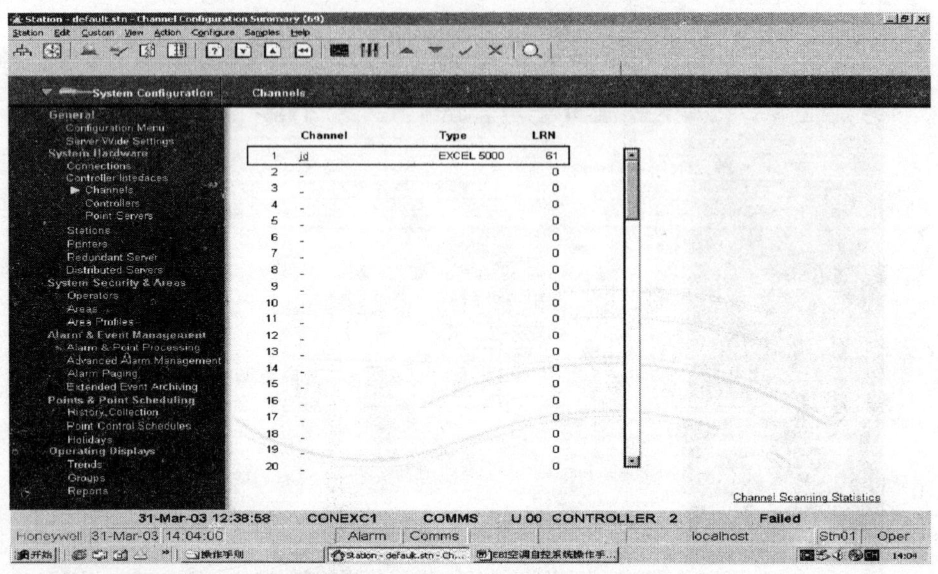

图 7—102　单击现有通道

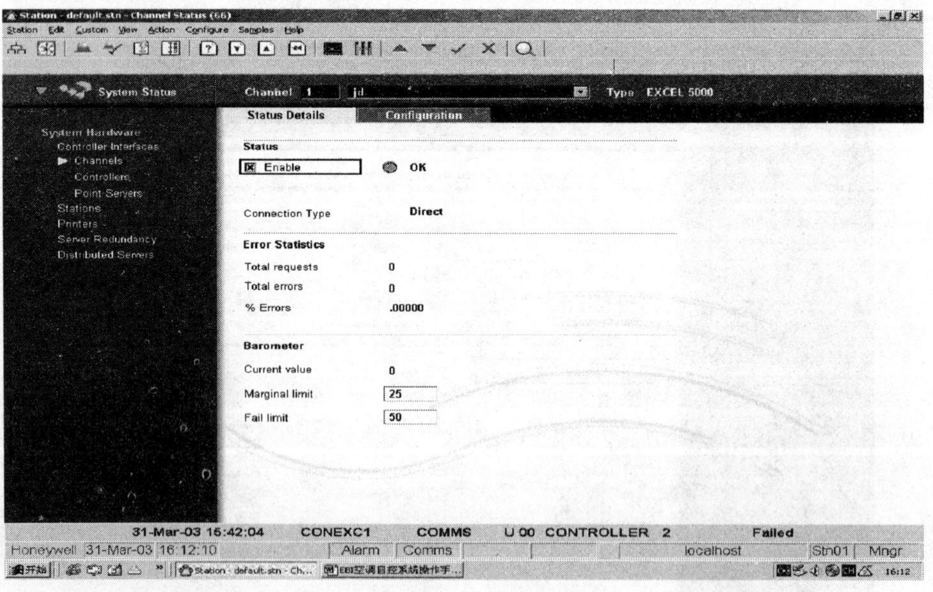

图 7—103　建立通道许可

三、Station 趋势图的设置方法

1. 在主菜单界面中单击“Trends”，进入定义报表界面（见图 7—105）。

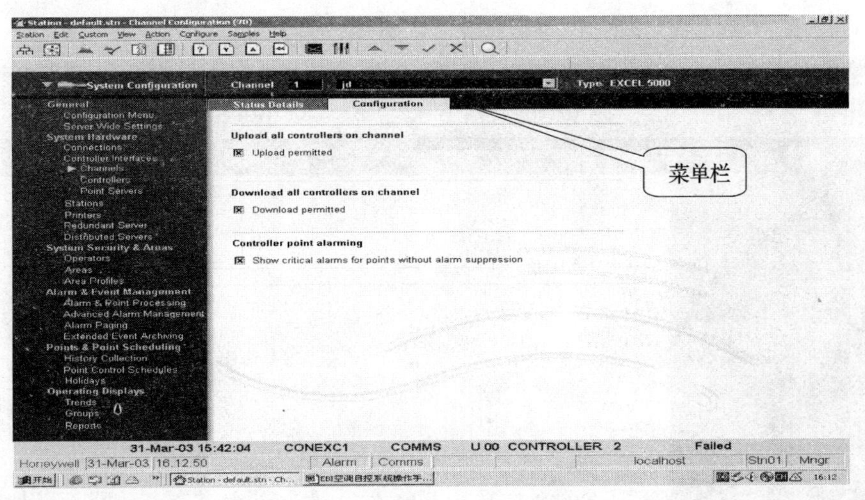

图 7—104　下载或者上传通道参数

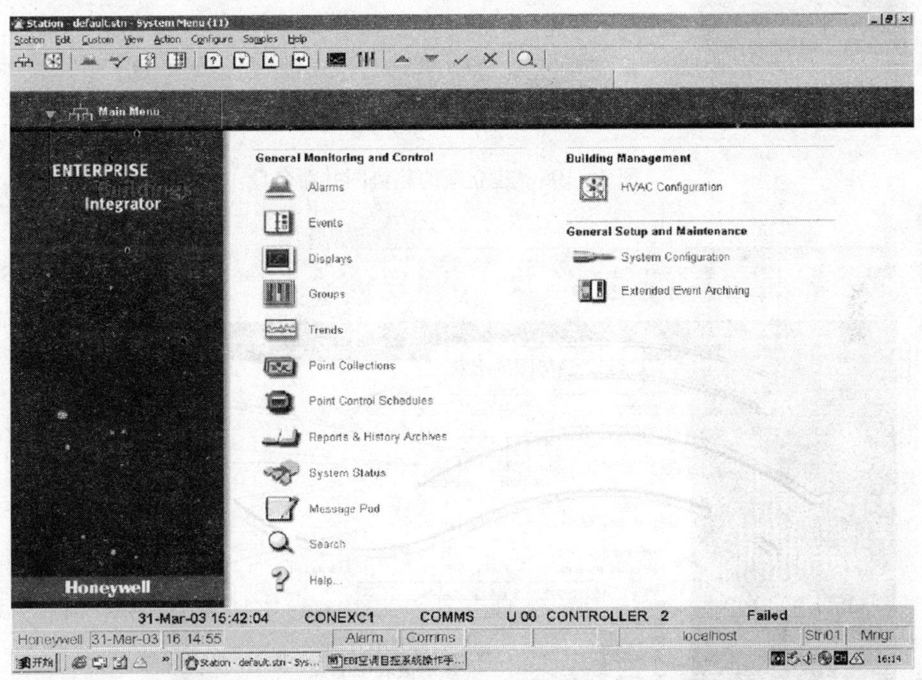

图 7—105　进入定义报表界面

2. 在空白处单击建立新的趋势图并命名（见图 7—106）

在趋势中定义报表类型及需要显示趋势的点名称，具体如图 7—107 所示。

3. 在图 7—107 中设置相应的名称或参数

4. 添加成功的报表参数（见图 7—108）

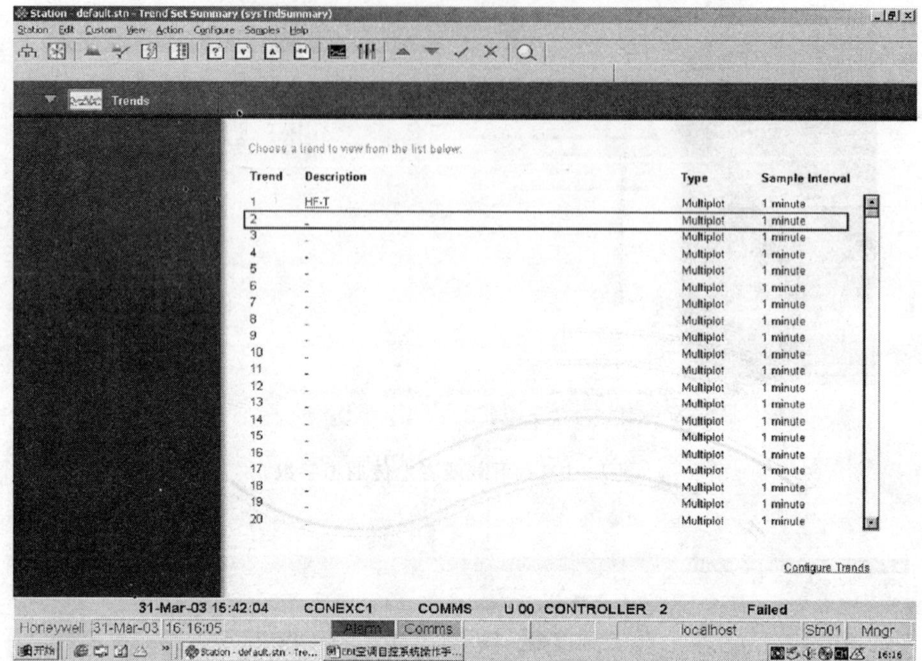

图 7—106　建立新的趋势图并命名

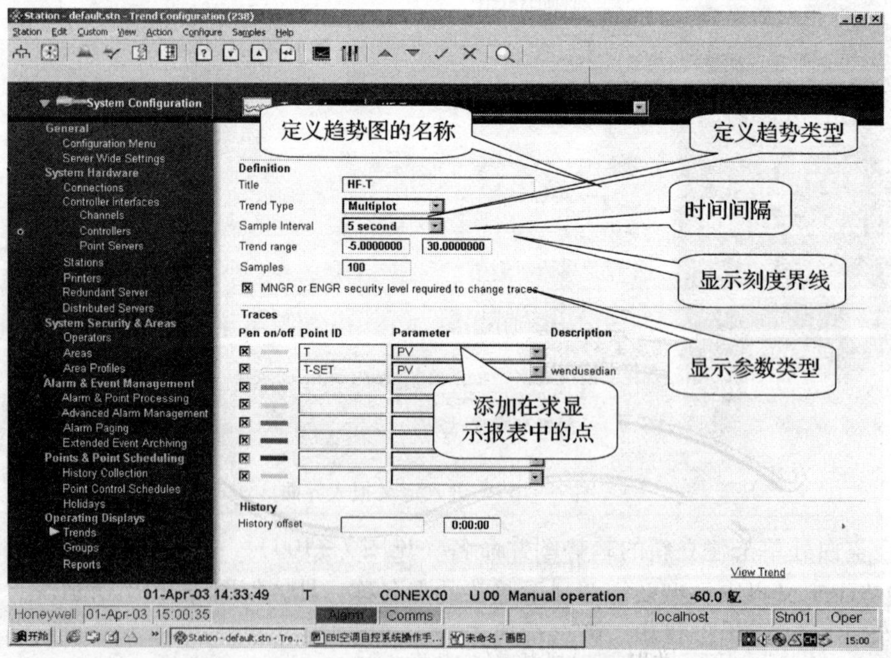

图 7—107　设置相应的名称和参数

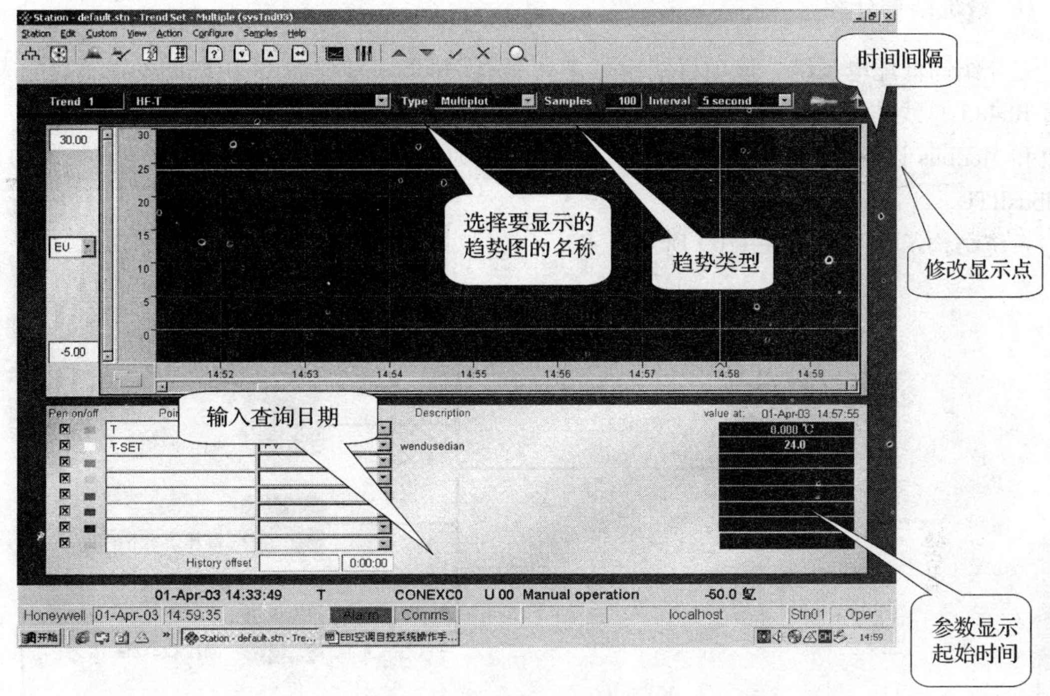

图 7—108 添加成功的报表参数

第十九节 Honeywell 的 SymmetrE 与 Modbus 接口设备的通信

在楼宇自动化控制系统中，出于对大楼的安全、管理、计费考虑，会对高低压变配电系统进行监测，主要是对进线电流、电压、功率、功率因素和频率等进行监测。本文主要介绍通过具有 Modbus 接口的多功能智能表进行采集，然后通过和 SymmetrE 进行通信，在 SymmetrE 界面中显示采集的各个参数。

Honeywell 的 SymmetrE R300 是继 R100、R200 版本后于 2006 年推出的最新企业楼宇集成管理软件，它遵循现有的工业标准，系统开放能力处于业界领先地位。它提供的数据接口方式有 ODBC、NET、标准的 SQL 接口，并且支持 BACNet、OPC、LonWorks 和 Modubus 等多种工业标准协议。

在 BAS 的系统集成中，具有 Modbus 协议的设备比较多。由于 SymmetrE 本身具有相当强的开放能力，在与第三方设备的集成中，能够实现很好的通信。下面以工程中的应用来介绍如何通过 Modbus 接口读取高低配电数据。

1. 系统结构介绍

先介绍高低配电系统，该项目使用了 4 台具有 Modbus 接口 S6－201 的多功能智能表。通过 RS485 总线连接成总线型网络，再分别经 RS485/232 转换器转换后接入 PC 的串口。上位机和 Modbus 设备之间采用主/从式通信，上位机为主，Modbus 设备为从设备支持的协议 ModbusRTU。

系统结构示意图如图 7—109 所示。

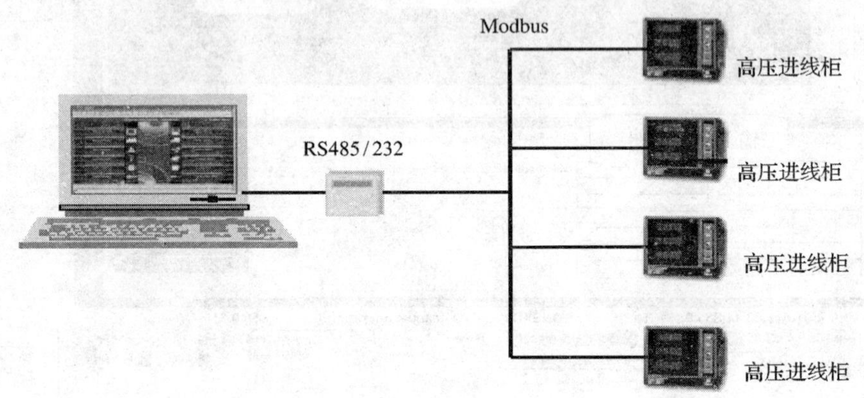

图 7—109　系统结构示意图

2. Modbus 协议及通信规则

（1）Modbus 协议。Modbus 协议是一个公开的、被广泛应用的串行通信协议，最初由莫迪康公司制定，此协议在控制设备间传输数字和模拟的 I/O 及寄存器数据时使用。由于协议和协议说明均可免费使用，它已经被成千上万的不同类型的设备所采用。做 Modbus 通信接口的前提是了解和掌握有关 Modbus 协议的核心内容。

首先应理解通信模式。标准的 Modbus 网络可以采用 ASCⅡ或者 RTU（Remote Terminal Unit）模式传送数据。ASCⅡ模式使用 2 个 7 位的字符信息才能传输与 RTU 模式中的一个 8 位字符相当的信息。例如，需要传输的值是 2AH，在 RTU 模式下它将被当成一个 8 位的字节传送（00110010D）；而在 ASCⅡ模式下它将被分成两个字节传输，一个是 ASCⅡ字符“2”，为 32H＝0110010D，另一个是 ASCⅡ字符“A”，为 41H＝1000001D。因此，从传输效率上讲，RTU 模式更高些，但是通信双方必须遵循相同的规则。

再了解功能码。Modbus 功能码将作为信息包裹中的一个域被传输，用来告诉从站应该执行何种动作。

（2）通信规则。S6－201 的 Modbus 网络采用 RS485 物理回路。所有 RS485 回路的通信都遵照主/从方式，信息和数据流原则上可在单个主站和最多 32 个从站之间传递。主站将初始化和控制所有 RS485 通信回路上传递的信息。所有 RS485 回路上的信息都以“打包”方式传递。信息包裹是字符串的集合，组成包裹的字节以异步串行的方式在主从设备之间传输。S6－201 支持的是 ModbusRTU 模式。每个 ModbusRTU 信息的组成如下：

1）基本命令格式为十六进制。

起始帧	地址域	功能块	数据域	错检验	结束帧

起始帧：至少4个字元的时间没有传送资料。

地址域：欲读取或控制的位址（范围为1～255）。

功能块：03H，读取资料；06H，写入资料。

数据域：寄存器起始位址及欲读取的Word数或者写入的数值。

错检验：16 bit CRC。

结束帧：至少4个字元的时间没有传送资料。

2）比特特性。比特特性见表7—3。

表7—3　　比特特性

起始位	数据位	校验	停止位	帧
1	8	none	1	8

3）读取寄存器命令。Query：读取时最多为80个Word数。

读取寄存器命令表见表7—4。

表7—4　　读取寄存器命令

起始帧	地址域	功能块	起始地址高位	起始地址低位	字高位	字低位	错校验		结束帧
	01～FFH	03H	0～nnH	0～nnH	0H	1～nnH	crc lo	crc hi	
	1B	1B	2B		2B		2B		

帧特性见表7—5。

表7—5　　帧特性

起始帧	地址域	功能块	d0、d1、…、dn	错校验		结束帧
	01H－FFH	03H		crc lo	crc hi	
	1B	1B		2B		

4）写入寄存器命令为单Word写入命令query。

寄存器命令地址见表7—6。

表7—6　　寄存器命令地址

起始帧	地址域	功能块	起始地址高位	起始地址低位	高位值	低位值	错校验		结束帧
	01～FFH	06H	0～nnH	0～nnH	setting value		crc lo	crc hi	
	1B	1B	2B		2Bor4B		2B		

3. **SymmetrE 软件平台中工程的组态**

用 SymmetrE 软件平台实现对设备监控的过程如下：

（1）在 Quick Builder 中建立通道，如图 7—110 所示。

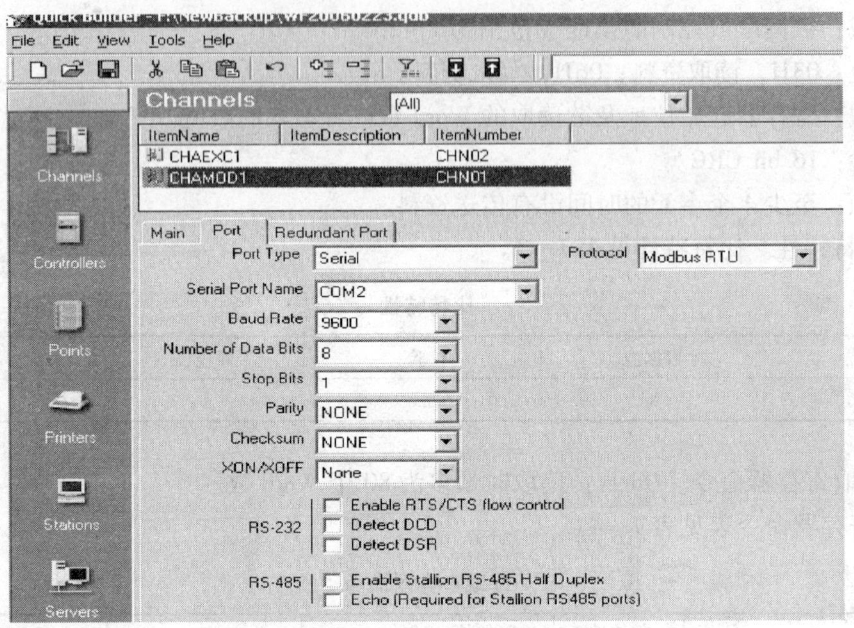

图 7—110　在 Quick Builder 中建立通道

（2）在 Quick Builder 中建立控制器（见图 7—111）。

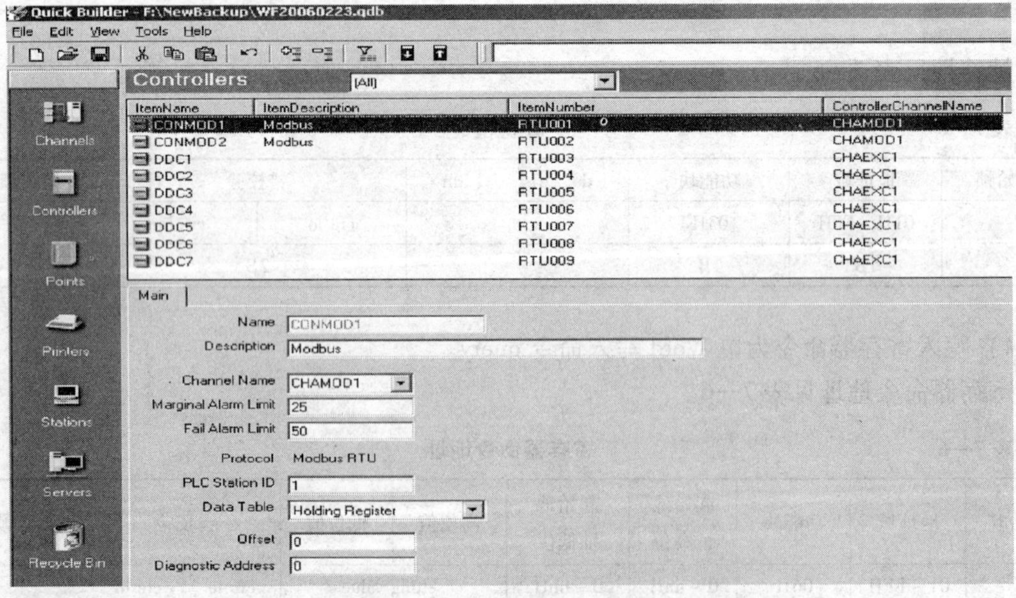

图 7—111　在 Quick Builder 中建立控制器

（3）在 Quick Builder 中建立点，如图 7—112 所示。

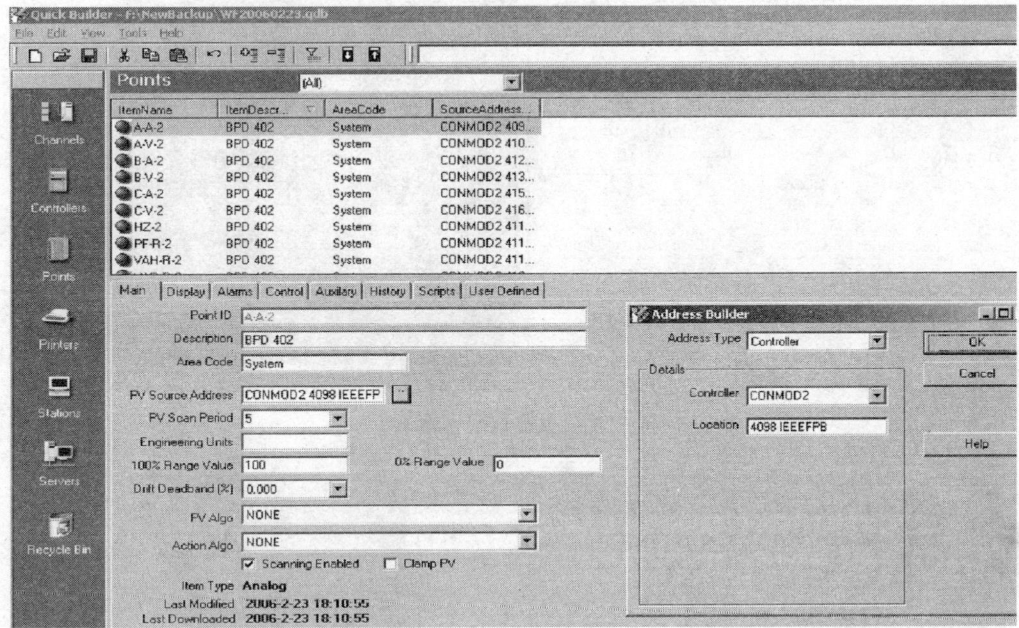

图 7—112　在 Quick Builder 中建立点

标准特性见表 7—7。

表 7—7　　　　　　　　　　　　　　标准特性

Format	Description
IEEEFPB	Bytes are big endian format（this is the same as IEEEFP）
IEEEFPBB	Bytes are byte – swapped big endiam format
IEEEFPL	Byets are litle endian format
IEEEFPLB	Bytes are byte – swapped little endian format

（4）利用 Display 软件进行绘图，以显示监控界面。

数据采集到数据库后还要显示到人机界面上，往往会发现显示的数值不对，这是因为比率不对。需要在控制器上设置该互感器的比率，才能在界面上正确显示数值。

例如：如果上位机采集到的数据真实值为华氏度，而要求上位机显示为摄氏度，则可通过在 DP 中编写显示。监控界面设置如图 7—113 和图 7—114 所示。

如果 f11 参数显示值为采集值，则要求显示到排气温度为温度时，通过编写脚本实现，做法如图 7—115 和图 7—116 所示。

通常在显示上可能出现小数点超出的现象，此时可通过取整再除的方法实现需要的小数点。

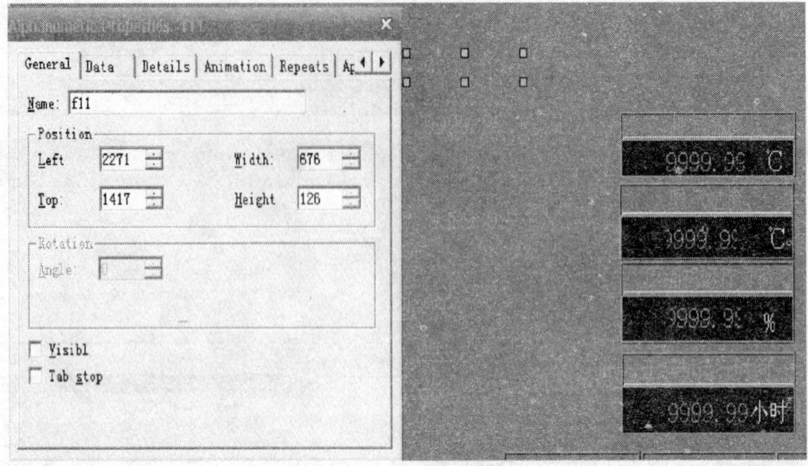

图 7—113 监控界面设置一

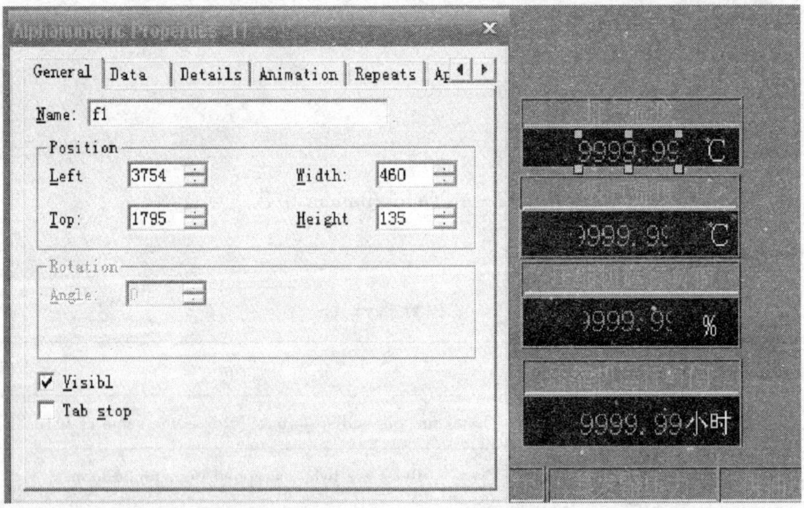

图 7—114 监控界面设置二

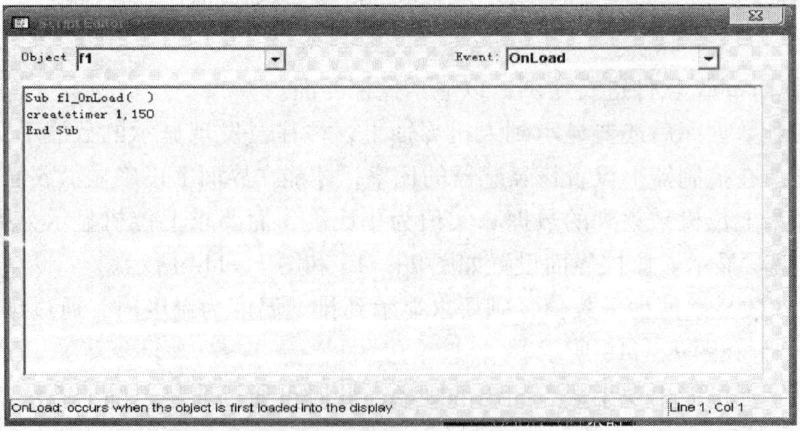

```
Sub f1_OnLoad( )
createtimer 1, 150
End Sub
```

图 7—115 监控界面设置三

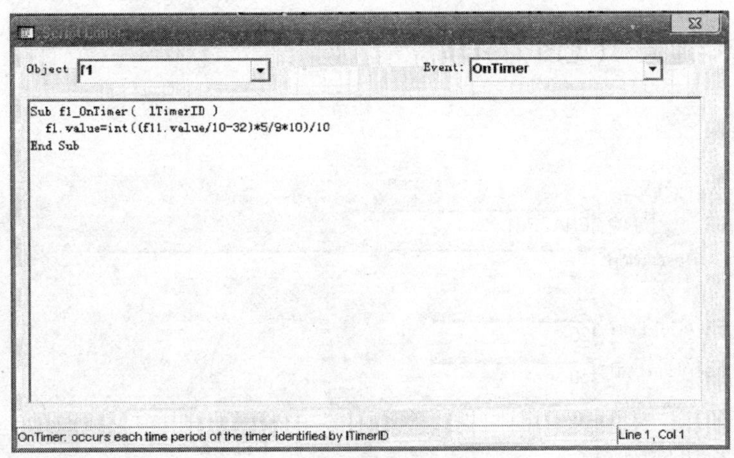

图 7—116　监控界面设置四

在以上分析讨论的基础上，完成了对高低压配电设备系统的监测，传送的数据和高低压系统设备模拟屏本身显示的数据一致，达到了监测的目的。实际上，如果利用 SymmetrE 中的 DDE 或者 NETAPI 方式开发接口程序，也可以实现该监测目的，从而体现出 SymmetrE 的灵活性，很好地实现对第三方设备的集成，真正成为开放系统集成软件的平台。

第二十节　OPC 在 QB 中的操作方法

一、OPC 连接

1. 建立 OPC 通道　（见图 7—117）

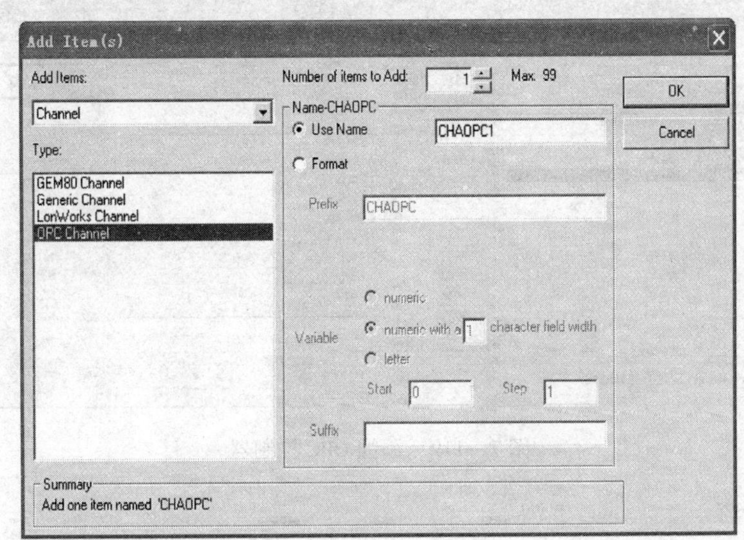

图 7—117　建立 OPC 通道

2. 设置 OPC 通道 （见图 7—118）

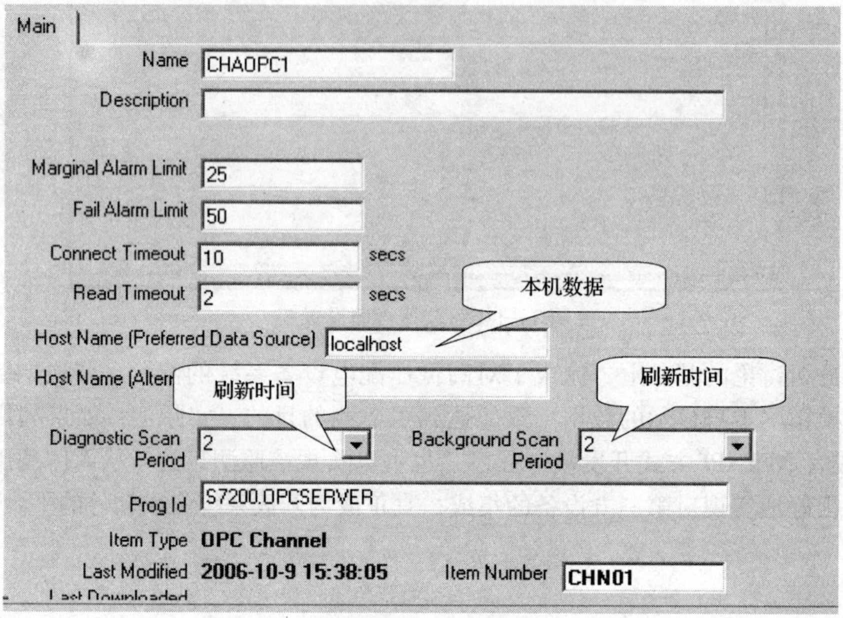

图 7—118 设置 OPC 通道

3. 添加 OPC 控制器 （见图 7—119）

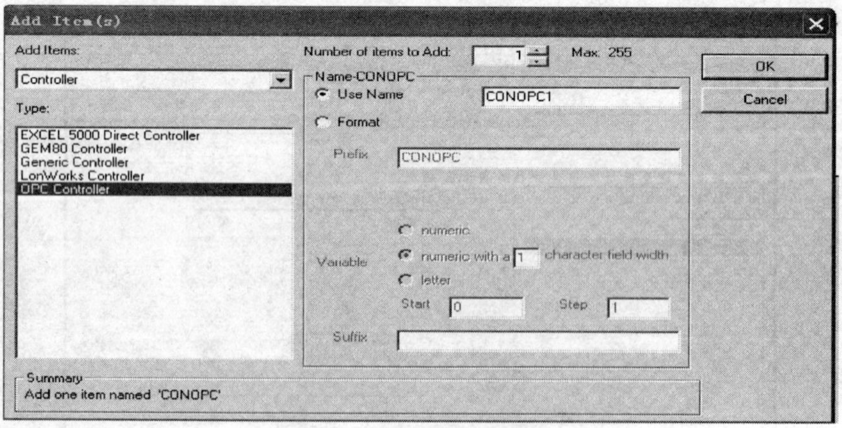

图 7—119 添加 OPC 控制器

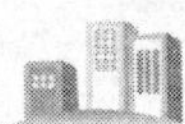

4. OPC 控制器相关设置 （见图 7—120）

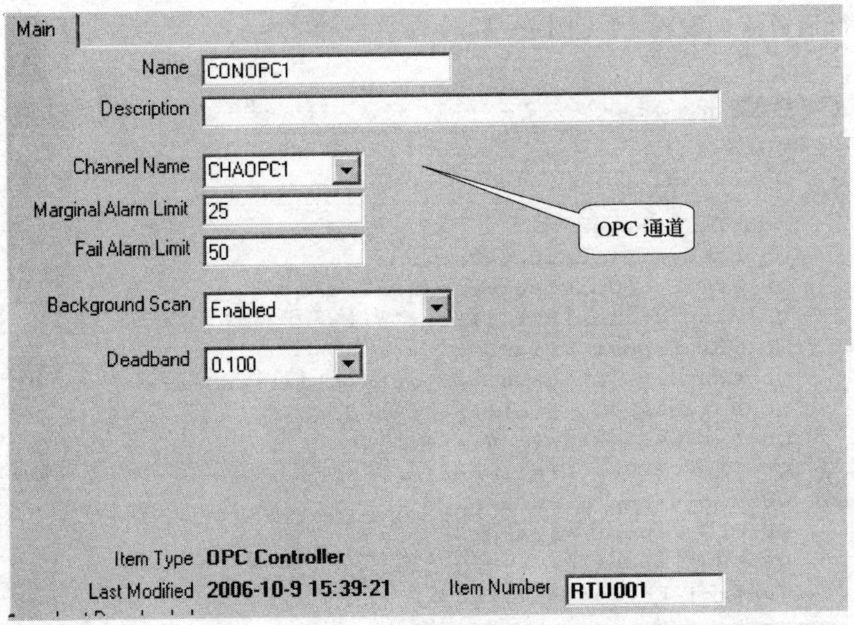

Main
Name
CONOPC1
Description
Channel Name
CHAOPC1
Marginal Alarm Limit
25
Fail Alarm Limit
50
Background Scan
Enabled
Deadband
0.100
OPC 通道
Item Type
OPC Controller
Last Modified
2006-10-9 15:39:21
Item Number
RTU001

图 7—120　OPC 控制器相关设置

5. 添加控制点 （见图 7—121）

Main
Display
Alarms
Control
History
Scripts
User Defined
Point ID
开关机
Description
Area Code
System
PV Source Address
CONOPC1 microwin.plc1.
PV Scan Period
1
Number of States
2
PV Algo
NONE
Action Algo
NONE
Scanning Enabled
Item Type
Status
Last Modified
State Descriptors
State 7
State 6
State 5
State 4
State 3
State 2
State 1
开
State 0
关
Address Builder
Address Type
Controller
OK
Cancel
Details
Controller
CONOPC1
Location
microwin.plc1.m00
Help
OPC 中的点名称

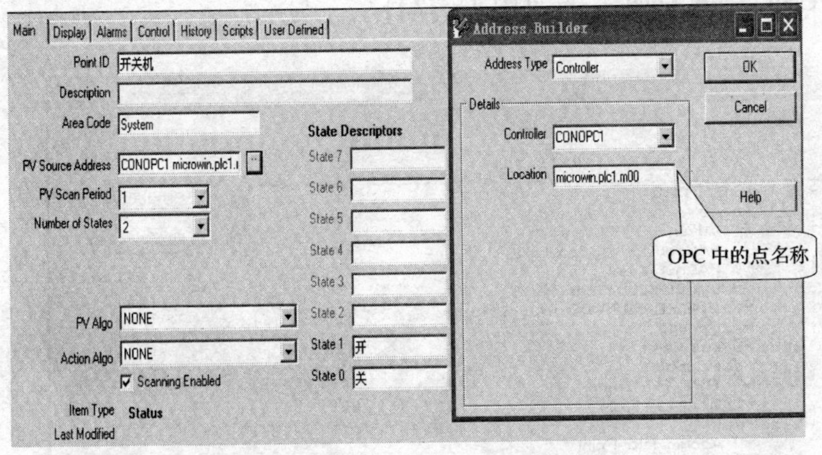

图 7—121　添加控制点

二、两个通道中的数据共享

1. 进行通道添加设置 （见图 7—122）

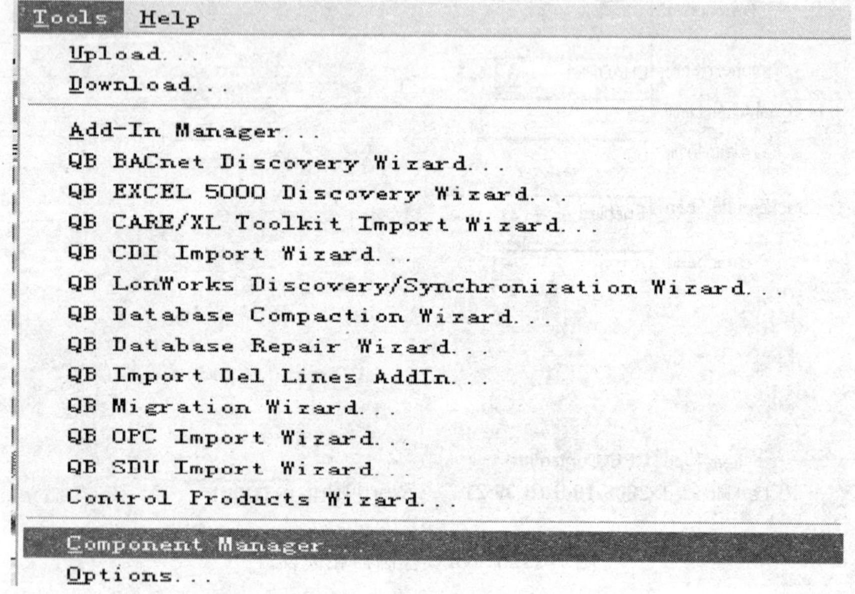

图 7—122　通道添加设置

2. 选择 “User Scan Task” （见图 7—123）

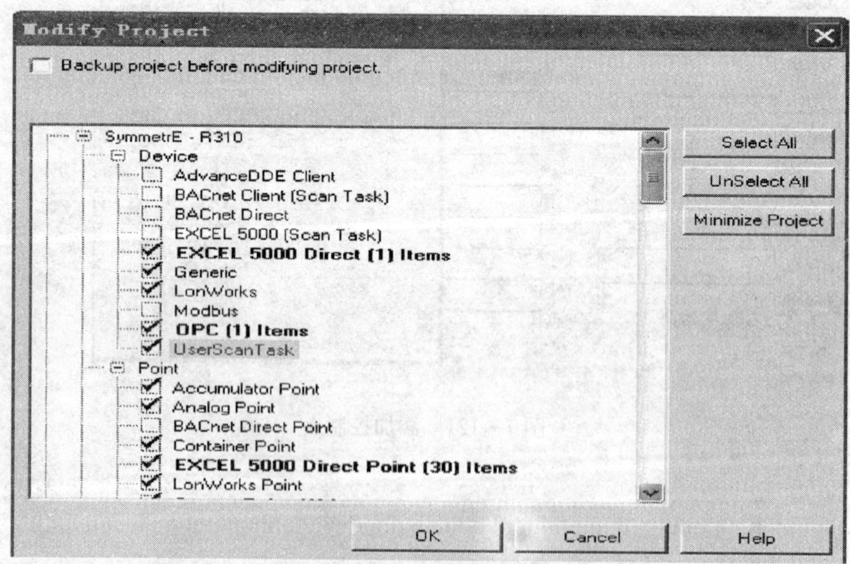

图 7—123　用户选项

3. 添加“User Scan Task Channel”并下载（见图 7—124）

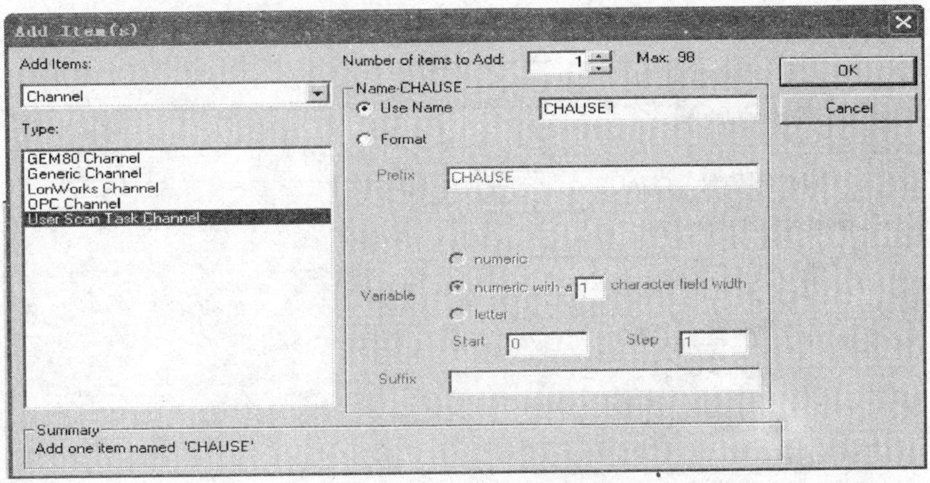

图 7—124　通道设置

4. 添加控制器（见图 7—125）

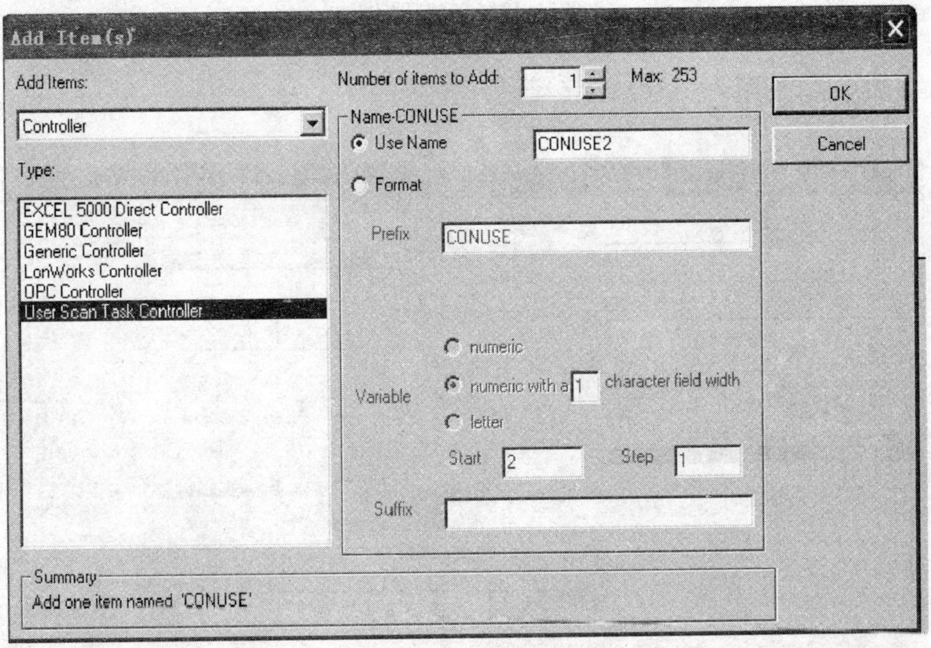

图 7—125　添加控制器

5. 控制器设置 （见图 7—126）

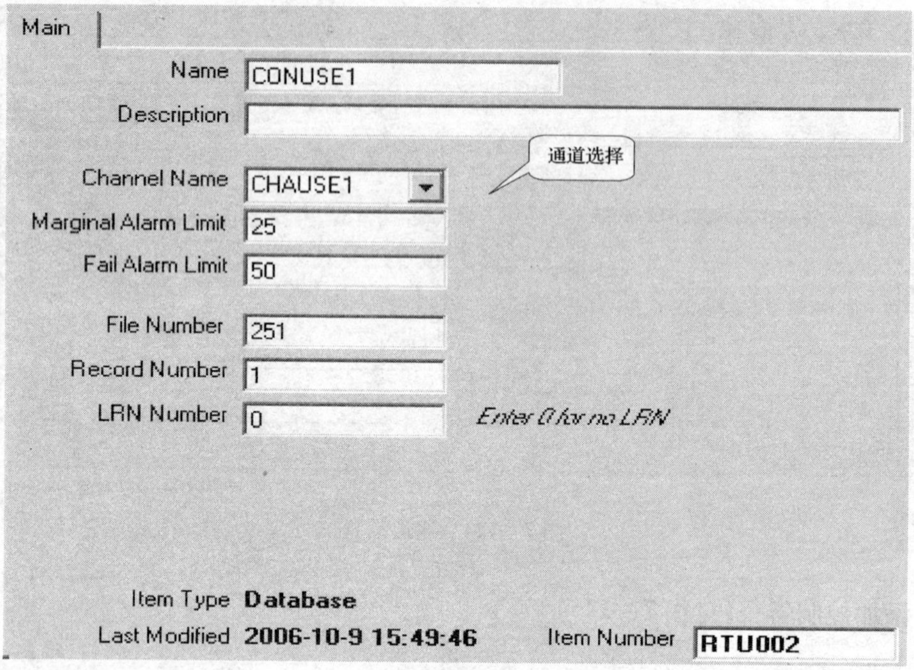

Main
Name CONUSE1
Description
Channel Name CHAUSE1
通道选择
Marginal Alarm Limit 25
Fail Alarm Limit 50
File Number 251
Record Number 1
LRN Number 0
Enter 0 for no LRN
Item Type Database
Last Modified 2006-10-9 15:49:46
Item Number RTU002

图 7—126 控制器设置

6. 添加点 （见图 7—127）

Add Item(s)
Add Items:
Point
Type:
Access Point
Accumulator Point
Analog Point
Container Point
EXCEL 5000 Direct Point
LonWorks Point
OPC Advanced Point
Status Point
Number of items to Add: 1
Max: 64969
OK
Cancel
Name-ZH
Use Name ZH
Format
Prefix POISTA
numeric
numeric with a 1 character field width
letter
Variable
Start 0
Step 1
Suffix
Summary
Add one item named 'ZH'

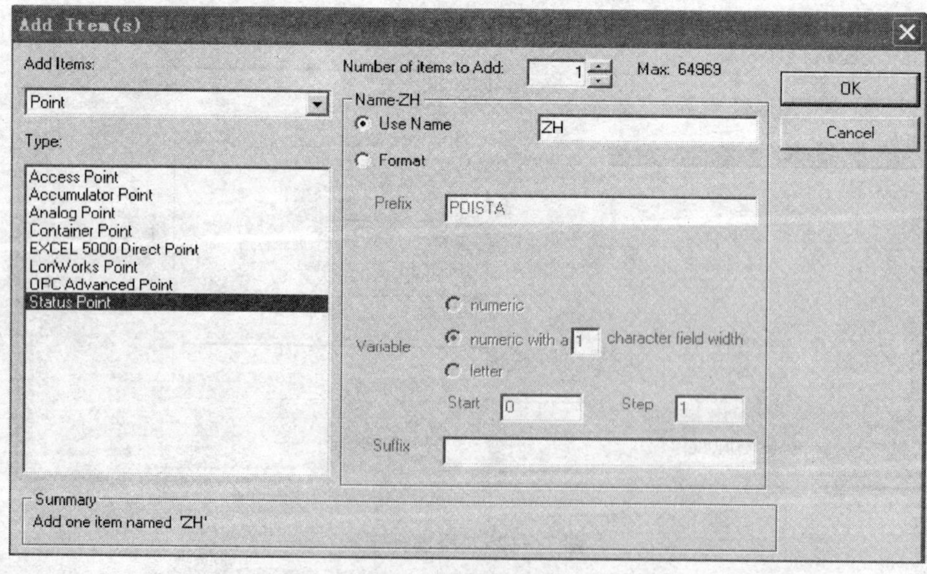

图 7—127 添加点

7. 进行相关参数的设置　（见图 7—128）

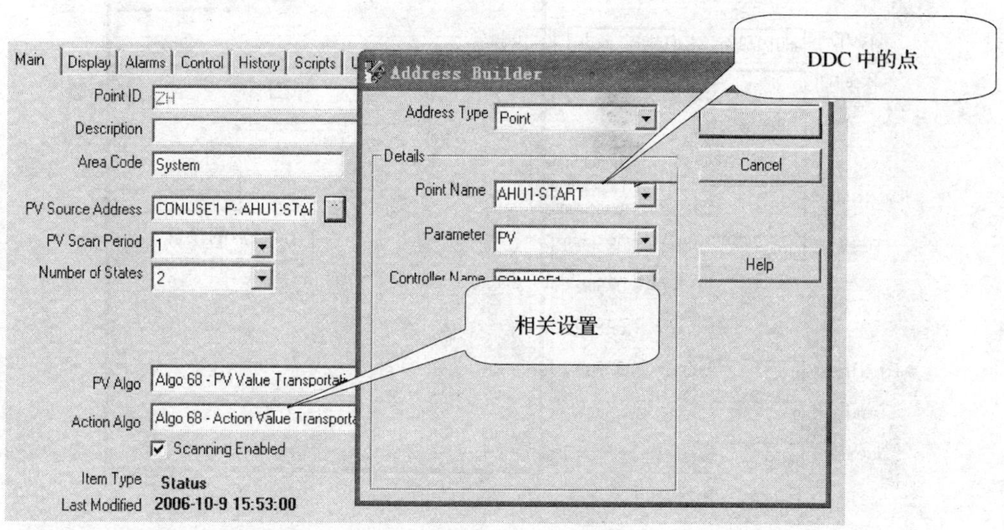

图 7—128　设置参数

8. 点位的相关设置　（见图 7—129 和图 7—130）

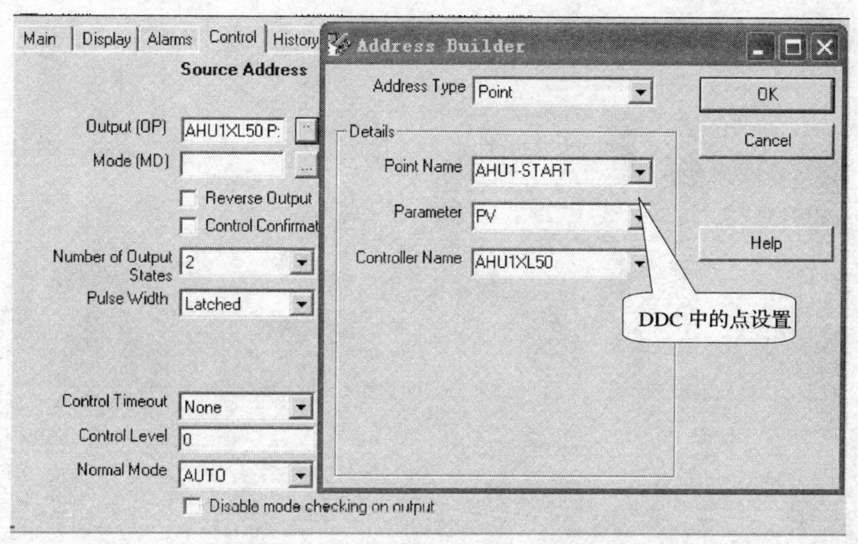

图 7—129　点位的相关设置一

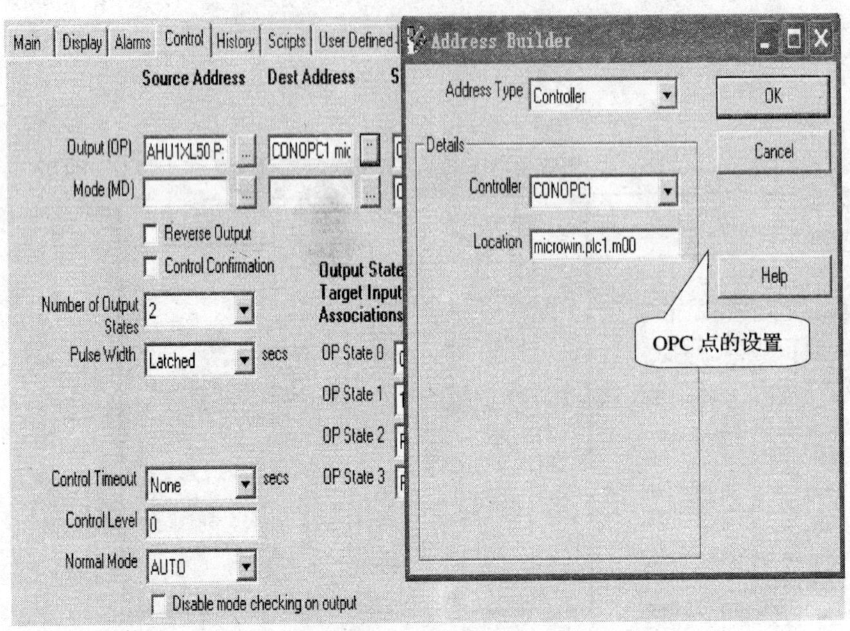

图 7—130　点位的相关设置二

目前，OPC 是自控系统中最常用的点数据存取方式，连接了现场控制点和中控室人机界面，使整体的控制具有更高的集成度。

第八章　Excel 50 编程实训

第一节　Excel 50 控制器

图 8—1 所示为一个简单的实验系统。

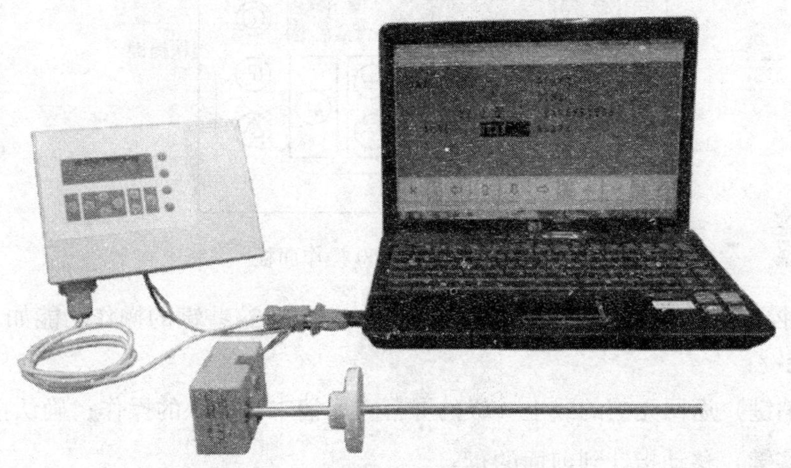

图 8—1　一个简单的实验系统

Excel 50 控制器可用于单独、不联网就地控制。同时，Excel 50 控制器还具有通信功能，与 Excel 5000 系统集成在同一个网络上。

Excel 50 控制器是专门用于加热系统、区域供暖系统、小型的餐厅、小型商店、办事处、银行分支，连锁商店及小型城镇住宅的小型空调控制系统。

Excel 50 可替代 Excel 20 控制器，它内含通信模块，可自由编程控制，编程非常简便。其固化软件、系统软件永久储存在一个 EPROM 中或一个 Flash - EPROM 中，EPROM/Flash - EPROM 被设置在应用模块中，一个独立的模块插在控制器壳体内，每组应用程序都放在独立的应用模块中，每组程序都具有一个代码，它是通过 PC 中应用程序软件包 LIZARD 来产生应用代码并通过 MINI 接口输入指令代码的。可变通信口及选择开关在控制器后盖上，无须打开箱壳。

Excel 50 控制器具有两种型号：一种是有人机接口（MMI）；另一种是无人机接口。外部人机接口通过 MMI 或 XI582 手操器，或者 MMI 或 XI584 便携式计算机可与所有型号设备进行通信，箱体可装在 DIN 导轨或控制屏门上。

控制器壳体背面有直接连接导线的接线端子，也可以用同一控制屏的 DIN 导轨 Phoenix 接线端子连线。

PC 应用工具软件包可以帮助用户得到最佳配置，通过人机接口 MINI 可把预先配置的应用程序放置在固化软件中，同时把现场设备的特性也装入固化软件中。

Excel 50 提供了 3 种应用类型：单独工作、Flash - EPROM 和具有 C - Bus 功能的 Flash -

EPROM。Flash－EPROM 可以下载新的固化软件程序，具有远程通信功能，有单独工件的 Flash－EPROM 和带有 C－Bus 通信模块的硬件具有远程通信功能，并且可与 Excel 5000 系统联网。

Excel 50 操作面板如图 8—2 所示。

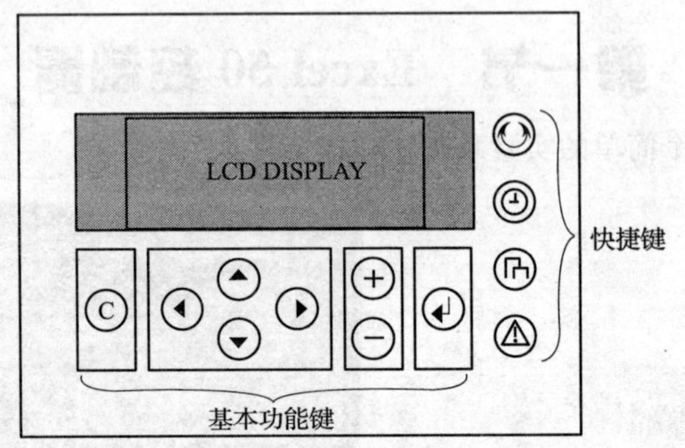

图 8—2　Excel 50 操作面板

Excel 50 控制器共有 8 个基本功能键和 4 个快捷键。这些键的操作功能如下所示。

基本功能键：

Ⓒ（取消键）返回先前的或上一级的屏幕；取消未被确认的操作；确认报警信息。

（上移键）移动指针到前面的行。

（下移键）移动指针到下一行。

（右移键）移动指针到当前位置的右边。

（左移键）移动指针到当前位置的左边。

⊕（增加键）每按一次增加数值一个单位或改变数字状态值到与当前状态值相反的状态值。

⊖（减少键）每按一次减少数值一个单位或改变数字状态值到与当前状态值相反的状态值。

（确认键）确认已做的修改和进入下一个屏幕（指针在 NEXT 前）。

快捷功能键：

（设备状态键）显示设备当前状态的数据。

（时间程序键）进入最初显示进入密码（Password），以提供意外保护。

（数据参数键）进入最初显示进入密码（Password），如不输入密码，进入后可以查看以下内容，输入密码后，不仅可以查看，还可以修改。

Physical，remote and pseudo user addresses（各类点的用户编址），parameters（控制参数），system data（系统数据），DDC program cycle time（DDC 程序采样时间），buswide access and Flash EPROM（通信访问和程序存储删除）。

Ⓐ（报警键）显示如下的报警信息：

Alarm history（报警历史），points currently in an alarm condition（当前报警点的状态），critical and noncritical alarms（临界和非临界的报警）。

第二节 操作说明

1．取消键可以按多次，直至控制器屏幕显示在第一页。按数据参数键，该键盘为密码输入键，此时控制器显示为“Enter your Password、＊＊＊＊、↵”，如图 8—3 所示。使用“▲”“▼”“◀”“▶”选择用户需要的菜单项。如果选择“下页”，按回车键进入主菜单，此操作模式下用户只能读取控制器的各类数据信息，无法对数据点进行操作。如果选择“＊＊＊＊”，按回车键，输入操作员初始密码“3333”可进行开关机，温度、风量、湿度设定，工作、睡眠状态切换，按检修员初始密码“3333”确认，更改密码功能页，选择“下页”“回车键”。如更改了密码，用户须牢记更改后的密码，每次操作都需密码。供应商无法破解密码，只能重新写入程序。然后屏幕进入主菜单，在此模式下用户可以对各类控制点进行修改。

2．控制器显示为“analog input（模拟输入）、analog output（模拟输出）、digital input（数字输入）、next（下一页）”。

3．“analog input（模拟输入）”中有“T1”数据点，如需查看，其操作方法为：使用“▲”“▼”键选中“analog input（模拟输入）”后按回车键，此时控制器显示为“T1”要查看什么数据，只要使用“▲”“▼”键选中，按回车键即可。按取消键即可返回上一页。

4．在“analog output（模拟输出）”中有“CV（表冷阀）”4 个数据点，如需查看，操作方法如上。

5．在 digital input（数字输入）中的参数有“ZT（风机状态）、GZ（风机故障）、SaFanVolCtrl（风机风速度）、START（风机启停）”。如需查看数据，操作方法如上。

6．在控制器显示为“analog input（模拟输入）、analog output（模拟输出）、digital input（数字输入）、next（下一页）”中选取“下页”并按回车键，控制器出现下一画面，如图 8—4 所示。

Enter your passward

**** next

图 8—3 输入密码

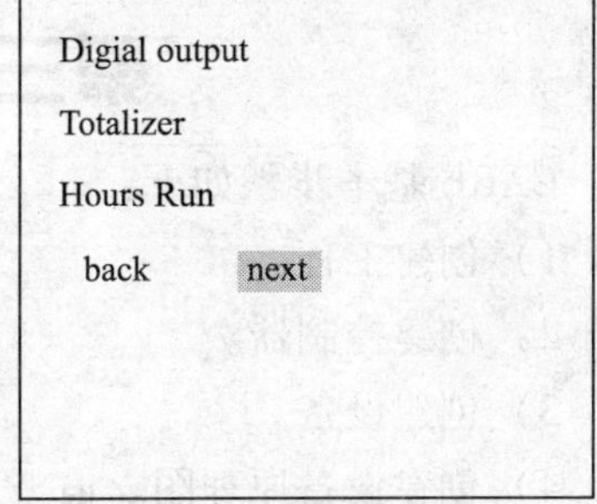

图 8—4 数据点类型

7. 在控制器显示为“Digital output（数字输入）、Totalizer（时计）、back（返回）、next（下一页）”时，选中“next（下一页）”按回车键，控制器显示如图 8—5 所示。

8. 在“Pseudo Analog（伪模拟点）”中参数为“T-SET”等。如需更改温度设定，其操作方法如下：先选中“T-SET”，按回车键确认，进入温度设定功能项，如图 8—6 所示。修改步骤如下：首先把“AUTO（自动）”改为“Manual（手动）”，操作时用“▲”或“▼”键选中“AUTO（自动）”并按回车键，此时“AUTO（自动）”闪烁，用上下键改“AUTO（自动）”为“Manual（手动）”并确认，显示弹出菜单（手动/自动模式改变的报警），按取消键返回原显示界面；而后选中设定数值“26”，按回车键后，可通过“+”和“-”或“▲”和“▼”进行更改数值，更改后按回车键确认。完成后按取消键返回主画面。其他设定方法与温度设定方法相同。

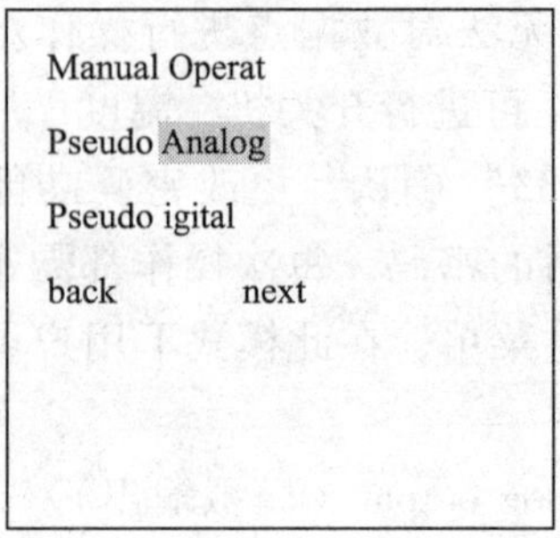

图 8—5 伪点进入画面

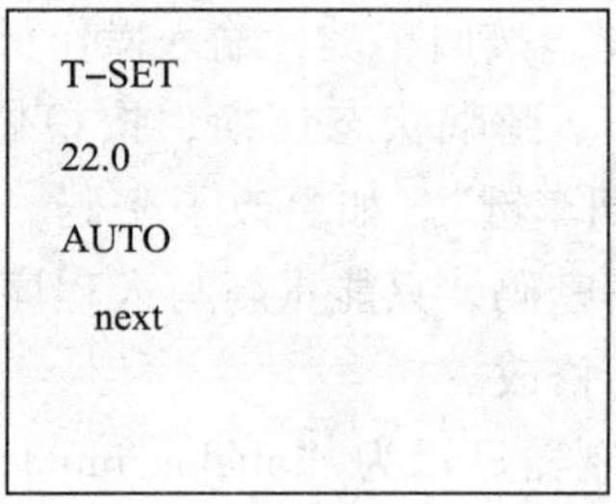

图 8—6 伪模拟点的设定

注意事项如下：

第一，对空调的操作时输入操作人员密码即可，一般不输入检修密码，可防止误操作。

第二，温度、湿度设定操作完后应保持“MANUAL”状态，否则操作无效，其他参数为 AUTO 状态。

第三，C-BUS 总线用于连接上位机和下位机软件（需通过通信转换器来连接 PC 上的串口）。

第四，RS232 串口是用来为 Excel 50 控制器下载程序（RS232 串口直接连接到 PC 上）的。

第五，LON-BUS 总线是为控制器做扩展的分布式 I/O 模块。

第三节 CARE 实训指导

CARE 基本步骤如下：

1）创建工程。

2）创建控制器。

3）创建设备。

4）创建设备原理图。

5）修改控制点。

6）手动分配控制器端子。

7）设计控制策略。

8）设计开关逻辑。

9）创建时间程序。

10）设计、配置 C－Bus 网络。

11）在网络树中创建、布置控制器。

12）授权控制器/LON 装置。

13）连接控制器。

14）编译控制器。

15）下载到控制器。

16）授权 LON 装置/LONWorks 网络。

一、创建新工程（见图 8—7）

CARE 通过工程来组织设备。启动 CARE 后，第一步要选择一个工程。如果没有工程，需要新建一个。

单击“OK”按钮或按 Enter 键进入密码设置窗口（见图 8—8），密码最好与工程名字相同。也可以不设密码，直接按 Enter 键进入新工程界面。

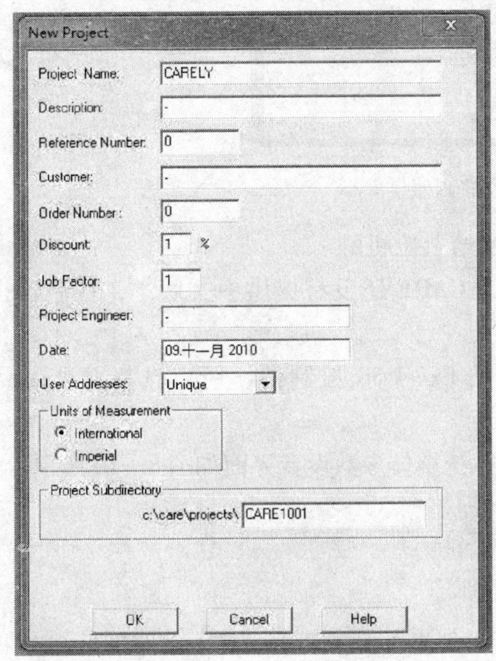

图 8—7 创建新工程

图 8—8 密码设置窗口

注意：

“Project name”必须是英文。

二、创建控制器

创建新的控制器如图 8—9 所示。其中做标注处为需要特别注意之处，下文类似标注的意义与此相同。

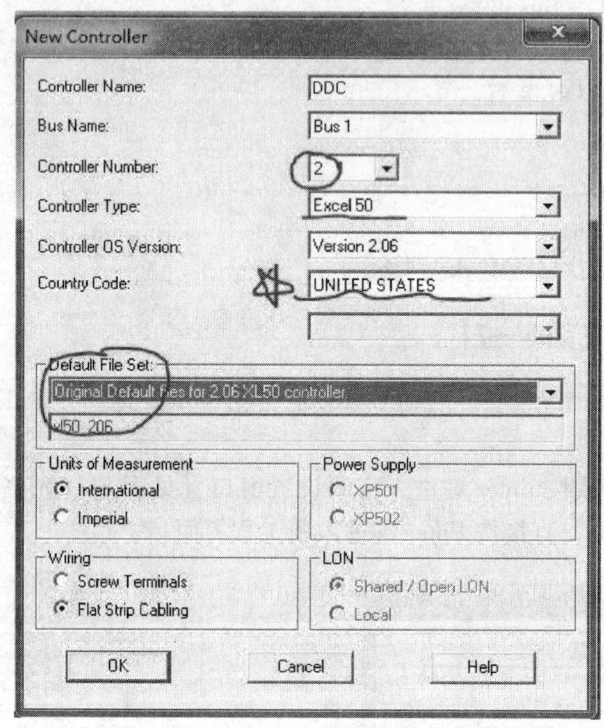

图 8—9　创建新的控制器

Controller Number 最好选 1 以外的数字，1 是留给上位机的。

“Country Code” 要选择 UNITED STATES，因为 CARE 还没有提供中文版本，控制器也只接受英文模式。

“Default File Set” 默认文件设置，此处用的是 Excel 50 控制器，所以选择 “Original Dafault files for 2. 06 XL50 controller”。

单击 “OK” 按钮或按 Enter 键进入界面。工程系统整体参数设置界面如图 8—10 所示。

三、建立设备（Plant）

新建 Plant 的页面如图 8—11 所示。

在该页面可以对 “Plant Type” 进行选择。单击 “OK” 按钮或按 Enter 键即可见到 DDC 中多了一个 Plant，如图 8—12 所示。

四、创建设备原理图的步骤

（1）在设备树中选中要编辑的设备。

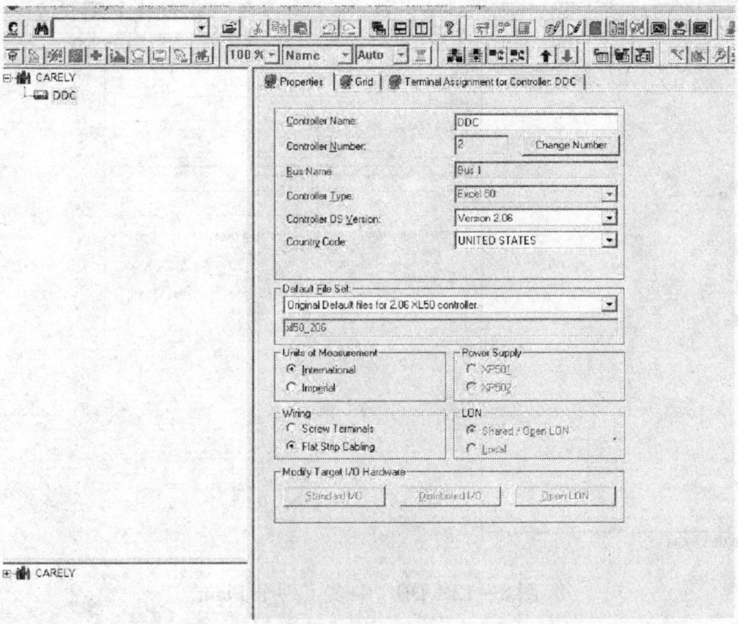

图 8—10 工程系统整体参数设置界面

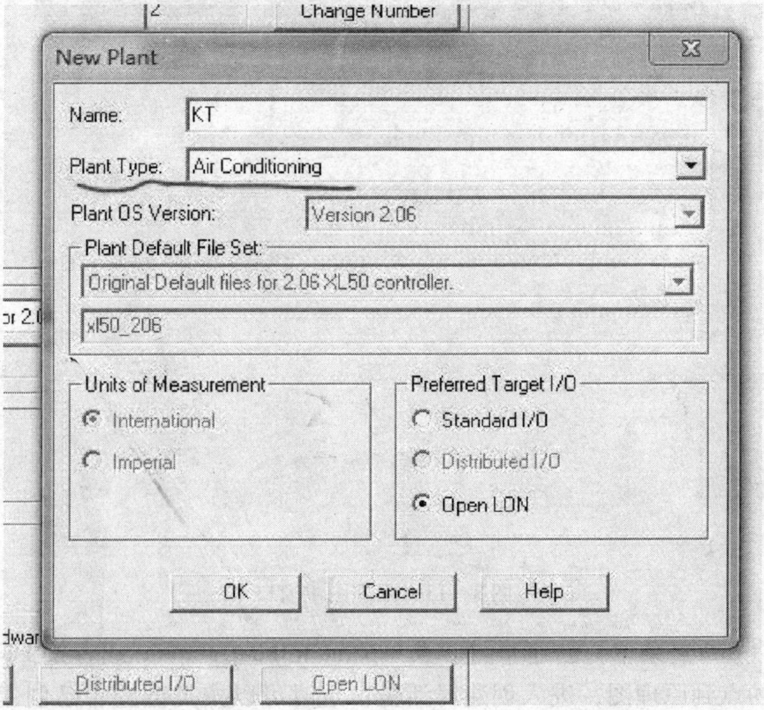

图 8—11 新建 Plant

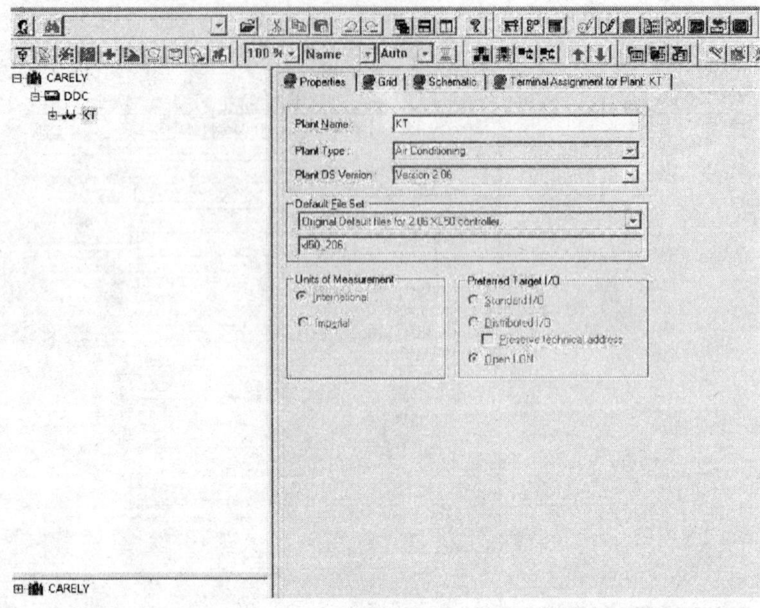

图 8—12　DDC 中多了一个 Plant

（2）在菜单栏中单击设备下拉菜单中的原理图（Schematic）或在工具按钮栏中单击原理图按钮，出现原理图主窗口（见图 8—13）。

图 8—13　原理图主窗口

选中编辑（Edit）菜单→创建非图形点→point without graphic 或者按 F8 键添加一个不需要选择片段的点到原理图，进入创建对话框，这时可以按类型查看已创建的这类点，也可以创建新的点或者删除不用的点。出现此界面后，选中“AI”（模拟量输入）再单击“New”按钮。建立模拟输入点如图 8—14 所示。

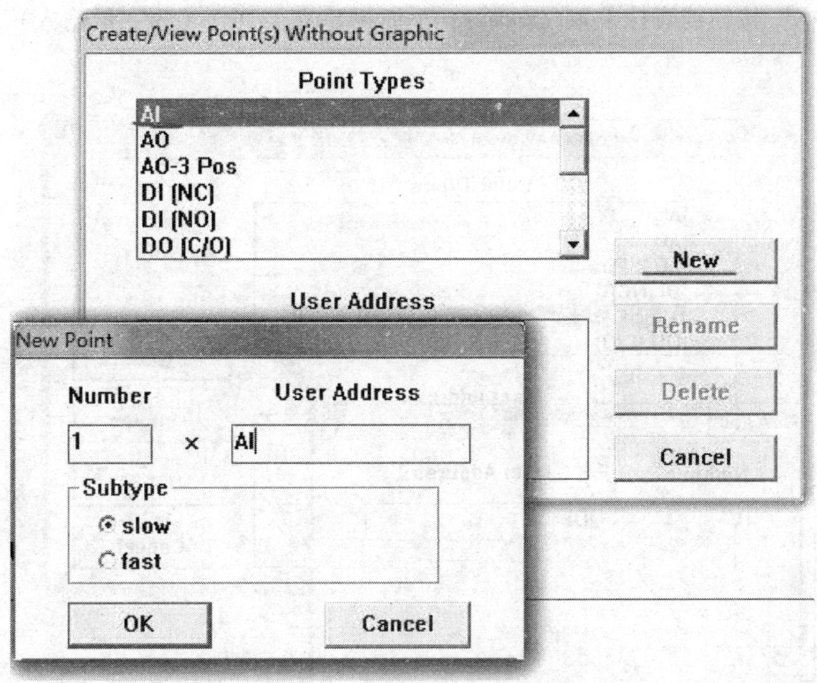

图 8—14 建立模拟量输入点

单击“OK”按钮或者按 Enter 键即可。然后再建立“AO”（模拟量输出），如图 8—15 所示。

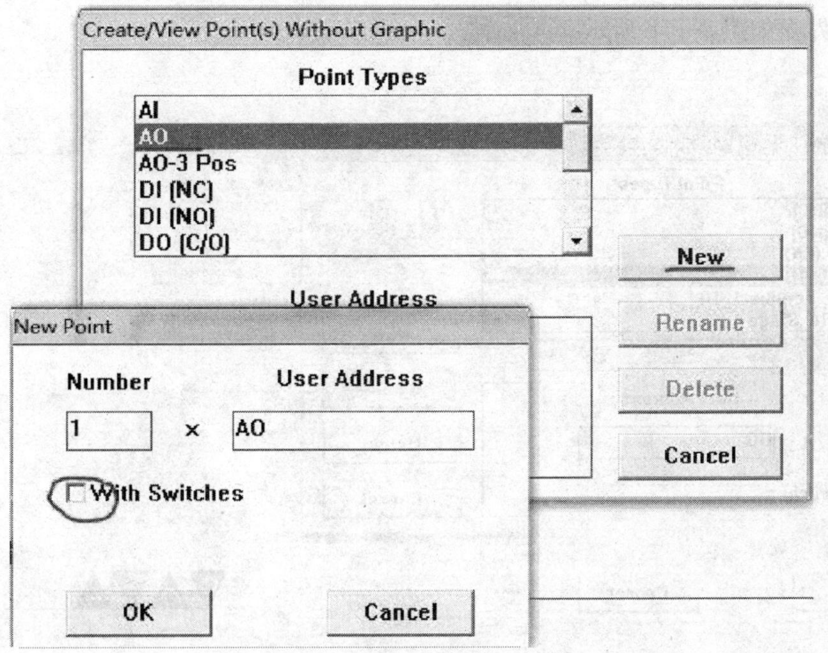

图 8—15 建立模拟量输出点

单击“OK”按钮或者按 Enter 键即可。下面再建立“DI”（数字量输入），如图 8—16 所示。

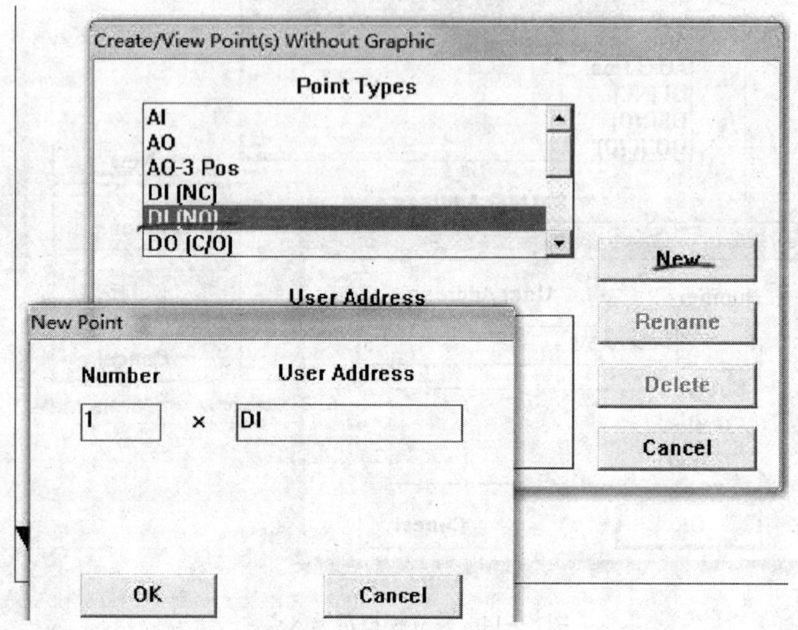

图 8—16　建立数字量输入点

单击“OK”按钮或者按 Enter 键即可。下面再建立“DO”（数字量输出），如图 8—17 所示。

最后的界面如图 8—18 所示。

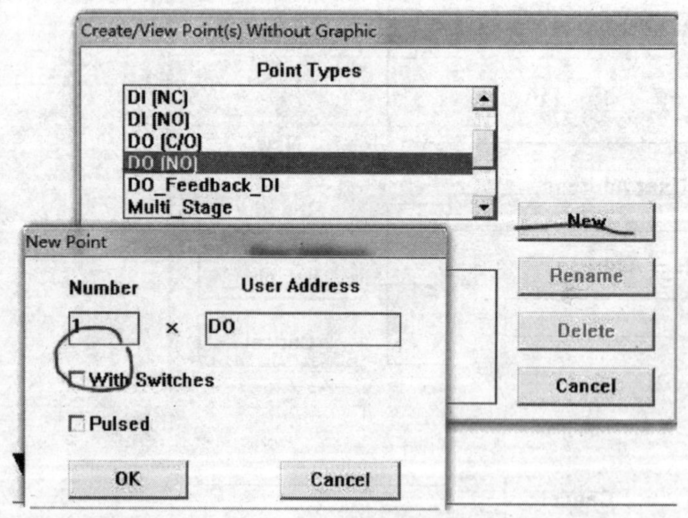

图 8—17　建立数字量输出点

图 8—18　最后的界面

五、修改控制点

(1) AI 点的设置

1) 第一种：AI 点电压的输入。选择设备树中的“AI”点的“Engineering Unit”标记处单击，如图 8—19 所示。

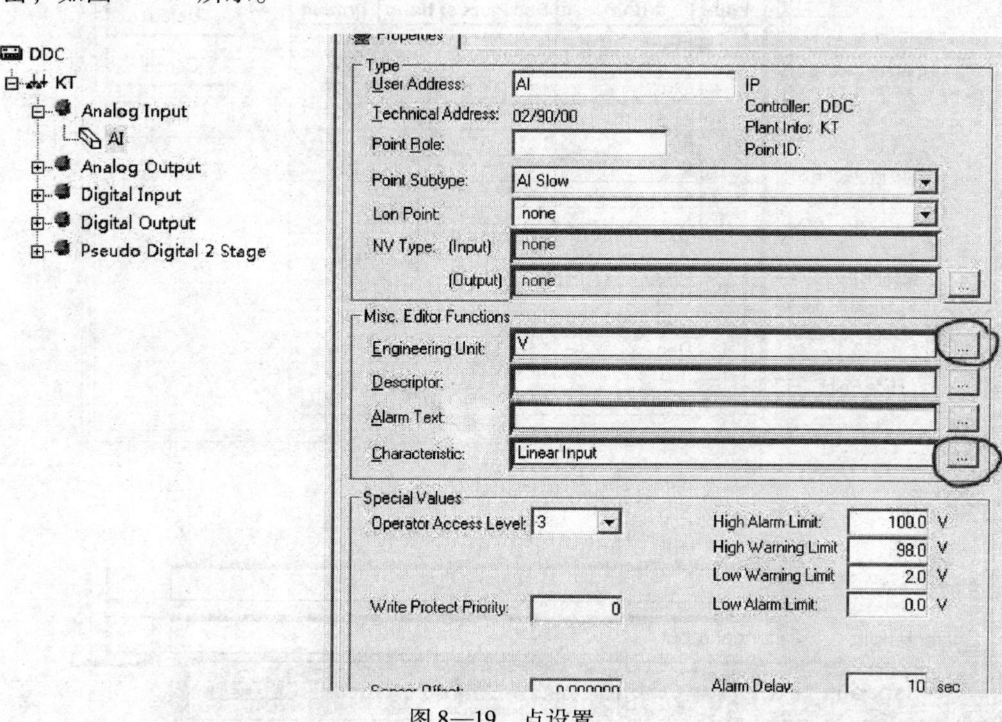

图 8—19 点设置

进入后在空白处填入想要的单位，并单击“OK”按钮，如图 8—20 所示。

再对“Characteristic”特性进行设置，在空白处填入适合的值，如图 8—21 所示。

图 8—22 所示为输入特性编辑，可被模拟输入点选用。

在 ID6 的空白处填入：0 - 10 V =0 - 100 度

2) 第二种：AI 点电阻的输入（选择 LF20 风管温度传感器）。选择设备树中的“AI”点的“Engineering Unit”标记处单击，如图 8—23 所示。

进入后在空白处填入想要的单位，并单击“OK”按钮。单位选择如图 8—24 所示。

再对“Characteristic”特性进行设置，在下拉菜单中选择 Analog Input，如图 8—25 所示。

(2) AO 点的设置。模拟量输出点的属性设置如图 8—26 所示。

(3) 将单位和特性设置进数据点内。点与特性挂钩如图 8— 27 所示。

六、手动分配控制器的点

将设置完成后的点拉入 Terminal Assignment for Plant：KT（关于设备的端子分配），如图 8—28 所示。

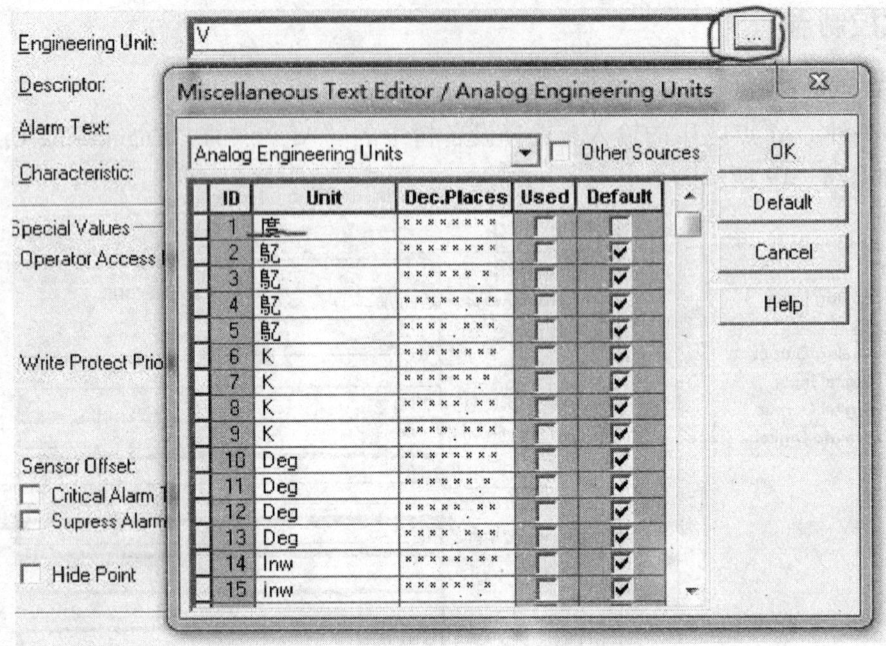

图 8—20　点设置的单位设置

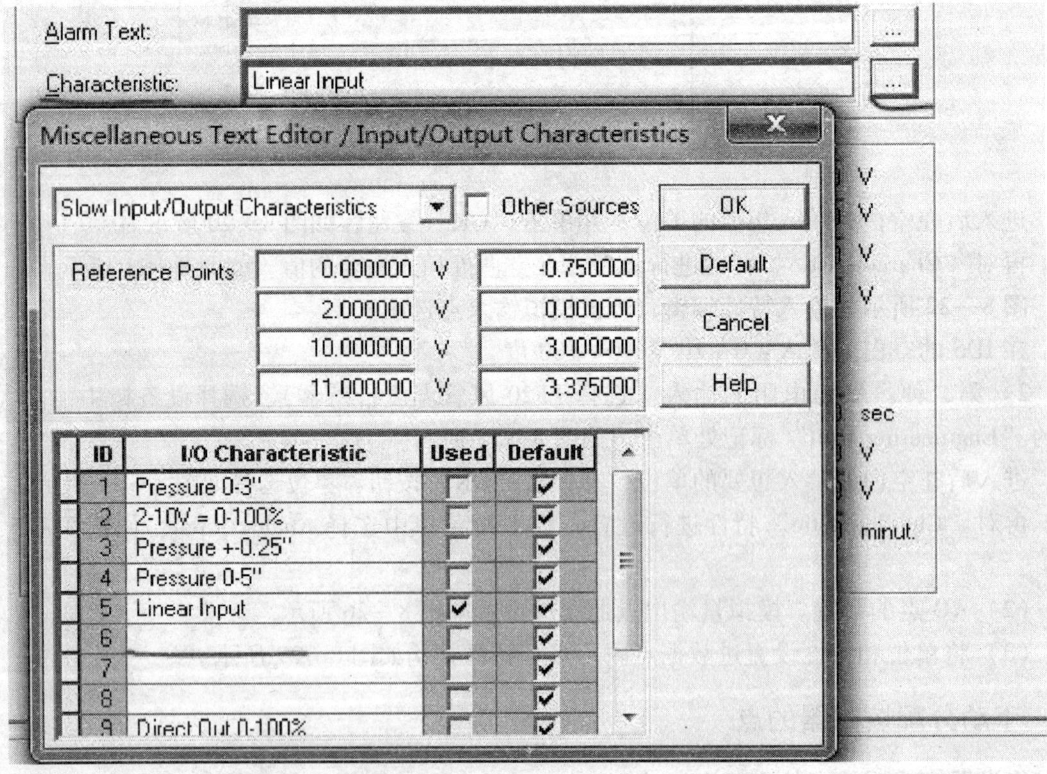

图 8—21　点设置的输入特性设置

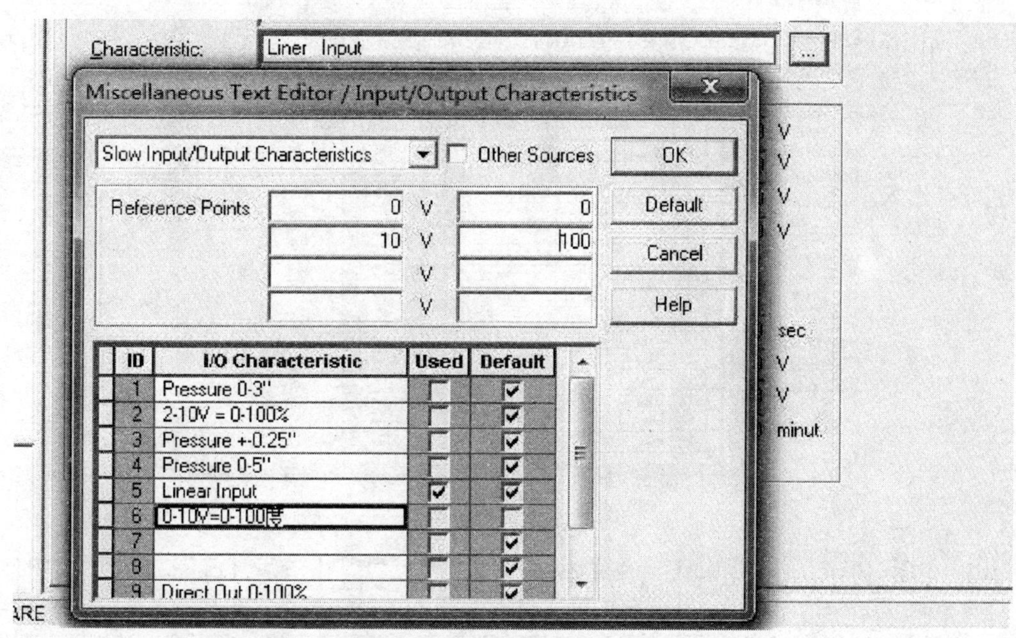

图 8—22　输入特性编辑

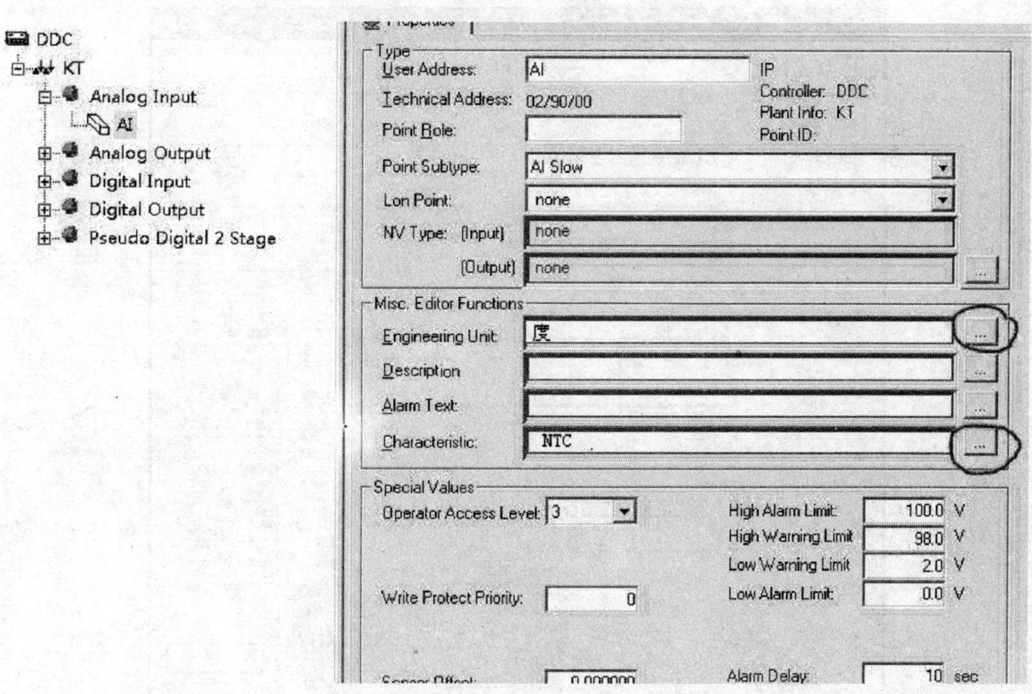

图 8—23　电阻输入特性设置

Engineering Unit:
V
Descriptor:
Alarm Text:
Characteristic:
Special Values
Operator Access
Write Protect Prio
Sensor Offset:
Critical Alarm
Supress Alarm
Hide Point
Miscellaneous Text Editor / Analog Engineering Units
Analog Engineering Units
Other Sources
OK
Default
Cancel
Help
ID
Unit
Dec.Places
Used
Default
1 度
6 K
7 K
8 K
9 K
10 Deg
11 Deg
12 Deg
13 Deg
14 Inw
15 Inw

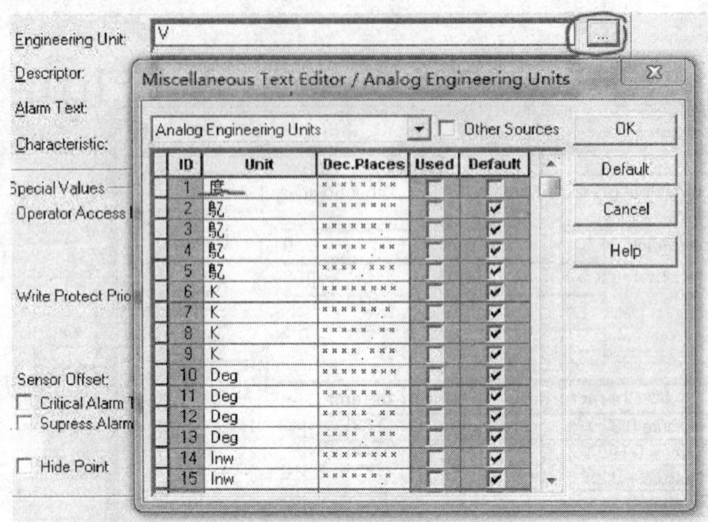

图 8—24　单位选择

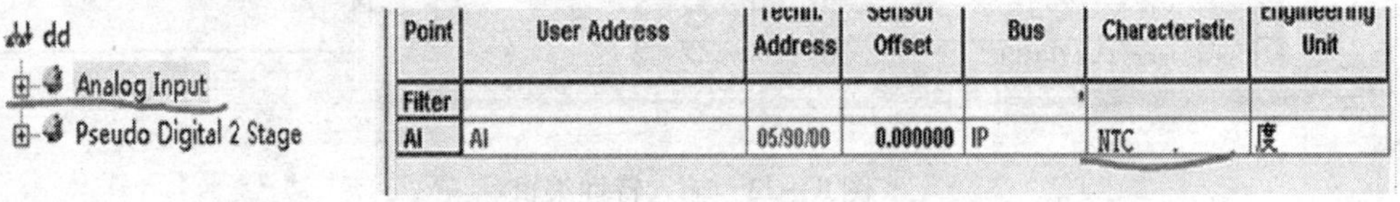

dd
Analog Input
Pseudo Digital 2 Stage
Point
User Address
Techn. Address
Sensor Offset
Bus
Characteristic
Engineering Unit
Filter
AI
AI
05/90/00
0.000000
IP
NTC
度

图 8—25　选用特性

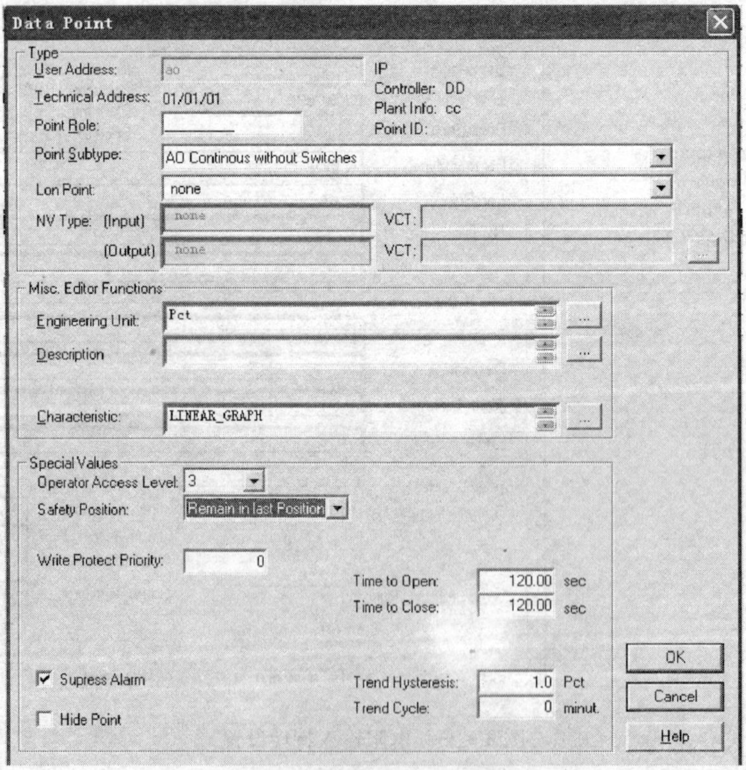

Data Point
Type
User Address:
ao
IP
Technical Address:
01/01/01
Controller: DD
Plant Info: cc
Point Role:
Point ID:
Point Subtype:
AO Continous without Switches
Lon Point:
none
NV Type: (Input)
none
VCT:
(Output)
none
VCT:
Misc. Editor Functions
Engineering Unit:
Pct
Description:
Characteristic:
LINEAR_GRAPH
Special Values
Operator Access Level:
3
Safety Position:
Remain in last Position
Write Protect Priority:
0
Time to Open:
120.00
sec
Time to Close:
120.00
sec
Supress Alarm
Hide Point
Trend Hysteresis:
1.0
Pct
Trend Cycle:
0
minut.
OK
Cancel
Help

图 8—26　输出特性设置

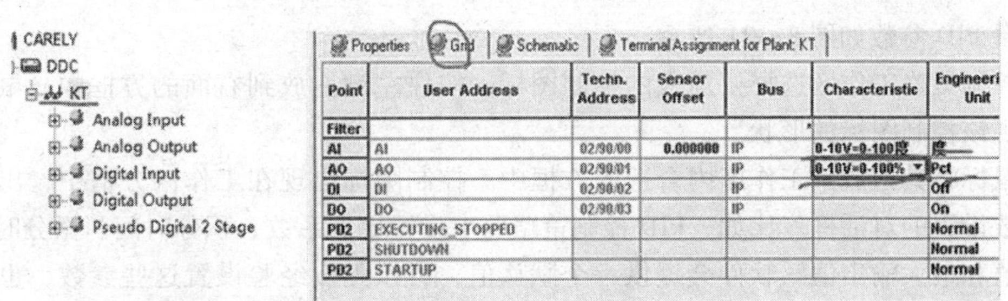

图 8—27 点与特性挂钩

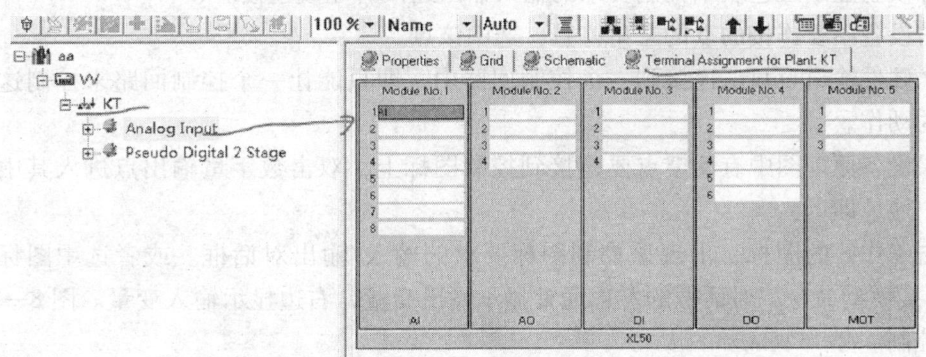

图 8—28 端子分配

选中设备 KT，找到终端分配，再将设置的点依次拉入对应的点位模块中即可。

七、创建控制策略

（1）在设备树中选中要编辑的设备。

（2）在菜单栏中选中设备下拉菜单中的控制策略（Control Strategy）或在工具按钮栏中单击控制策略按钮，即出现控制策略主窗口，如图 8—29 所示。

执行 File→New→创建新控制回路命令，建立新的回路，如图 8—30 所示。

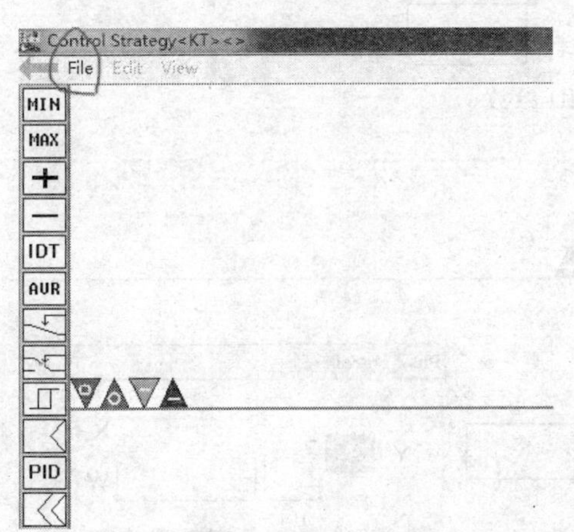

图 8—29 控制策略主窗口

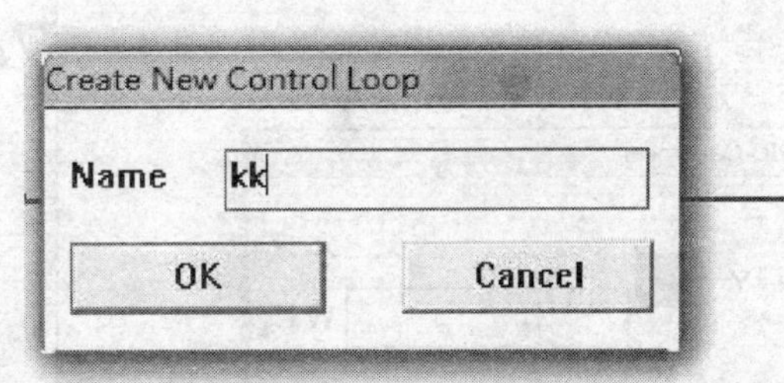

图 8—30 建立新的回路

设置 PID 参数如图 8—31 所示。

在控制策略工作区选择要加入的控制图标，按住左键拖放到右面的方框中。鼠标将其指针呈现该控制图标的形状。

用鼠标将其拖放到工作区内合适的方框中。控制图标出现在工作区方框中，出现设置内部参数设置的对话框。比如，PID 控制策略要求设置比例系数、积分时间、微分时间、最小输出值和最大输出值。软件会提供一个默认值，可以先按经验设置这些参数，也可以保留默认设置，在调试时根据实际情况确定这些参数。

图标模型显示红色表示控制要求的输入输出还没有完成连接。

单击设备中要连接的点的三角符号，选中该点。

一个硬件输出点只能连接到一个控制回路中，即只能让一个控制回路来控制这个硬件输出点的动作。

如果设备原理图中有反馈点要连接到控制图标上，双击数字量输出点进入其中的隐含点和用户地址即可。

双击工作区的图标，出现该控制图标要求的输入/输出对话框。或者选中图标，执行 Edit→连接模型命令。对话框的左边通常显示输出变量，右边显示输入变量。图 8—32 所示为 PID 控制。

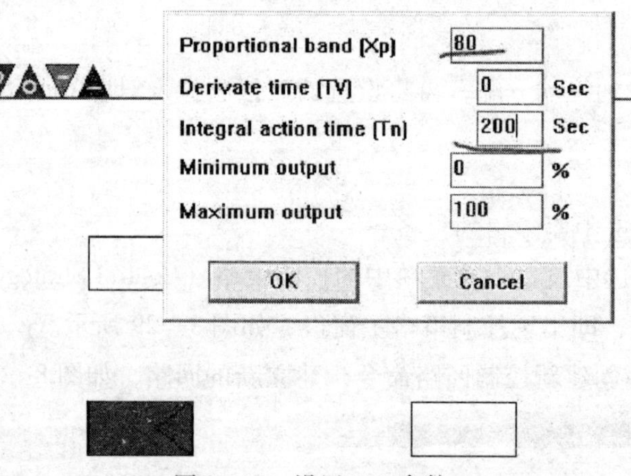

图 8—31　设置 PID 参数

策略图如图 8—33 所示。

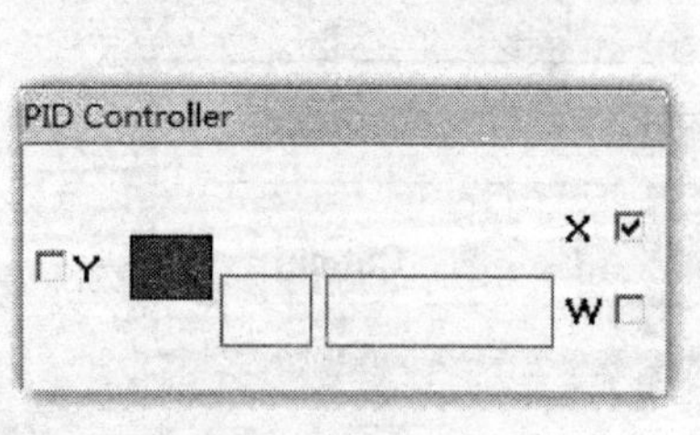

图 8—32　PID 控制

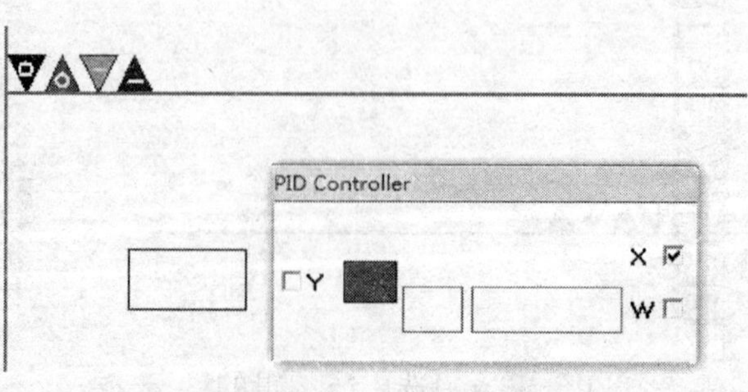

图 8—33　策略图

单击红色处，即可连接。

PID 中的左边变量 Y 为输出，右边变量（X、W）为输入。Y、X、W 需要连接到硬件点、软件点或其他控制图标。对话框中的两个空白是可以输入值的编辑字段，可以直接在空白处输入一个值，代替物理连接。通常 PID 控制中的 X 接被控变量输入点（如温度、湿度和压力等），W 为被控变量的设定值。

在图标的输入/输出端前的复选框中选择要连接的端。在选中的 I/O 端前的复选框中出现“√”，表示选中该端。如果选中的硬件点和图标的 I/O 端类型不匹配，将不能选中。

单击对话框中的红色控制图标。对话框关闭。在图标的 I/O 端出现一条短连接线，工作区出现两条十字交叉线。

用鼠标来控制交叉线的位置，移动和单击交叉点来创建连接线，当交叉点位于选中的物理点时，出现十字符号，左击完成连接。如果不能选中硬件点的三角符号，表示选择的点类型不匹配，查看控制图标功能，了解控制所要求的输入/输出量的类型。

重复上面的操作，完成该图标其他的输入、输出变量的连接。当所有的连接实现后，控制图标变为亮蓝色，表明控制回路连接完成。图 8—34 所示为一个完善控制回路，右边是虚点框。

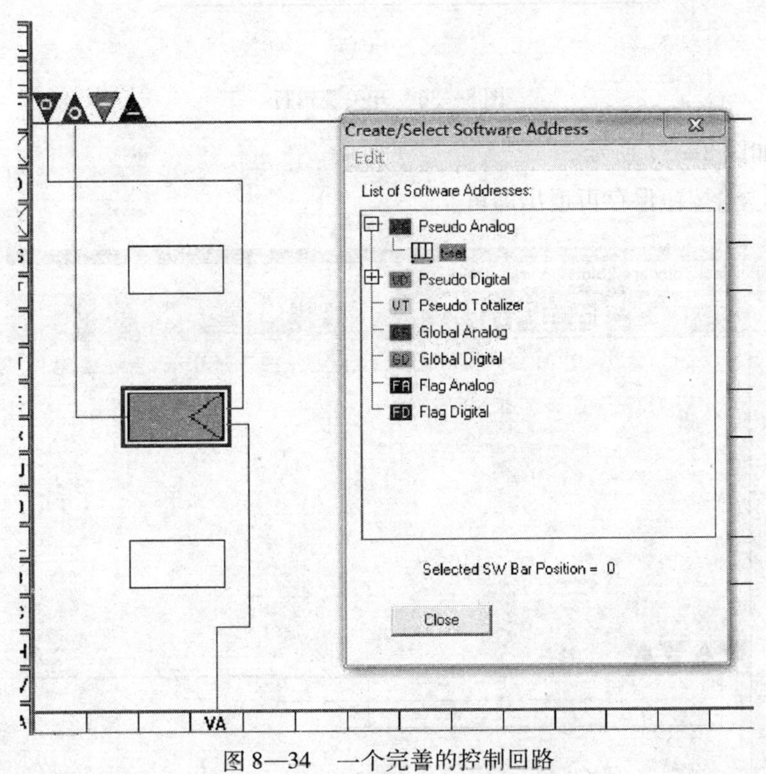

图 8—34 一个完善的控制回路

八、创建逻辑开关

（1）在设备树中选中要编辑的设备。

（2）在菜单栏中选中设备下拉菜单中的逻辑开关（Switching Logic）或在工具按钮栏中

单击控制策略按钮▣。开关逻辑如图 8—35 所示。

建立结果行。

选择要控制的一个输出点作为结果行，该点可以是硬件输出点、虚拟点或标志位点。开关逻辑行如图 8—36 所示。

图 8—35　开关逻辑

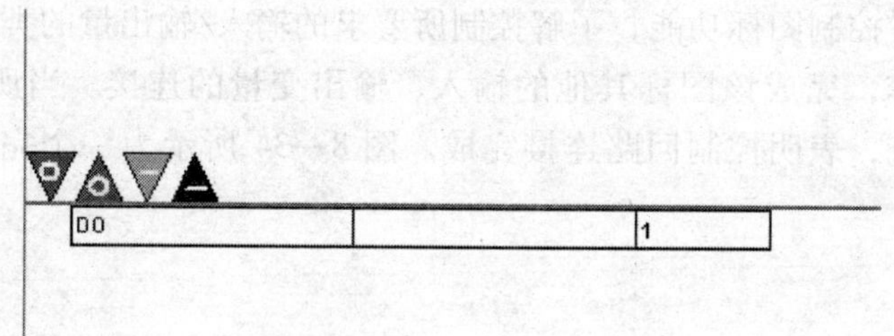

图 8—36　开关逻辑行

逻辑关系如图 8—37 所示。

最后单击▣按钮保存再退出即可。

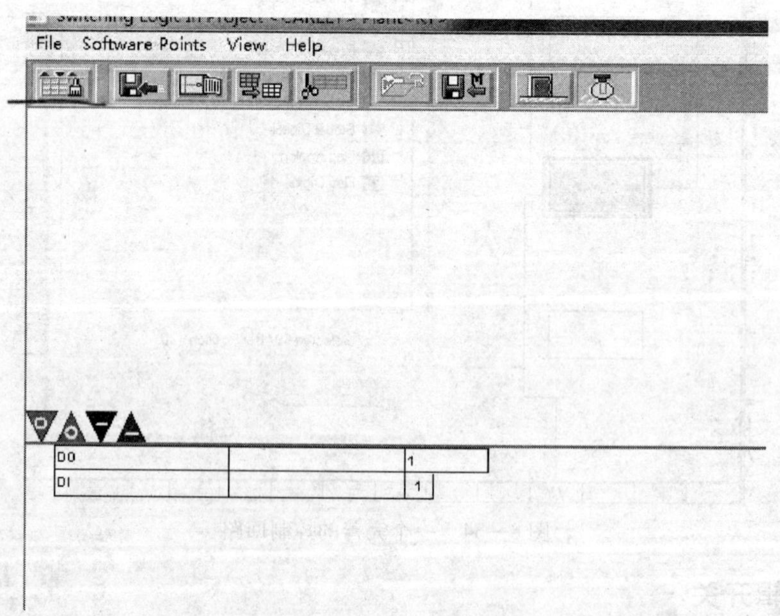

图 8—37　逻辑关系

九、对工程进行编译

在工具按钮栏中单击编译按钮。编译界面如图 8—38 所示。

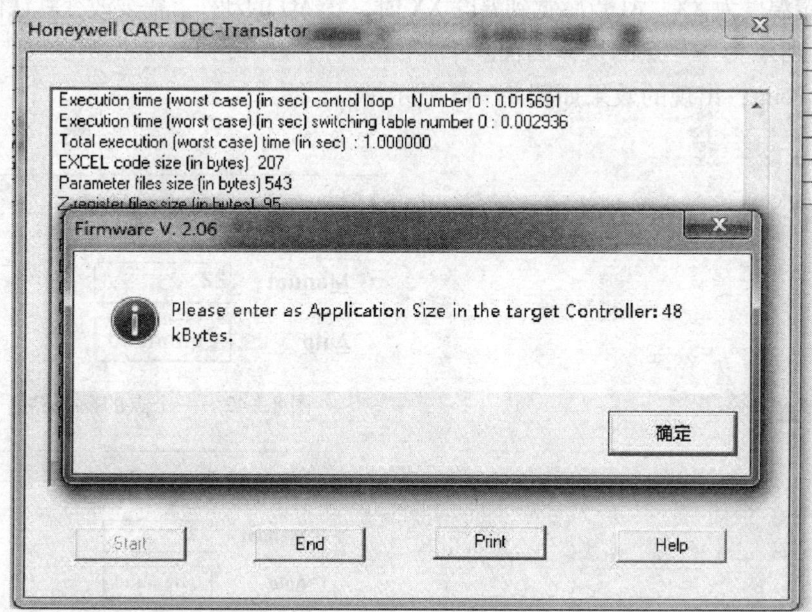

图 8—38　编译界面

十、对程序进行静态模拟

单击按钮弹出如图 8—39 所示的仿真对话框。

选中自已所设计的控制器下的设备，单击“OK”按钮。图 8—40 所示为静态仿真选项。

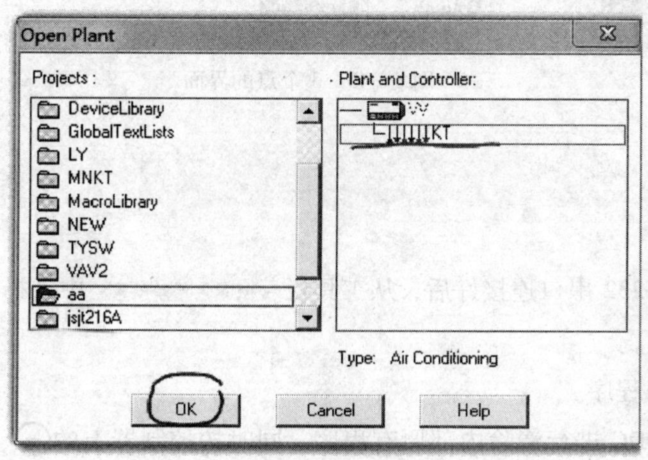

图 8—39　仿真

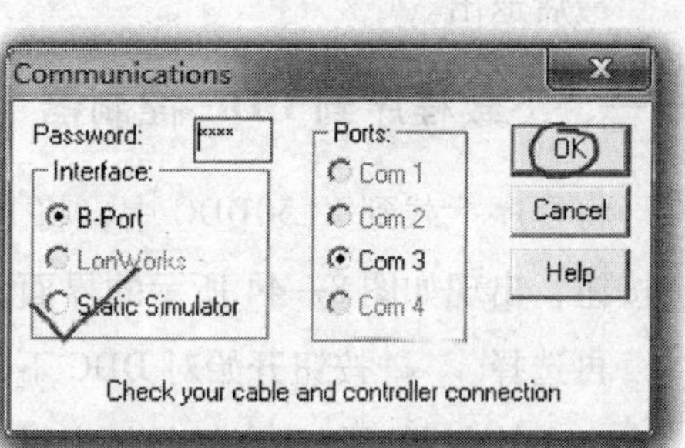

图 8—40　静态仿真选项

因为未连接控制器，所以选择静态模拟。此处可以看出静态模拟的点位进行模拟。仿真界面如图 8—41 所示。

然后对其进行改变，就能达到需要的效果。

当 TT 设定温度为 XX，AI 点感觉到温度 XX 时，看 AO 的动作。需要改变默认值时应右击。图 8—42 所示为一个点的操作画面。

选择 Fix Point，出现的效果如图 8—43 所示。

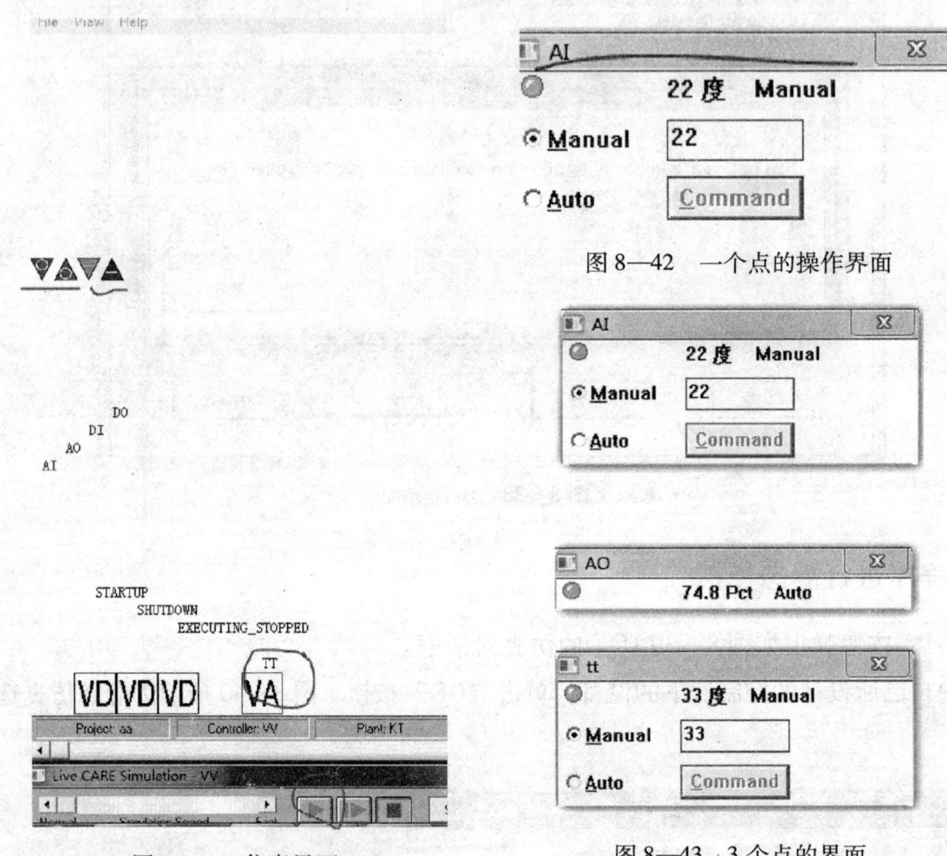

图 8—41 仿真界面

图 8—42 一个点的操作界面

图 8—43 3 个点的界面

最后退出。

十一、下载程序到 DDC 控制器

将程序下载到 XL50DDC 中，将 RS232 串口连接好后，从工具栏  中选择 按钮，出现如图 8—44 所示的界面。

再选择  按钮开始对 DDC 下载程序。

在对控制器进行程序下载前应对 DDC 进行清除内部原有程序，同时按控制器上的 、 ，等灯灭后亮起即可。把程序下载至控制器如图 8—45 所示。

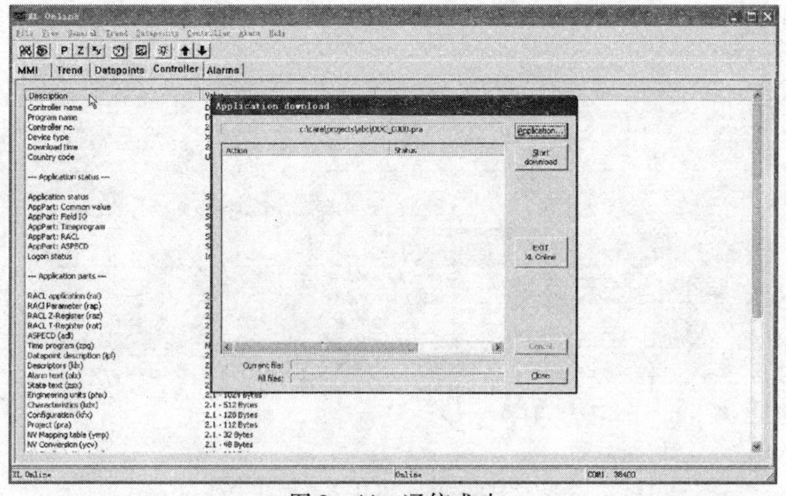

图 8—44 通信成功

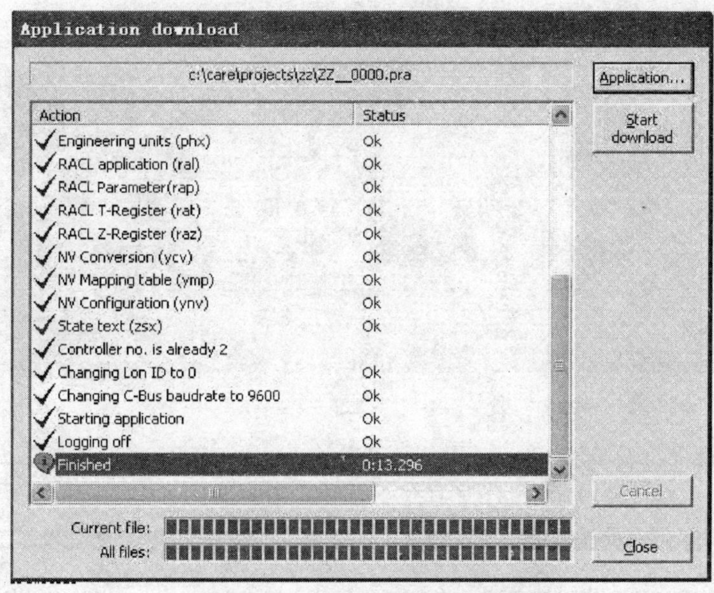

图 8—45 把程序下载至控制器

下载完成后单击“Close”按钮，再单击 MMI 按钮，跳出界面。MMI 主界面如图 8—46 所示。

通过主界面，选择需要的“PARAMETERS”（参数），进入后可以查看 AI、AO、DI 点的状态，如图 8—47 所示。

还可以通过输入密码，对它的设置进行改变，如图 8—48 所示。

在图 8—48 所示的界面上可以研究控制的算法。各种不同的算法和参数设置会影响到调节过程。将一个 NTC20 kΩ 的半导体温度传感器用不同厚度的石棉布包裹起来，外面缠绕一个 20 Ω 的发热电阻丝。把 NTC 接到 AI 端口，把发热电阻丝接到 8 V 的 AO 端口，外面再包以保温棉。通过控制温度值来进行 PID 控制参数调节实验。只需改变石棉布的包裹厚度，就可以进行不同对象特性的控制参数调节实验。

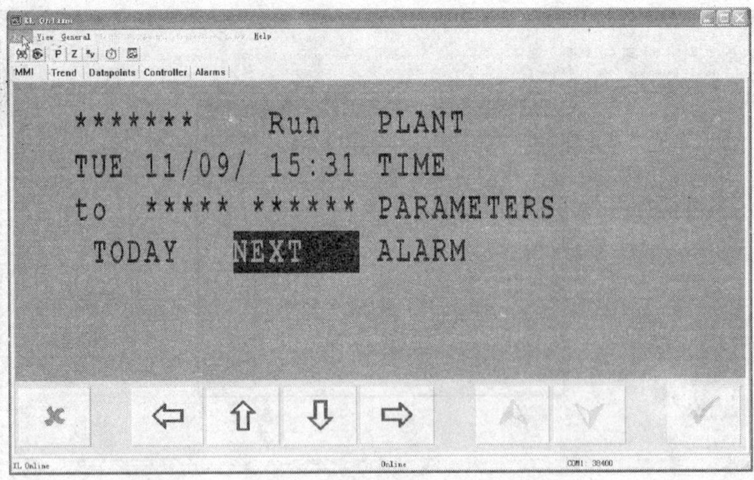

图 8—46　MMI 主界面

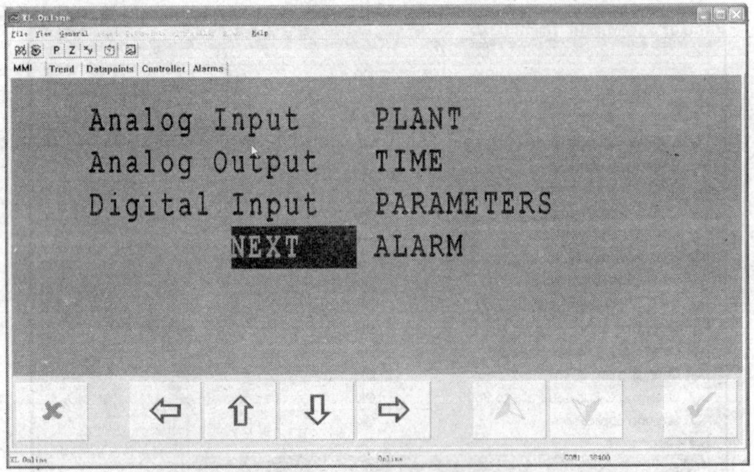

图 8—47　查看 AI、AO、DI 点的状态

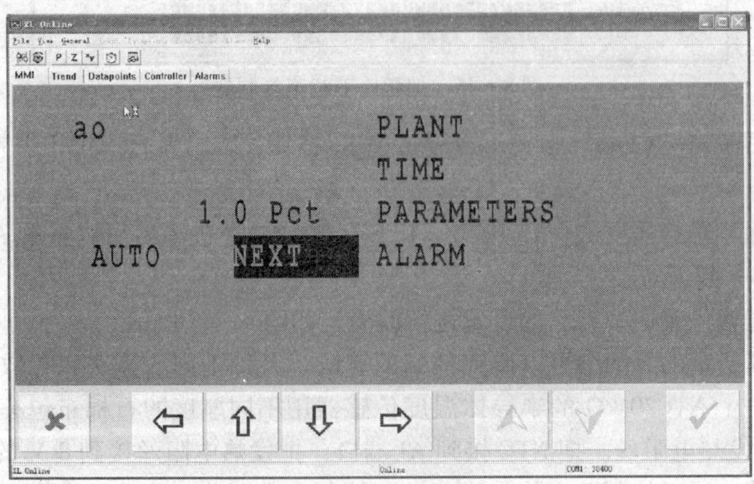

图 8—48　改变设置